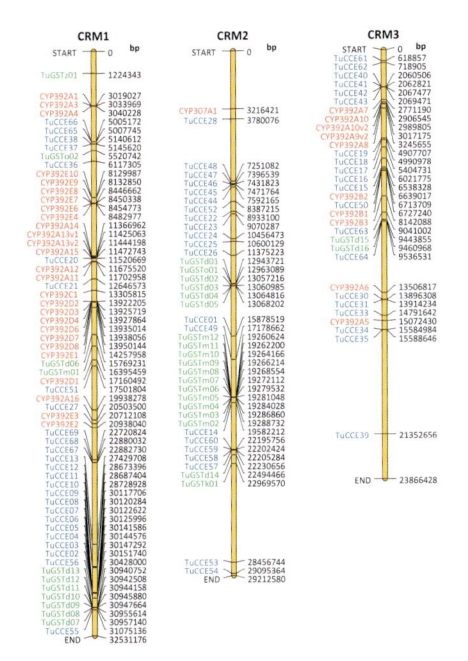

口絵 1 ナミハダニの染色体物理地図（CRM1〜3）上の解毒酵素遺伝子座（7.3.1 項参照）

シトクロム P450（CYP；Clan 2 のみ），カルボキシルエステラーゼ（TuCCE），グルタチオン S-転移酵素（TuGST）．各染色体の右側の数値は始点からの塩基数（bp）を示す．物理地図と解毒酵素の遺伝子座の位置はそれぞれ Wybouw *et al.*（2019）および Grbić *et al.*（2011）に基づいて刑部正博作成．

口絵 2 野菜・花卉類へのハダニ類による被害と防除（8.1 節・コラム 10 参照）

a：ワルナスビに大量発生したミツユビナミハダニ．b：ハダニ類の加害によりナスの葉に生じた白斑と黄化．c：ハダニ類の吐糸に覆われたイチゴの葉．d：バラの枝に設置したミヤコカブリダニパック製剤．a〜c：大井田寛原図，d：アリスタライフサイエンス（株）原図．

口絵3 果樹を加害するハダニ類（雌成虫）（岸本英成原図）（8.2.1項参照）
①ナミハダニ，②カンザワハダニ，③リンゴハダニ，④クワオオハダニ，⑤ミカンハダニ，⑥オウトウハダニ．

口絵4 樹皮下で越冬するナミハダニ休眠雌成虫（a）とリンゴの枝に産みつけられたリンゴハダニ休眠卵（b）
（岸本英成原図）（8.2.1項参照）

口絵 5 ナミハダニ多発による葉の褐変（リンゴ）（岸本英成原図）（8.2.2項参照）

口絵 6 リンゴ果実に集合したナミハダニ越冬雌成虫（岸本英成原図）（8.2.2項参照）

口絵 7 果樹園で多く観察されるハダニの天敵類（岸本英成原図）（8.2.3項参照）
ハダニスペシャリストカブリダニ類（雌成虫）：①ケナガカブリダニ，②ミヤコカブリダニ．
ジェネラリストカブリダニ類（雌成虫）：③ニセラーゴカブリダニ，④ミチノクカブリダニ，⑤コウズケカブリダニ，⑥フツウカブリダニ．
捕食性昆虫類：⑦ダニヒメテントウ類（ハダニクロヒメテントウ），⑧ケシハネカクシ類（ヒメハダニカブリケシハネカクシ），⑨ハダニアザミウマ，⑩ハダニタマバエ（⑦〜⑨は成虫，⑩は幼虫）．

口絵 8　*Tetranychus turkestani*（植物防疫所原図）（9.2.2 項参照）
A：雌成虫，B：雄成虫，C：若虫および卵.

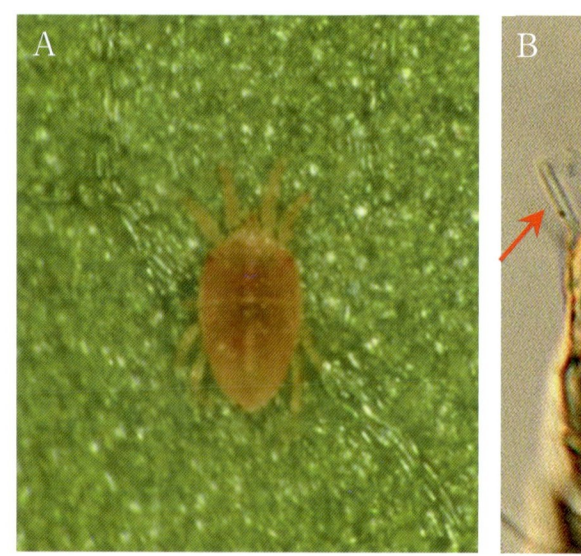

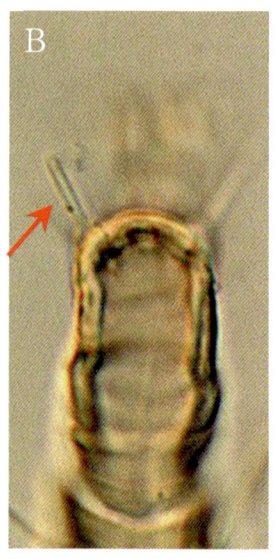

口絵 9　*Brevipalpus chilensis* 雌成虫（植物防疫所原図）（9.2.2 項参照）
A：背面全体，B：第 II 脚跗節. 赤矢印はソレニジオンを示す.

ハダニの科学

知っておきたい
農業害虫の
生物学

佐藤幸恵・鈴木丈詞
笠井　敦・伊藤　桂
大井田寛・日本典秀
島野智之

[編集]

Foundations of
Spider Mite
Biology

朝倉書店

本書の引用文献リストは，紙幅の都合によりデジタル付録としています．下の QR コードからご参照ください．

はじめに

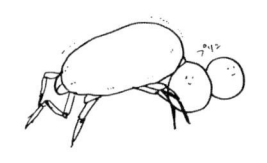

　ハダニ類は体長1mm未満の微小な植物寄生性の節足動物である．一部は野菜，果樹，花卉などの害虫であり，化学農薬に対して速やかに抵抗性を発達させることから，防除困難な種として問題になっている．そのため，害虫ハダニ類の防除手法としては，その行動や生態，天敵を活かした生物的防除法が主流になりつつある．一方で，ハダニ類の世代時間は短く，寄主植物との関係が多様であり，行動や生態には特有のものもみられる．また，飼育は容易であり，いくつかの種ではゲノム情報も公開されている．そのため，近年では，節足動物と植物との相互作用や，行動・生態の進化，種分化に関わる研究のモデル生物として台頭しつつある．特に，ショウジョウバエやセンチュウといった動物界における古典的なモデル生物の多くは二倍体（diploid）であるのに対して，ハダニ類は単数倍数体（半倍数体，haplodiploid）である．アリ類やハチ類が代表する単数倍数体は節足動物の約15%を占め，環境などの変化に対する適応が速く，近交弱勢に強く，性比調節に長け，社会性を発達させやすいなどの傾向をもつ．したがって，ハダニ類は単数倍数体におけるモデル生物として，今後ますます重要な存在となるであろう．

　このように，応用科学と基礎科学の両面からハダニ類の基礎的知見が求められている．しかし，ハダニ類を取り扱う専門書は数少ない．また，ハダニ類の専門書として，1996年に出版された『植物ダニ学』（江原昭三・真梶徳純著）があげられるが，出版されてから25年以上経つ．その後のハダニ類における諸分野の研究進展は著しく，電子顕微鏡の高性能化や遺伝子・タンパク質解析技術の向上等により，大きな変貌を遂げてきた．

　そこで，最新の知見を含めてハダニ類の理解を促す専門書を，それぞれの分野を専門とする研究者の分担執筆により作成した．本書では，ハダニ類の生物学的側面に重点をおいているものの，近年の害虫ハダニ類の防除手法や外来種問題，そして実験手法についても取り扱っている．また，ハダニ類の研究発展は，ハダニ類だけでなく，その天敵であるカブリダニ類も対象とした精緻な観察眼で分類・記載を進めてきた分類学者の功績なくしてはありえないものである．本書には，

記載者はもちろんのこと，記載年も入れたハダニ上科とカブリダニ科の分類表を付した．本書の執筆にあたって，これからハダニ類の研究を始める学生や，その生態の理解のもと防除に取り組もうとする農業者など，初学者が手に取ることも意識した．本書がハダニ類の研究や防除の手引きとなり，今後のハダニ学の発展と後継者育成に貢献することを強く願う．

　本書の作成にあたり，ご多忙にもかかわらず快く執筆と査読を引き受けてくださった執筆者各位のご協力に対し，深く感謝の意を表したい．また，ご厚意により査読をお引き受けくださった齋藤裕博士，荒川和晴博士，荻原麻理博士のご尽力に，厚くお礼申し上げる．さらに，ハダニの多様な生態を魅力的なイラストとして描いてくださった西澤真樹子様，ならびに表紙イラストの参考資料としたCryo-SEM 像をご提供いただいたドレスデン工科大学の Dagmar Voigt 博士に心より感謝申し上げる．

2024 年 10 月

佐藤幸恵・鈴木丈詞・笠井敦・伊藤桂・

大井田寛・日本典秀・島野智之

編集委員

佐藤幸恵　筑波大学
鈴木丈詞　東京農工大学
笠井　敦　静岡大学
伊藤　桂　高知大学
大井田寛　法政大学
日本典秀　京都大学
島野智之　法政大学

執筆者 (五十音順)

新井優香　東京農工大学
有村源一郎　東京理科大学
有本　誠　農林水産省横浜植物防疫所
伊藤　桂　高知大学
大井田寛　法政大学
大迫朋寛　東京農工大学
刑部正博　元 京都大学
小澤理香　京都大学
笠井　敦　静岡大学
岸本英成　農研機構
喜多羅大暉　東京農工大学
金藤　栞　京都大学
國本佳範　奈良県農業研究開発センター

後藤慎介　大阪公立大学
後藤哲雄　流通経済大学/茨城大学名誉教授
佐藤幸恵　筑波大学
島野智之　法政大学
下田武志　農研機構
鈴木丈詞　東京農工大学
須藤正彬　農研機構
武田直樹　東京農工大学
根本崇正　元 東京大学/写真家
日本典秀　京都大学
堀　雄一　元 大阪市立大学
山本雅信　東京農工大学

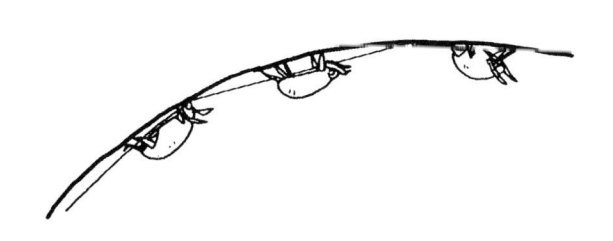

目　　次

うまれたよ！

1 Q&A

　本書では，ハダニの生物学的側面に焦点を当てた専門書として，初学者にもわかりやすい説明を心がけました．ハダニについて知りたい・学びたい内容にたどり着きやすいようにQ&Aを用意しましたので，ご活用ください．

Q.　ハダニとは何ですか？

A.　ハダニは植物に寄生するハダニ科に属するダニのことです．これまで，世界で1300種以上が報告されています（第2章）．

　ダニというと，吸血性のマダニなど，人間にとって有害なダニを思い浮かべる人が多いと思います．しかし，実際には，植物に寄生するダニ，動物に寄生するダニ，落ち葉や菌類，死体を食べるダニ，それらのダニを捕食するダニなどさまざまな食性がみられ，人間にとって無害なダニも有益なダニもいます．また，南極から北極，低地から高地，水域から陸域と，ありとあらゆる環境に生息しています．「昆虫」と一言で言っても，コウチュウやチョウ，ハチ，シミなどが含まれているように，「ダニ」と一言で言っても，多種多様なダニが含まれています．

　本書で注目しているハダニは，植物に寄生するダニの一部です．植物寄生性ダニには，ハダニ科に属するハダニ類だけでなく，ハダニ上科に属するヒメハダニ科やケナガハダニ科，メナシハダニ科，マザリハダニ科や，フシダニ上科やホコリダニ科のダニ，ヒナダニ科やハシリダニ科のダニの一部が含まれています．その一部は農業害虫であるため（第8章），応用科学と基礎科学の両面から研究されてきました．しかし農業害虫なのはあくまで一部であり，多くはただの植食者，その辺の植物の葉をめくればすぐに見つかるような身近な存在です．植物上にはこれら植物寄生性ダニの

ほか，それらの天敵である捕食性ダニ（カブリダニやナガヒシダニなど）や雑食性ダニ（コハリダニやササラダニなど）なども生息しており，これらはまとめて「植物ダニ」と呼ばれています．植物上にはかなりの数のダニが生息し，これら植物ダニ間では食う-食われるの関係や競争といったさまざまな生物間相互作用がみられ，生態系を構成する生物群集の一員として重要な役割を担っています．

Q.　**なぜハダニを研究するの？**

A.　子どものころから昆虫が好きで昆虫学者になった，昔から花が好きで植物学者になった，という話は聞きますが，昔からハダニが好きでハダニ学者になったという話は聞きません．もちろん例外はあると思いますが，ハダニ学者の多くは，大学や研究機関に入ってからハダニを知ることになり，その重要性や魅力からハダニの研究に携わるようになったのではないかと思われます．

　　では，ハダニの重要性や魅力とはいったい何なのでしょうか？　すべてを取り上げるときりがないので，ここでは3点に絞って述べたいと思います．まず，ハダニの一部は農業害虫であるため，持続的な食糧生産や環境保全において，ハダニの研究は不可欠であることがあげられます．農作物の害虫管理に関する研究は多岐にわたり，本書でも，化学農薬の作用機構（第5章）や，天敵や植物との関係（第5，6章），RNA農薬（第7章），薬剤抵抗性の発達（第8章），実際の農業の現場での取り組み（第8章）など，多くの章で扱っています．また，環境保全に関連して，外来種問題を扱っています（第9章）．

　　次に，ハダニは寄主植物や微生物，捕食者といった他の生物との関係が多様で，さまざまな行動や生態，形態，色彩がみられるなど，生態学や進化学の側面からも，非常に興味深い生物であることがあげられます．本書においても，系統進化（第2章）や，細胞共生内細菌との関係（第4章），寄主植物との相互作用（第5章），繁殖行動や社会性（第6章），遺伝（第7章）等，幅広く扱っています．

　　また，ハダニは，バイオミメティクス（biomimetics）の素材としても有望です．たとえば，ハダニが吐く糸（シルク）は，カイコやクモが吐く糸とも異なり，ナノスケールといった細さながらも硬い性質をもつことが

知られています．この糸を模倣することは，軽量で強靭な材料の開発につながるかもしれません．また，ハダニ特有の体の構造や行動，生理・代謝は，材料工学やロボティクス，医療技術，エネルギー技術に役立つ可能性があります．そのため，本書では，形態（第3章）や生理・生化学（第5章）における近年の知見を扱っています．

Q. 研究におけるハダニの利点と難点は？

A. 簡易な飼育法が確立されており（第10章），体長1mm未満という微小な存在であるため，大量の個体を小スペースで飼育できる点が利点としてあげられます．また，短期間で世代がまわるため，進化といった世代をまたがる研究にも適しています．移動性が低いので，実体顕微鏡下で一生涯にわたる生活の様子や行動を観察することができます．標本作成法や食害・行動解析など，さまざまな実験手法がすでに確立されていることも，大きな利点としてあげられます．

　難点としては，体が小さいがゆえに，生体内の構造や器官を観察することが難しく，1個体から抽出されるDNA量が少ない点があげられます．しかしこれら問題は，近年の電子顕微鏡の高性能化や遺伝子解析技術の著しい向上等により，解決されつつあります．

Q. ハダニの科学の今後の展開は？

A. 先述のとおり，ハダニの研究がさまざまな学問分野において果たす役割は大きく，今後も益々の発展が期待されます．特に近年では，ハダニは単数倍数体におけるモデル生物としても注目されつつあります．ショウジョウバエやセンチュウといった動物界における古典的なモデル生物の多くは二倍体です．アリやハチといった社会性昆虫が代表する単数倍数体は節足動物の約15%を占め，環境などの変化に対する適応が速く，近交弱勢に強く，性比調節に長け，社会性を発達させやすいなど特有の特徴をもちます．単数倍数体だからこそできる研究や，異なる遺伝システムで比較することにより解明される事柄があり，今後益々重要な存在となると期待されます．

（佐藤幸恵）

コラム 1　我が国のハダニ学のあけぼの

　今日ではハダニは農業害虫として看過できない存在であるため，わが国においてもさまざまな研究活動が活発に行われているが，その黎明期というのはいつ，どのようなかたちで行われていたのだろうか．そこでこのコラムでは往時のハダニ研究に思いを馳せるべく，わが国におけるハダニ研究最初期のものにあたる 3 報告を紹介したい.

　まずは 1909（明治 42）年に明石弘氏による書籍『蠶桑害 蟲 篇』に含まれる，わが国のハダニに関する学術的な報告としては最古と思われる記述を見てみたい.「赤壁蝨 學名 Tetranychus sp. 分科 節足動物門蜘蛛綱壁蝨目四爪壁蝨科 體 軀楕圓形ニシテ赤色ヲ呈シ脚ハ長ク八個ヲ有ス體長一分弱アリ……」と続く.絹糸生産がわが国の主要産業であった時代を彷彿させる内容である．なお，東京では被害は軽微であったものの，高知では「稍 甚 ダシキ被害」とあるので，地域によっては無視できない害虫であったようだ.

　次に紹介するのは，1927（昭和 2）年に動物學雑誌第 39 巻第 460 號に掲載された，岸田 久 吉博士によるカンザワハダニの新種記載論文「桑葉の害蜱カンザワハダニに就きて」である.「予は大正十五年夏秋に於て，桑葉の害蜱として實際家の間に問題となれる一種のハダニを贈られたり．然るに精査せる結果，新種なること判明せるを以て，本種の調査を熱心に行はれたる山梨縣農事試驗技手神澤恒夫氏の名譽のために次の如く命名せり.」と記述されているところからみて，和名の神澤葉蜱および種小名 kanzawai の由来は神澤恒夫氏への献名のようである.

　最後に紹介するのは 1932（昭和 7）年に記された横山桐郎博士による「桑を害する葉蜱の研究（1）「すぎなみはだに」Tetranychus Suginamensis n. sp. の形態並に生態」である．本論文はスギナミハダニ Eotetranychus suginamensis の記載論文であるものの，その内容は新種記載にとどまらず，本種の生活史，加害状況，分布，天敵，防除方法などと 59 ページにわたる詳細な研究報告であり，今日でもその内容のすばらしさはまったく色褪せない．もうこれに関してはまさに百聞は一見にしかず，ネットで PDF を閲覧できるようなので，斯様な野暮な解説など捨て置き，皆様にはこれを機にぜひ一度ご覧いただきたいところである.

（笠井　敦）

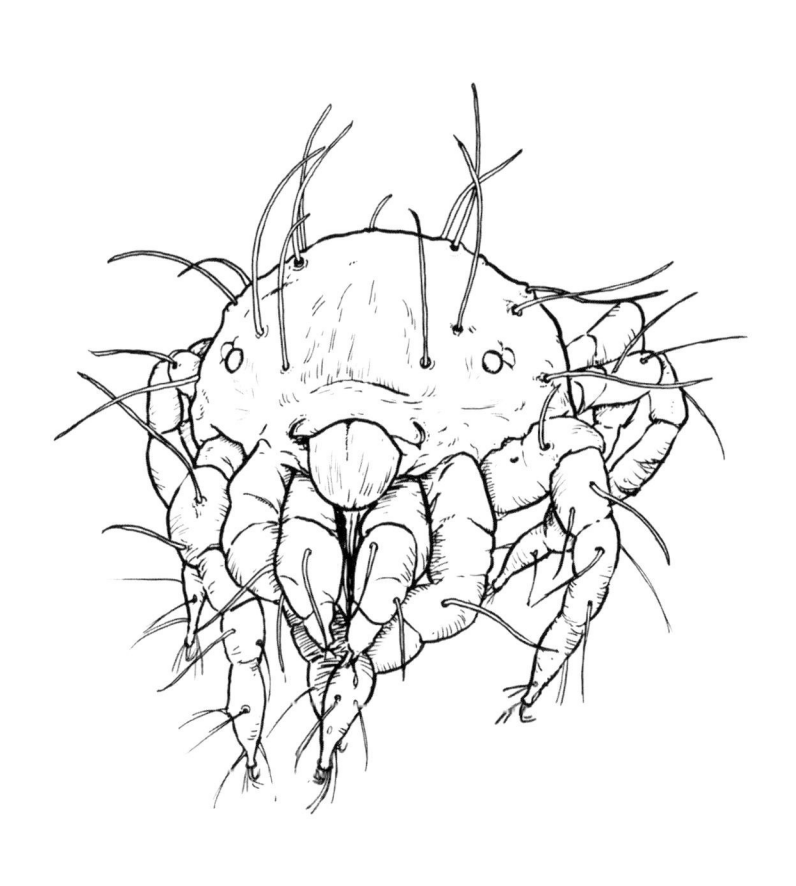

2 分類と系統進化

🐛 2.1 ● 学名について 🐛

　ハダニの分類群名の説明に入る前に，学名について簡単に触れたい．「学名の後に名前と年が，カッコに入っている場合と入っていない場合がありますがなぜでしょう」という質問を受けることがある．たとえば，クワオオハダニ *Panonychus mori* Yokoyama, 1929 は，記載者（新種を記載した論文の著者，あるいはそのなかで新種記載に責任をもつ著者）である Yokoyama さんが 1929 年に新種として記載したという意味である．

　さて，ミカンハダニ *Panonychus citri*（McGregor, 1916）は，McGregor さんが 1916 年に *Tetranychus citri* として新種記載をした．しかしその後，本種は *Panonychus* 属に所属が移動された．この場合には記載者名と記載年を丸カッコに入れて示す．新種記載を行った論文を「原記載論文」などというが，新種記載されたときと，現在とで所属する属が異なっている場合に，カッコを用いると原記載論文を探すときに注意を促せるなどのメリットがある．

　さて，属名が省略を伴って用いられることがある．たとえば，ミドリハダニ *Sasanychus akitanus* は 2 回目以降に登場するときは，*S. akitanus* と省略されるのが通常である．ササスゴモリハダニ *Stigmaeopsis takahashii* も単独であれば，*S. takahashii* と省略される．しかしながら，本書のように，同じ箇所に複数の異なる属について触れることがある場合，属名を両方とも「*S.*」と省略すると，異なる属であることがわからなくなる．

　そこで，国際動物命名規約第 4 版には，勧告 25A があり，「二語名や三語名の一部に略記を用いる場合，その略記はあいまいでないやり方で行うべきであり，それが短縮していない単語だと誤解されないようにするために，常に終止符（ピ

リオド）を添えるべきである．」と書かれている．

勧告 25A の例として，「蚊の学名 *Aedes aegypti* をたとえば，*Anopheles* と混同されるかもしれないときは，*Aedes aegypti* は *Ae. aegypti* のように略記してよい（あいまいでないように，*Anopheles* のある種には *An. maculipennis* などとして用いる）」とされているが，省略の仕方については，触れられていない．

このため，本書では適宜，たとえばミドリハダニ *Sasanychus akitanus* については *Sa. akitanus*，ササスゴモリハダニ *Stigmaeopsis takahashii* については，*St. takahashii* と省略することにした．

2.2 ● ハダニ上科の特徴

2.2.1 ハダニ上科の概説

ハダニ上科 Tetranychoidea は，汎ケダニ目 Order Trombidiformes，ケダニ亜目 Suborder Prostigmata，ネジレキモンダニ下目 Infraorder Eleutherengona，ハリクチダニ小目 Hyporder Raphignathina に属する（Zhang *et al.*, 2011）．

ハダニ上科は，鋏角（chelicera）（図 2.1）の基部が融合し胴体部（idiosoma）

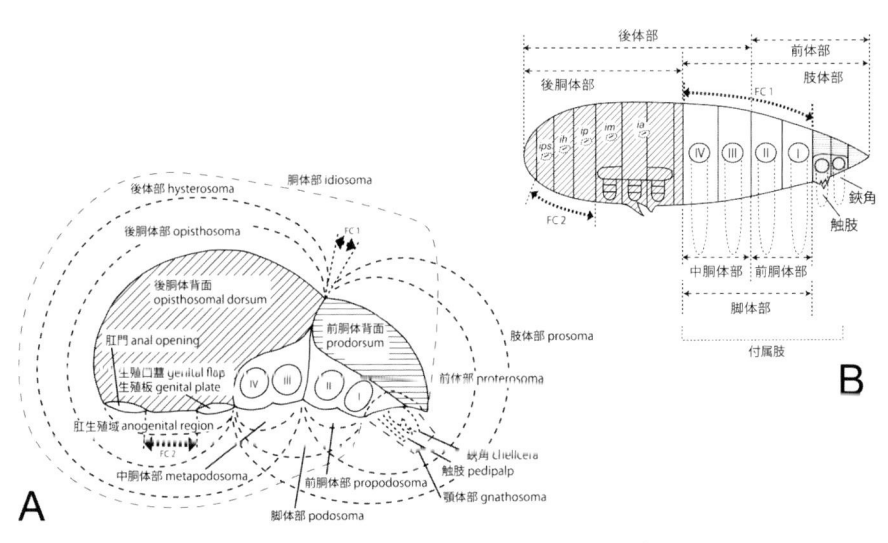

図 2.1 各領域の名称（島野・高久，2016 を改変）

A：胸板ダニ類（Acariformes）の各領域の名称（島野・高久，2016）．B：基本的な胸板ダニの体制（仮説：Grandjean, 1969）での各領域の位置（Grandjean, 1969）および（Coineau, 1974）をもとに，Krantz and Walter, 2009, Walter and Proctor, 2013 を参考に作図）．

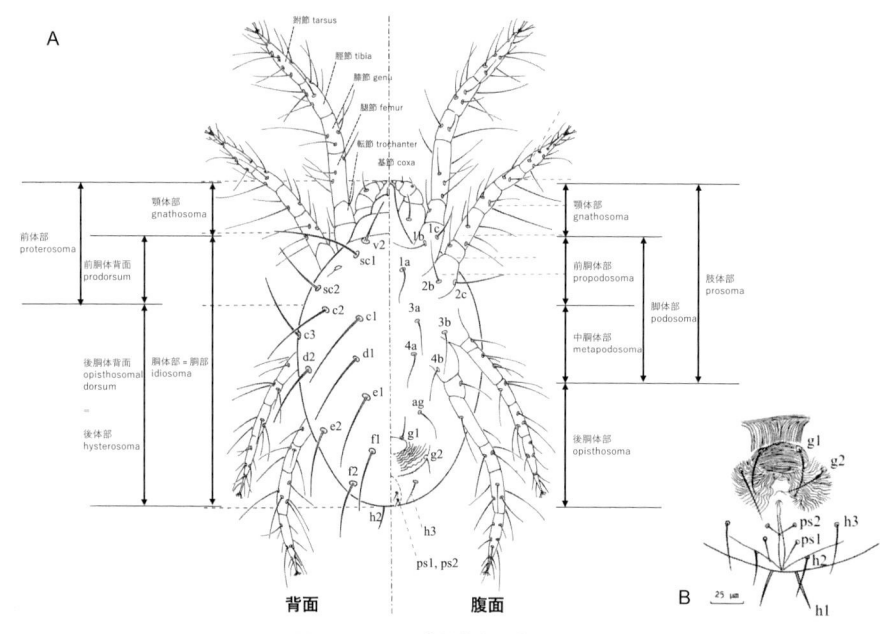

図 2.2　ハダニ科雌成虫の背面と腹面

A：ナミハダニ（Gutierrez, 1985 を Elsevier の許可を得て転載・改変）．B：スミスアケハダニ（Ehara, 1999 を改変）．背面：c1〜c3：後体背毛（dorsal hysterosomal seta）第1列，d1〜d2：同第2列，e1〜e2：同第3列，f1〜f2：同第4列，*h1〜h3：同第5列，c1, d1, e1, f1, h1：背中後体毛（dorsocentral hysterosomal seta），c2, d2, e2, f2：背側後体毛（dorsolateral hysterosomal seta），c3：肩毛（humeral seta），sc1, sc2, v2：前胴体背毛（dorsal propodosomal seta）．腹面：ag：前生殖毛（pregenital seta），g1〜g2：生殖毛（genital seta），h2：後肛毛（post-anal seta）（後部の側肛毛，posterior para-anal seta），h3：前肛毛（前部の側肛毛，anterior para-anal seta），ps1〜ps2：肛毛（anal seta），1a, 3a, 4a：中腹毛（medioventral seta），1b, 1c, 2b, 2c, 3b, 4b：基節毛（coxal seta）．*アラカシハダニ属，ツメハダニ属，クダハダニ属およびナミハダニ属は h1 を欠く．毛の記号は Lindquist（1985）の方式を用いた．

に深く引き込むことが可能な可動の担針体（stylophore）を形成し，鋏角の可動指（movable digit）はむち状に伸長して口針（stylet）となり，担針体内で基部が反曲する点により特徴づけられる（図2.2, 2.3），真正の植物寄生者である（Walter *et al.*, 2009）．ハダニ上科は，ハダニ科 Tetranychidae，ヒメハダニ科 Tenuipalpidae，ケナガハダニ科 Tuckerellidae，メナシハダニ科 Linotetranidae およびマザリハダニ科 Allochaetophoridae の5科で構成される（Zhang *et al.*, 2011）．高次分類については2.4節で触れる．

　日本からは，ハダニ科，ヒメハダニ科およびケナガハダニ科の3科が記録されている（江原・後藤，2009）．以下にこれら3科の特徴を概説する．

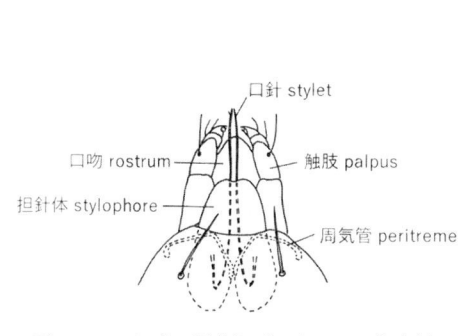

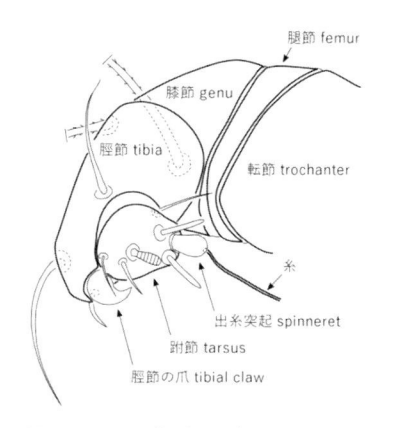

図2.3 ハダニ科の顎体部（江原，1975a を改変）

図2.4 ハダニ科の触肢（Lindquist, 1985 をもとに作図）

2.2.2 ハダニ科の概説

ハダニ科の大部分の種は広食性で，主要な作物や観賞用植物を加害する重要な害虫種が含まれる（Jeppson *et al.*, 1975；Zhang, 2003）．世界で1300種以上が報告されており（Migeon and Dorkeld, 2024），日本からは98種が記録されている（江原・後藤，2009；Ohashi *et al.*, 2009；Saito *et al.*, 2016；Arabuli and Gotoh, 2018；Saito *et al.*, 2018；Gotoh and Arabuli, 2019；Negm and Gotoh, 2021）．

さて，節足動物は，基本的に前後軸に沿った体節（segment）の連続により構成され，その体節は1対の付属肢（appendage）をもつ（図2.1B）．一見，体節構造がないかのように見えるハダニ科のダニも，他の胸板ダニ類と同様にその体制は，van der Hammen（1963）の仮説に基づいた Grandjean（1969）のモデルによって説明される（図2.1A）．つまり，脚体部（podosoma）（第I〜IV脚が付属する体節）の背面領域（FC 1）が収縮し，後胴体部（opisthosoma）が腹面で収縮した（FC 2の位置が移動）ものである．ハダニの各領域の呼称（図2.2）はこのモデルに基づいている．なお，背面から見ると後胴体部の領域は後体部（hysterosoma）とほとんど同じであり（図2.1A），ハダニ科では文献により同領域を opisthosoma と呼ぶものと hysterosoma と呼ぶものがある（図2.2）．本節では便宜上，同領域を後体部（hysterosoma）と呼ぶことに留意されたい．

さて，ハダニ科（図2.2）は，触肢（palpus [palp, pedipalp ともいう]）が5節で脛節（tibia）に爪（claw）があり，親指型の構造（thumb-claw complex）をもつ点（図2.4；3.2節参照），触肢の跗節（tarsus）先端にユーパシジウム

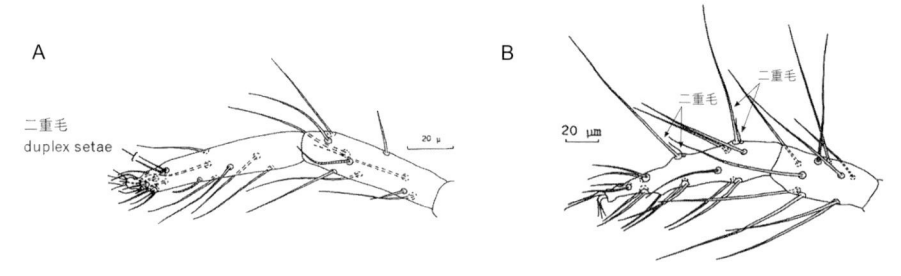

図2.5　ハダニ科雌成虫の第Ⅰ脚跗節および脛節
A：アラカシハダニ（Ehara, 1980 を改変），B：アシノワハダニ（Ehara, 1999 を改変）.

（eupathidium）が肥大した出糸突起（spinneret）をもつまたは欠く点，2対の眼（eye）がある点，第Ⅰ脚および第Ⅱ脚跗節に通常近接した細長いソレニジオン（感覚毛，solenidion）と微小な通常毛（ordinary seta＝触覚毛，tactile seta）からなる1～2対の二重毛（duplex setae）をもつ点（図2.5）により特徴づけられる（Walter *et al.*, 2009）（3.4節参照）.

ハダニ科は，ビラハダニ亜科 Bryobiinae とナミハダニ亜科 Tetranychinae に分けられる（Ehara, 1999）．以下に，それぞれの亜科の特徴を記述する.

a.　ビラハダニ亜科 Bryobiinae

爪間体（empodium）は粘毛（tenent hair）をもつ（図2.6A～C）．雌成虫は3対の肛毛（anal seta）（図2.7A）を，雄成虫は5対の生殖肛毛（genito-anal seta）（図2.7B）をもつ（Ehara, 1999）．日本からは，ビラハダニ族 Bryobiini，サキハダニ族 Hystrichonychini およびホモノハダニ族 Petrobiini の3族が記録されている（江原・後藤，2009）．以下にこれら3族の特徴を紹介する.

・ビラハダニ族 Bryobiini

本来の爪（true claw）は鎌状，爪間体は棒状（Ehara, 1999）（図2.6A）．日本からは，ビラハダニ属 *Bryobia* のみが記録されている（Migeon and Dorkeld, 2024）.

・サキハダニ族 Hystrichonychini

本来の爪と爪間体は棒状（Ehara, 1999）（図2.6B）．日本からは，オニハダニ属 *Tetranycopsis* のみが記録されている（江原・後藤，2009）.

・ホモノハダニ族 Petrobiini

本来の爪は棒状，爪間体は鎌状（Ehara, 1999）（図2.6C）．日本からは，ホモノハダニ属 *Petrobia* のみが記録されている（Migeon and Dorkeld, 2024）.

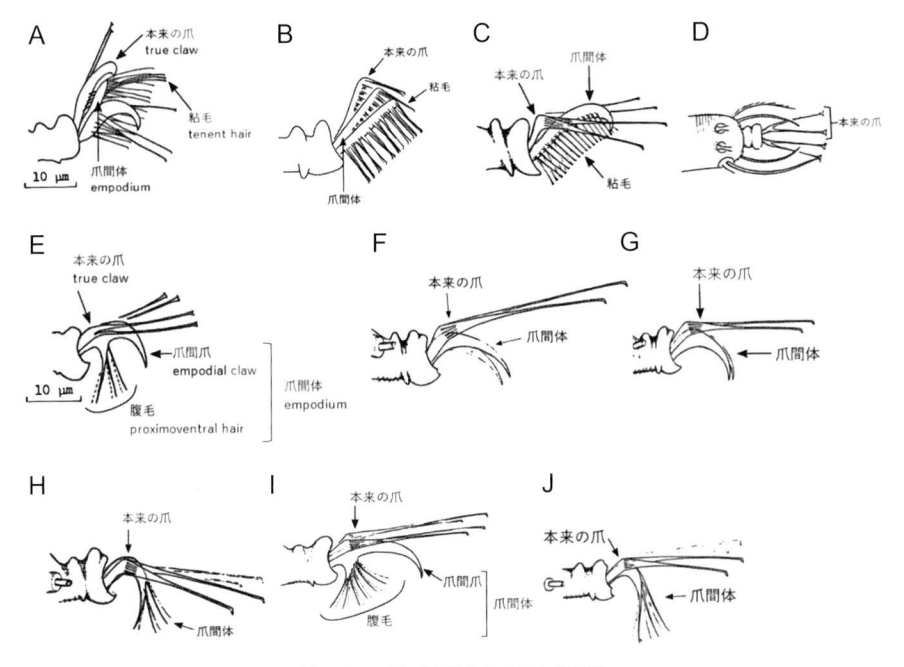

図 2.6　ハダニ科雌成虫の爪と爪間体

A：ビラハダニ属（マルビラハダニ），B：オニハダニ属 *Tetranycopsis horridus*，C：ホモノハダニ属
（ホモノハダニ），D：トウヨウハダニ属 *Eutetranychus spinosus*，E：マルハダニ属（模式図），F：マ
タハダニ属 *Schizotetranychus elymus*，G：スゴモリハダニ属（タケスゴモリハダニ），H：アケハダニ
属 *Eotetranychus populi*，I：ツメハダニ属（ビャクシンツメハダニ），J：ナミハダニ属（ナンセイナミ
ハダニ）．（A，E：Ehara, 1999 を改変，B：Jeppson *et al.*, 1975 をもとに作図，C, D, F～J：Pritchard and
Baker, 1955 を改変）．

b.　ナミハダニ亜科 Tetranychinae

　爪間体(稀に欠く)は粘毛を欠く(図 2.6D～J)．雌成虫は 1 または 2 対の肛毛(図
2.8A) を，雄成虫は 3 または 4 対の生殖肛毛（図 2.8B）をもつ（Ehara, 1999）．
日本からは，ヒロハダニ族 Eurytetranychini とナミハダニ族 Tetranychini の 2
族が記録されている（江原・後藤，2009）．以下にこれら 2 族の特徴を紹介する．

• ヒロハダニ族 Eurytetranychini

　爪間体は微小または欠く（図 2.6D）．第 I 脚跗節の背方には二重毛があるか，
または間隔が広い対の 2 毛がある（Ehara, 1999；江原・後藤，2007）（図 2.5A）．
日本からは，アラカシハダニ属 *Eurytetranychoides* を含む 3 属が記録されてい
る（江原・後藤，2009）．

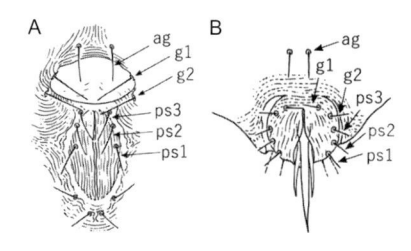

図2.7　ビラハダニ亜科の後胴体部腹面
　　　（カタバミハダニ）（Pritchard and
　　　Baker, 1955 を改変）
A：雌成虫．ag：前生殖毛（aggenital seta
または pregenital seta），g1～g2：生殖毛
（genital seta），ps1～ps3：肛毛（anal seta）．B：
雄成虫．ag：前生殖毛，g1～g2 および ps1
～ps3：生殖肛毛（genito-anal seta）．毛の
記号は Lindquist（1985）の方式を用いた．

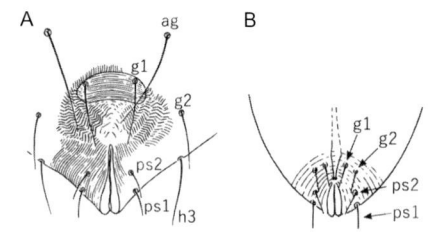

図2.8　ナミハダニ亜科の後胴体部腹面（ナミハ
　　　ダニ）（Pritchard and Baker, 1955 を改変）
A：雌成虫．ag：前生殖毛（aggenital seta または
pregenital seta），g1～g2：生殖毛（genital seta），
ps1～ps2：肛毛（anal seta），h3：前肛毛（前部
の側肛毛，anterior para-anal seta）．B：雄成虫．
g1～g2 および ps1～ps2：生殖肛毛（genito-anal
seta）．毛の記号は Lindquist（1985）の方式を用
いた．

・ナミハダニ族 Tetranychini

　爪間体はよく発達する（図2.6E～J）．第I脚跗節の背方に2組の二重毛をもち，二重毛の両毛は近接する（Ehara, 1999）（図2.5B）．日本からは，ナミハダニ属 *Tetranychus* を含む9属が記録されている（江原・後藤，2009）．

2.2.3　ヒメハダニ科の概説

　ヒメハダニ科はいくつかの属の少数の種のみが経済的な植物の害虫として知られ，熱帯果樹や観賞用植物に多く見られる（Jeppson *et al.*, 1975；Zhang, 2003）．世界で約1100種報告されており（Castro *et al.*, 2024），日本からは15種が記録されている（江原，2009；Negm *et al.*, 2020）．

　ヒメハダニ科（図2.9, 2.10）は，触肢が5節または少ない節数で脛節の爪（図2.4）がなく親指型の構造を欠く点（図2.11），通常2対の眼がある点，前胴体部（propodpsoma）に3対の胴背毛（dolsal idiosomal seta）（前胴体背毛，dorsal propodosomal seta）をもつ（v1（図2.12A）を欠く）点，後体部が最多で13対の胴背毛（後体背毛，dorsal hysterosomal seta）をもつ（c1を通常もち，c4（図2.12A）を欠き，2対のhをもつ）点，肛門板（anal plate）に1～3対の単純な肛毛をもつ点により特徴づけられる（Walter *et al.*, 2009）．

　ヒメハダニ科は，ホンヒメハダニ亜科 Brevipalpinae とヒゲヒメハダニ亜科 Tenuipalpinae の2亜科に分けられる（Baker and Tuttle, 1987）．以下に，これ

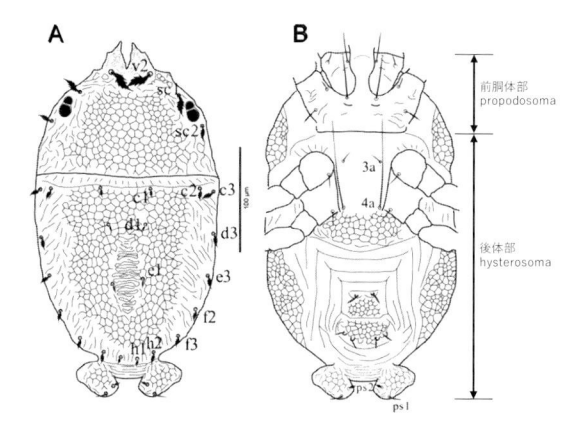

図 2.9　ホンヒメハダニ亜科雌成虫（シャリンバイヒメハダニ）（Negm *et al.*, 2020（CC BY 4.0）を改変）
A：背面．v2, sc1, sc2：前胴体背毛（dorsal propodosomal seta），c1, d1, e1：背中後体毛（dorsocentral hysterosomal seta），c2：背亜側後体毛（dorsosublateral hysterosomal seta），*c3, d3, e3, f2, f3, h1, h2：背側後体毛（dorsolateral hysterosomal seta）．B：腹面．3a, 4a：基節間毛（intercoxal seta）．ps1, ps2：肛毛（anal seta）．*c3 は肩毛（humeral seta）とも呼ばれ，背側後体毛に含めない文献もあるので注意を要する．毛の記号は Lindquist（1985）の方式を用いた．

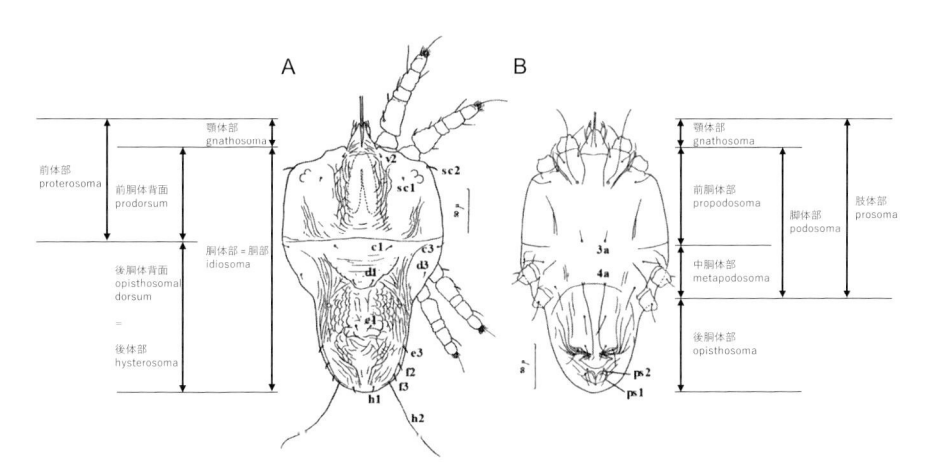

図 2.10　ヒゲヒメハダニ亜科雌成虫（カキヒメハダニ）（Ehara, 1956b を改変）
A：背面．v2, sc1, sc2：前胴体背毛（dorsal propodosomal seta），c1, d1, e1：背中後体毛（dorsocentral hysterosomal seta），*c3, d3, e3, f2, f3, h1, h2：背側後体毛（dorsolateral hysterosomal seta）．B：腹面．3a, 4a：基節間毛（intercoxal seta）．ps1, ps2：肛毛（anal seta）．*c3 は肩毛（humeral seta）とも呼ばれ，背側後体毛に含めない文献もあるので注意を要する．毛の記号は Lindquist（1985）の方式を用いた．

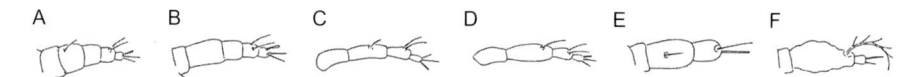

図2.11　ヒメハダニ科の触肢（Pritchard and Baker, 1958を転載・改変©University of California Press）
A：スナヒメハダニ属 *Aegyptobia nothus*, B：ハリヒメハダニ属 *Pentamerismus erythreus*, C：ケノ
ヒメハダニ属 *Cenopalpus spinosus*, D：ホンヒメハダニ属 *Brevipalpus keiferi*, E：ホソヒメハダニ属
Dolichotetranychus cracens, F：ヒゲヒメハダニ属（ランヒメハダニ）.

ら2亜科の特徴を紹介する.

a.　ホンヒメハダニ亜科 Brevipalpinae

　基節間毛（intercoxal seta）3a と 4a は後体部に位置する（以前は，それぞ
れ IC3a と IC4a とされていたが，近年の用法（Mesa *et al.*, 2009；Negm *et al.*,
2020 など）に基づいて訂正；図2.9B）；背中後体毛（dorsocentral hysterosomal
seta）の列と背側後体毛（dorsolateral hysterosomal seta）の列の間に背亜側後
体毛（dorsosublateral hysterosomal seta）（c2）
をもつ（図2.9A），または欠く（Baker and
Tuttle, 1987）．日本からは，ケノヒメハダニ属
Cenopalpus を含む5属が記録されている（江原,
2009）.

b.　ヒゲヒメハダニ亜科 Tenuipalpinae

　基節間毛 3a は前胴体部の後方に，4a は後体
部に位置する（図2.10B）；背中後体毛の列と背
側後体毛の列の間に背亜側後体毛を欠く（Baker
and Tuttle, 1987）（図2.10A）．日本からは，ヒ
ゲヒメハダニ属 *Tenuipalpus* の1属が記録され
ている（江原, 2009）.

2.2.4　ケナガハダニ科の概説

　ケナガハダニ科は作物や観賞用植物を含む幅
広い寄主植物から発見される（Jeppson *et al.*,
1975；Zhang, 2003）．世界で約30種が報告され
ており（Walter *et al.*, 2009），日本からは2種が
記録されている（江原, 2009）.

　ケナガハダニ科（図2.12）は，触肢脛節に爪

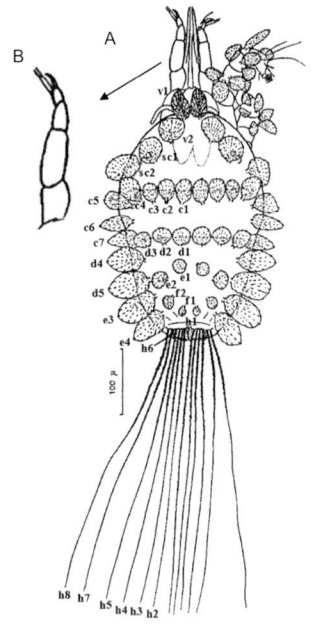

図2.12　ケナガハダニ科雌成虫の
背面（ナミケナガハダニ）
（Ehara, 1966を改変）
A：背面全体, B：触肢. 毛の記号
は Lindquist（1985）の方式を用いた.

があり，親指型の構造をもつ点，2対の眼がある点，胴体部後縁の胴背毛（列 h）が5対またはより多いむち状の毛をもつ点，後体部背面の胴背毛がうちわ状に広がり，前方の列（c）は5対またはより多くの対からなる点により特徴づけられる（Walter *et al.*, 2009）．

本科はケナガハダニ属 *Tuckerella* のみからなる（Walter *et al.*, 2009）．

2.3 ● 各 属 の 紹 介

ハダニ科，ヒメハダニ科およびケナガハダニ科について，日本から記録されている各属の形態的特徴，主要な種および種数を紹介する．

2.3.1 ハ ダ ニ 科

a. ビラハダニ亜科

(1) ビラハダニ族 Bryobiini

ビラハダニ属 *Bryobia*（図 2.6A，図 2.13A）

第 II～IV 脚の爪間体は1対より多くの粘毛をもつ．第 II 脚は1本の基節毛をもつ（Arabuli *et al.*, 2019）．メロン等の害虫であるクローバービラハダニ *Bryobia praetiosa* を含む5種が記録されている（Migeon and Dorkeld, 2024）．なお，かって *Pseudobryobia* 属に所属していたマルビラハダニ *Bryobia japonica* は *Bryobia* 属に移されたので（Arabuli *et al.*, 2019），本節では *Bryobia* 属として取り扱った（分類表参照）．したがって，日本には *Pseudobryobia* 属の種は知られていない．

(2) サキハダニ族 Hystrichonychini

オニハダニ属 *Tetranycopsis*（図 2.6B，2.13B）

すべての胴背毛は顕著なこぶ上にある（Ehara, 1999）．ホロムイイチゴ等に寄生するオニハダニ *Tetranycopsis borealis* のみが記録されている（Ehara, 1999；江原・後藤，2009）．

(3) ホモノハダニ族 Petrobiini

ホモノハダニ属 *Petrobia*（図 2.6C，2.13C）

側肛毛（h2 および h3）は腹面に位置する．爪間体は末端で曲がる（Bolland *et al.*, 1998）．オオムギやダイズ等に寄生するホモノハダニ *Petrobia latens* を含む2種が記録されている（Migeon and Dorkeld, 2024）．近年，カタバミハダニ

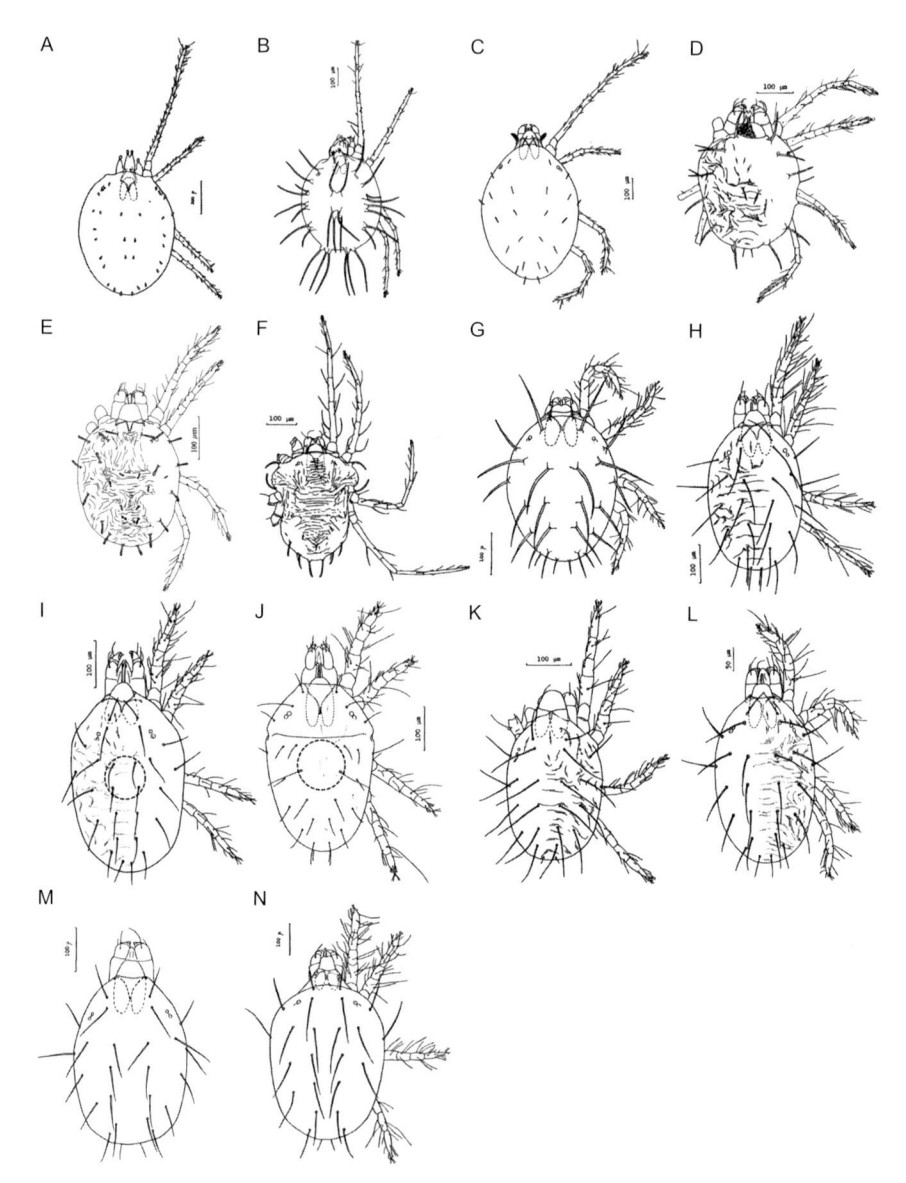

図 2.13　ハダニ科雌成虫の背面

A:クローバービラハダニ，B:オニハダニ，C:ホモノハダニ，D:アラカシハダニ，E:トウヨウハダニ，F:イトマキヒラタハダニ，G:リンゴハダニ，H:ミドリハダニ，I:ヤナギマタハダニ，J:タケスゴモリハダニ，K:ケウスハダニ，L:コウノアケハダニ，M:ビャクシンツメハダニ，N:オウトウハダニ（A, G, N：Ehara, 1956a，B〜D, F, H〜L：Ehara, 1999 を改変，E：江原・輿儀 1998，M：Ehara, 1962）．Iおよび J の破線丸印は後体部背面正中域前部（c1 と d1 の間）を示す.

Petrobia harti が含まれる *Tetranychina* 属は *Petrobia* 属の亜属とされるように
なってきたので（Bolland *et al.*, 1998；Migeon and Dorkeld, 2024），本節では
Petrobia 属として取り扱った（分類表参照）.

b. ナミハダニ亜科

　これまで，ナミハダニ亜科では，①「側肛毛（para-anal seta（図2.2B））が2対
（h2 および h3 をもつ）」または②「側肛毛が1対（h2 を欠き，h3 をもつ）」で
あるかという点が属の識別点として利用されてきた（Pritchard and Baker,
1955；Jeppson *et al.*, 1975；Meyer, 1987；Baker and Tuttle, 1994；Bolland *et
al.*, 1998；江原，1975b；1996；Ehara, 1999；江原・後藤，2007；2009）. 近年，
これまで側肛毛が1対とされてきた属は h2 ではなく h1（後体背毛（図2.2B））
を欠き，側肛毛 h2 および h3 の2対両方をもつと解釈されるようになってきた
（Lindquist, 1985；Seeman and Beard, 2011）. 現在は，側肛毛を使わない傾向
にあるので，本節では江原（1975b；1996），Ehara（1999），江原・後藤（2007）
および江原・後藤（2009）の検索表における①「側肛毛が2対」を「合計3対の
h 列の毛 = h1，h2 および h3 をもつ」，②「側肛毛が1対」を「合計2列の h 列
の毛 = h2 および h3 をもつ」と解釈し，以下の記述をしている点に留意されたい.

(1) ヒロハダニ族 Eurytetranychini

アラカシハダニ属 *Eurytetranychoides*（図2.5A, 2.13D, 2.14A）

　爪間爪（empodial claw）をもつが，微小. h2 および h3 をもつ（Ehara, 1999）.
アラカシに寄生するアラカシハダニ *Eurytetranychoides japonicus* のみが記録さ
れている（Ehara, 1999；江原・後藤，2009）.

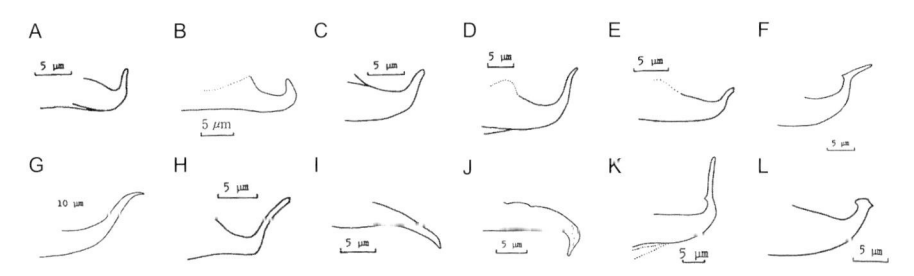

図2.14　ハダニ科雄成虫の挿入器（aedeagus）
A：アラカシハダニ，B：トウヨウハダニ，C：イトマキヒラタハダニ，D：リンゴハダニ，E：ミドリハ
ダニ，F：ヤナギマタハダニ，G：タケスゴモリハダニ，H：ケウスハダニ，I：コウノアケハダニ，J：ビャ
クシンツメハダニ，K：オウトウハダニ，L：ナミハダニ（A, C〜L：Ehara, 1999 を改変，B：江原・與儀,
1998）.

トウヨウハダニ属 *Eutetranychus* （図 2.6D, 2.13E, 2.14B）

爪間爪を明らかに欠く. h1, h2 および h3 をもつ. 肛毛は 2 対 （Ehara, 1999）. パパイヤ等の害虫であるトウヨウハダニ *Eutetranychus africanus* のみが記録されている （Ehara, 1999；江原・後藤, 2009）.

ヒラタハダニ属 *Aponychus* （図 2.13F, 2.14C）

爪間爪を明らかに欠く. h1, h2 および h3 をもつ. 肛毛は 1 対 （Ehara, 1999）. タケ類やササ類に寄生するイトマキヒラタハダニ *Aponychus corpuzae* を含む 2 種が記録されている （Ehara, 1999；江原・後藤, 2009）.

(2)　ナミハダニ族 Tetranychini

マルハダニ属 *Panonychus* （図 2.6E, 2.13G, 2.14D）

h1, h2 および h3 をもつ. 爪間体は 1 本の爪状で腹毛 （proximoventral hair） をそなえる. 体は丸く, 胴背毛の起点は顕著なこぶ上にある （Ehara, 1999）. リンゴ等の害虫であるリンゴハダニ *Panonychus ulmi* を含む 7 種が記録されている （Ehara, 1999；江原・後藤, 2009；Negm and Gotoh, 2021）.

ミドリハダニ属 *Sasanychus* （図 2.13H, 2.14E）

h1, h2 および h3 をもつ. 爪間体は 1 本の爪状で腹毛をそなえる. 体は細長く, 胴背毛の起点にこぶはない （Ehara, 1999）. クマイザサに寄生するミドリハダニ *Sasanychus akitanus* を含む 2 種が記録されている （Ehara, 1999；江原・後藤, 2009）.

マタハダニ属 *Schizotetranychus* （図 2.6F, 2.13I, 2.14F）

h1, h2 および h3 をもつ. 爪間体は爪状で二股にわかれる. 後体部は 10 対の胴背毛をもつ （Ehara, 1999）. 後体部背面正中域前部 （c1 と d1 の間） の皮膚条線 （striae） は横走する （Ehara, 1999；江原・後藤, 2007）. ヤナギに寄生するヤナギマタハダニ *Schizotetranychus schizopus* を含む 9 種が記録されている （Ehara, 1999；江原・後藤, 2009；Ohashi *et al.*, 2009）.

スゴモリハダニ属 *Stigmaeopsis* （図 2.6G, 2.13J, 2.14G）

h1, h2 および h3 をもつ. 爪間体は爪状で二股にわかれる. 後体部は 10 対の胴背毛をもつ. 後体部背面正中域前部の皮膚条線は縦走する （Ehara, 1999；Saito *et al.*, 2004；江原・後藤, 2007）. タケ類やササ類に寄生するタケスゴモリハダニ *Stigmaeopsis celarius* を含む 7 種が記録されている （Ehara, 1999；江原・後藤, 2009；Saito *et al.*, 2016；2018）.

ケウスハダニ属 *Yezonychus* （図 2.13K, 2.14H）

h1, h2 および h3 をもつ．爪間体は爪状で二股にわかれる．後体部は 9 対の胴背毛をもつ（f2 を欠く）（Ehara, 1999）．クマイザサ等に寄生するケウスハダニ *Yezonychus sapporensis* のみが記録されている（Ehara, 1999；江原・後藤，2009）．

アケハダニ属 *Eotetranychus* （図 2.2B, 2.6H, 2.13L, 2.14I）

h1, h2 および h3 をもつ．爪間体は爪状ではなく，3 対の毛からなる（Ehara, 1999）．カンキツ類等の害虫であるコウノアケハダニ *Eotetranychus sexmaculatus* を含む 26 種が記録されている（Ehara, 1999；江原・後藤，2009；Gotoh and Arabuli, 2019）．なお，コウノアケハダニの学名は江原・後藤（2009）では *Eotetranychus asiaticus* が用いられていたが，形態的特徴および分子系統解析の結果に基づき，*Eotetranychus asiaticus* は *Eotetranychus sexmaculatus* の新参異名（シノニム）として整理された（Beard *et al.*,2024）．

ツメハダニ属 *Oligonychus* （図 2.6I, 2.13M, 2.14J）

h2 および h3 をもつ．爪間体は爪状で腹毛をそなえる（Ehara, 1999）．ビャクシン属の害虫であるビャクシンツメハダニ *Oligonychus perditus* を含む 19 種が記録されている（Ehara, 1999；江原・後藤，2009；Arabuli and Gotoh, 2018）．

クダハダニ属 *Amphitetranychus* （図 2.13N, 2.14K, 2.15A）

h2 および h3 をもつ．爪間体は 3 対の毛からなる．周気管（peritreme）の先端は迷路状（Ehara, 1999）．オウトウ等の害虫であるオウトウハダニ *Amphitetranychus viennensis* を含む 2 種が記録されている（Ehara, 1999；江原・後藤，2009）．

ナミハダニ属 *Tetranychus* （図 2.2A, 2.5B, 2.6J, 2.8, 2.14L, 2.15B）

h2 および h3 をもつ．爪間体は 3 対の毛からなる．周気管の末端は単純に曲がる（Ehara, 1999）．多種類の果樹，野菜，観賞用植物および花卉の害虫であるナミハダニ *Tetranychus urticae* を含む 13 種が記録されている（Ehara, 1999；江原・後藤，2009）．

図 2.15　ハダニ科雌成虫の周気管（peritreme）（Ehara, 1999 を改変）
A：オウトウハダニ，B：アシノワハダニ．

2.3.2　ヒメハダニ科

a.　ホンヒメハダニ亜科

スナヒメハダニ属 *Aegyptobia*（図2.11A, 2.16A）

触肢は5節，後体部は4対の背亜側後体毛をもつ（Pritchard and Baker, 1958）．カワラヨモギに寄生するスナヒメハダニ *Aegyptobia arenaria* のみが記録されている（Ehara, 1982；江原, 2009）．

ハリヒメハダニ属 *Pentamerismus*（図2.11B, 2.16B）

触肢は5節，後体部は2対の背亜側後体毛をもつ（Pritchard and Baker, 1958）．ビャクシン属等の害虫であるフトゲハリヒメハダニ *Pentamerismus oregonensis* を含む2種が記録されている（Ehara, 1962；江原, 2009）．

ケノヒメハダニ属 *Cenopalpus*（図2.9, 2.11C）

触肢は4節，後体部は1対の背亜側後体毛をもつ（Pritchard and Baker, 1958）．シャリンバイに寄生するシャリンバイヒメハダニ *Cenopalpus umbellatus* を含む2種が記録されている（江原, 2009；Negm *et al.*, 2020）．

ホンヒメハダニ属 *Brevipalpus*（図2.11D, 2.16C）

触肢は4節，後体部は背亜側後体毛を欠く（Pritchard and Baker, 1958）．ブドウ等の害虫であるブドウヒメハダニ *Brevipalpus lewisi* を含む5種が記録されている（Ehara, 1956b；江原, 2009）．

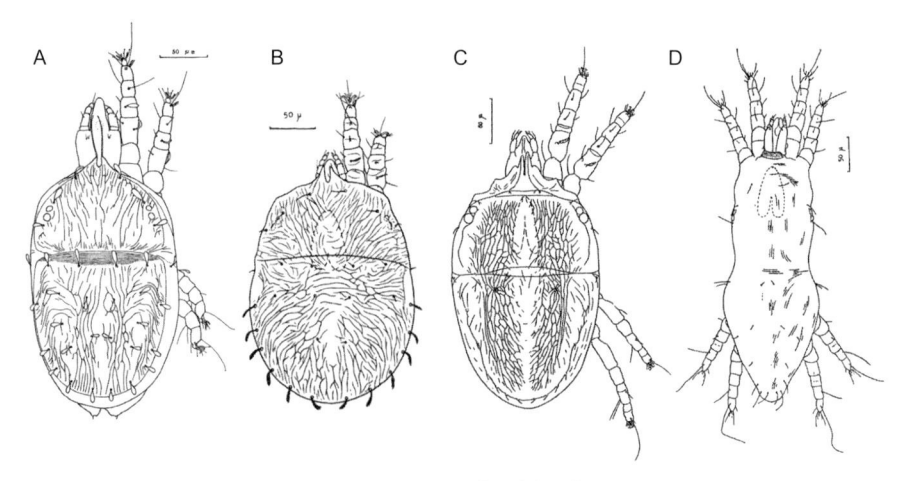

図2.16　ヒメハダニ科雌成虫の背面
A：スナヒメハダニ（Ehara 1982），B：フトゲハリヒメハダニ（Ehara, 1962），C：ブドウヒメハダニ（Ehara, 1956b），D：パイナップルヒメハダニ（Ehara, 1966）.

ホソヒメハダニ属 *Dolichotetranychus* （図 2.11E, 2.16D）

触肢は 3 節，胴体部は細長い（Pritchard and Baker, 1958）．パイナップルの害虫であるパイナップルヒメハダニ *Dolichotetranychus floridanus* を含む 2 種が記録されている（Ehara, 1966；江原，2009）．

b. ヒゲヒメハダニ亜科

ヒゲヒメハダニ属 *Tenuipalpus*（図 2.10, 2.11F）

触肢は 1～3 節，脚体部（podosoma）は非常に幅広く後胴体部は細い（Pritchard and Baker, 1958）．カキの害虫であるカキヒメハダニ *Tenuipalpus zhizhilashviliae* を含む 3 種が記録されている（Ehara, 1956b；江原，2009）．

2.3.3 ケナガハダニ科

ケナガハダニ属 *Tuckerella*（図 2.12）

形態的特徴は 2.2.4 項を参照．クロマツ等に寄生するナミケナガハダニ *Tuckerella pavoniformis* を含む 2 種が記録されている（Ehara, 1966；江原，2009）．

（有本　誠・島野智之）

🕷 2.4 ● 系 統 進 化 🕷

2.4.1 ハダニ上科の系統的位置

ハダニ上科 Tetranychoidea は，胸板ダニ上目 Acariformes，汎ケダニ目 Trombidiformes，ケダニ亜目 Prostigmata に所属している（分類体系は Krantz and Walter, 2009 よりも新しい Zhang *et al.*, 2011 に従い分類階級名は本節で改めた）（表 2.1）．

植物寄生性のダニはケダニ亜目では，ハダニ上科のほかには，大きな分類群としてはネジレキモンダニ下目に属さないフシダニ上科 Eriophyoidea が知られ，ほかにもオオケダニ小目やコハリダニ上科などの植物寄生性の種が含まれる分類群があることから，汎ケダニ目のなかでも植物寄生性が少なくとも 7 回独立して進化してきたとされている（図 2.17）．口針を刺して植物体から吸汁するという行動は，腐食性あるいは菌食性から大きな形態的変化を伴わずに達成できたためと考えられる（Lindquist, 1998）．

なお，フシダニ上科の所属は，ケダニ亜目 Prostigmata か，それともニセササラダニ亜目 Endeostigmata なのか，現在も議論が続いているところである

表 2.1　胸板ダニ上目の分類体系 (Krantz and Walter, 2009；Zhang, 2013)

Superorder **Parasitiformes**	胸穴ダニ上目
Order **Opilioacarida**	アシナガダニ目
Order **Holothyrida**	カタダニ目
Order **Ixodida**	マダニ目
Order **Mesostigmata**	トゲダニ目
Superorder **Acariformes**	胸板ダニ上目
Order **Trombidiformes**	汎ケダニ目
Suborder **Sphaerolichida**	クシゲマメダニ亜目
Suborder **Prostigmata**	ケダニ亜目
Order **Sarcoptiformes**	汎ササラダニ目
Suborder **Endeostigmata**	ニセササラダニ亜目
Suborder **Oribatida**	ササラダニ亜目
(Hyporder Astigmata を含む)	(コナダニ下目を含む)

和名は安倍ほか (2009)，島野 (2018) より．

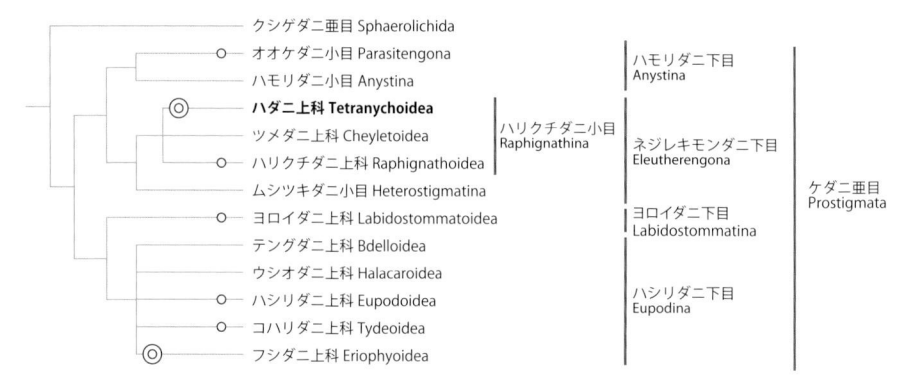

図 2.17　模式図

ケダニ亜目 Prostigmata 内の系統関係と植物寄生性の進化．系統関係は Lindquist (1998) による模式図であり分子系統を反映していない．○は植物寄生性の分類群を含む上科．◎は上科内のすべての分類群が植物寄生性であることを示す．(Lindquist (1998) をもとに作図．分類群名は Zhang *et al.* (2011) に従った．)

(Klimov *et al.*, 2018；Pepato *et al.*, 2022 など)．

　ケダニ亜目は 4 つの下目に分けられている．このうち，ハダニ上科はネジレキモンダニ下目 Eleutherengona に所属している (表 2.2)．Pepato *et al.*, (2022) の結果では，ハダニ上科が所属するハリクチダニ小目は単系統であった (図 2.18)．一方，ハダニ上科と同様に植物上に生息し，捕食性であるハモリダニ小目は多系統 (異なる複数の進化的系統から構成される系統) であることが示され

表2.2　ケダニ亜目の分類体系（Zhang *et al.*, 2011）

Suborder **Prostigmata**	ケダニ亜目
Infraorder **Labidostommatina**	ヨロイダニ下目
Infraorder **Eupodina**	ハシリダニ下目
Infraorder **Anystina**	ハモリダニ下目
Hyporder **Anystae**	ハモリダニ小目
Hyporder **Parasitengona**	オオケダニ小目
Infraorder **Eleutherengona**	ネジレキモンダニ下目
Hyporder **Raphignathina**	ハリクチダニ小目
Hyporder **Heterostigmata**	ムシツキダニ小目

和名は安倍ほか（2009），島野（2018）より．

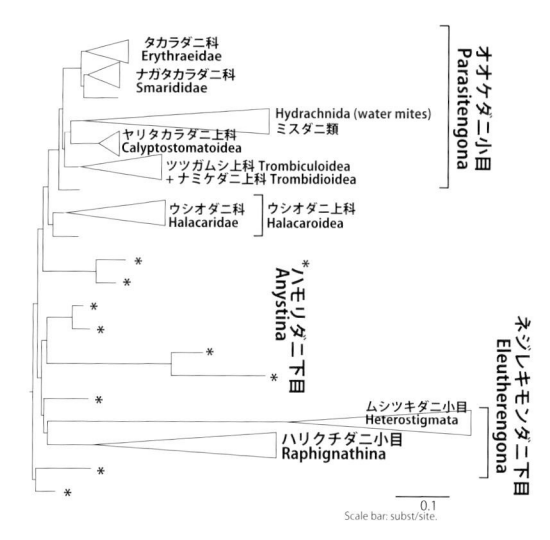

図2.18　ケダニ亜目に所属するネジレキモンダニ下目 Eleutherengona
　　　とオオケダニ小目 Parasitengona，ハモリダニ下目 Anystina
　　　とそれらに近縁な分類群の系統関係（Pepato *et al.*, 2022,
　　　Fig 4.B をもとに作図）．＊はすべてハモリダニ下目に所属
　　　する．

高次分類群の和名は，安倍ほか（2009），芝（2015）および島野（2018）
に従ったが，分類階級の名称は本節で改めた．

た．

　ハダニ上科の所属するハリクチダニ小目は，5つの上科に分けられている
（Krantz and Walter, 2009；Zhang *et al.*, 2011）．哺乳類などに寄生するケモチダ
ニ上科 Myobioidea，ヤモリに寄生するヤモリダニ上科 Pterygosomatoidea，捕
食性で土壌に生息しているハリクチダニ上科 Raphignathoidea，同じく捕食性で

家屋害虫でもあるツメダニ上科 Cheyletoidea，そして植物寄生性のハダニ上科である（表2.3）．

表2.3　ハリクチダニ小目の分類体系（Zhang *et al.*, 2011）

Cohort **Raphignathina**	ハリクチダニ小目
Superfamily **Cheyletoidea**	ツメダニ上科
Superfamily **Myobioidea**	ケモチダニ上科
Superfamily **Pterygosomatoidea**	ヤモリダニ上科
Superfamily **Raphignathoidea**	ハリクチダニ上科
Superfamily **Tetranychoidea**	ハダニ上科

和名は安倍ほか（2009）より．

表2.4　ハダニ上科の分類体系と世界の科，属，種数（Zhang *et al.*, 2011）

Superfamily **Tetranychoidea**	ハダニ上科（5科）
Family **Allochaetophoridae**	マザリハダニ科（1属，2種）
Family **Linotetranidae**	メナシハダニ科（4属，16種）
Family **Tenuipalpidae**	ヒメハダニ科（34属，895種）
Family **Tetranychidae**	ハダニ科（95属，1345種*）
Family **Tuckerellidae**	ケナガハダニ科（1属，28種）

和名は安倍ほか（2009），島野（2018）より．
* Migeon *et al.*（2010），Migeon and Dorkeld（2023）．

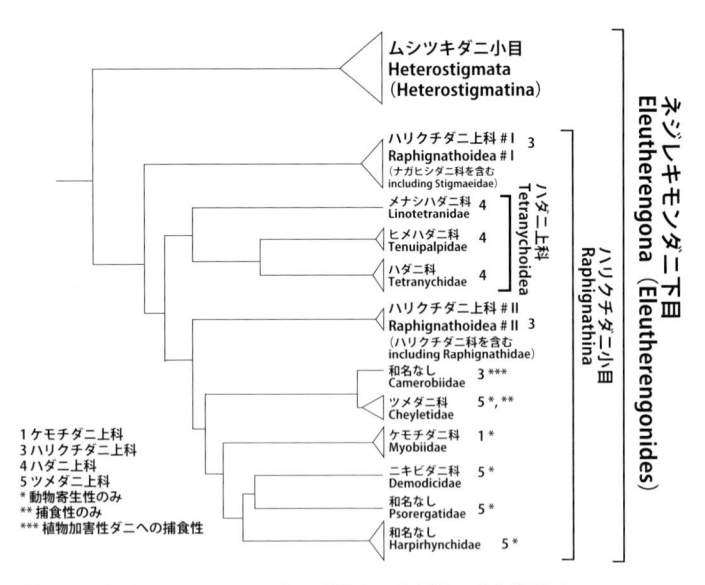

図2.19　ネジレキモンダニ下目に所属する分類群の系統関係（Klimov *et al.*, 2018, Fig. 2 をもとに作図）．

　ハダニ上科に所属するのは，マザリハダニ科 Allochaetophoridae，メナシハダ
ニ科 Linotetranidae，ヒメハダニ科 Tenuipalpidae，ハダニ科 Tetranychidae，ケ
ナガハダニ科 Tuckerellidae の5科である（Zhang *et al.*, 2011）（表 2.4）．Klimov
et al.，（2018）ではこのうち，メナシハダニ科，ヒメハダニ科，ハダニ科が示さ
れているが，この3科に基づいてみても，植物寄生性のハダニ上科は単系統（単
一の進化的系統としてまとまっている分類群）を形成しており，ハリクチダニ小
目内部では比較的早くに本上科が分岐したことが示唆されている（図 2.19）．

2.4.2 ハダニ上科内の3科

　ハダニ上科のうち日本からは，ハダニ科，ヒメハダニ科およびケナガハダニ科
の3科が記録されている（江原・後藤，2009）．ハダニ科は 90 属 1354 種（Migeon
et al.，2010；Migeon and Dorkeld, 2023）あるいは 95 属約 1270 種（Zhang *et
al.*，2011），ヒメハダニ科は 41 属約 1100 種（Castro *et al.*，2023）を含む大きな
分類群であるが，ケナガハダニ科は1属 28 種のみの小さな分類群（Krantz and
Walter, 2009；Zhang *et al.*，2011）である．

2.4.3 ヒメハダニ科の分子系統解析

　ヒメハダニ科では，*Raoiella* 属の分子系統学的解析からアフリカから中東が地
理的起源であることや隠蔽種がいる可能性を示した研究（Dowling *et al.*，2012）
や，ブドウヒメハダニと同属他種や寄主間の遺伝的変異の研究（Hao *et al.*，
2016）があるが，属間の系統関係などについては今のところ広く知られているよ
うな研究は見当たらない．ケナガハダニ科内部についても同様に種間の系統関係
などの研究は見当たらない．

2.4.4 ハダニ科の分子系統解析の歴史

　形態形質は機能の獲得や進化を示すものであり，近縁分類群間で類似するため，
これによって系統関係を知ることもできるが，一方で異なる系統に属するものが
類似した環境への適応のため収斂進化を起こした結果同様の形態形質をもつに至
る例も知られる．しかしながら，ハダニのような微小な節足動物で DNA に基づ
いた分子遺伝学的研究は，ポリメラーゼ連鎖反応（Polymerase Chain Reaction,
PCR）による DNA 増幅技術が普及するまでは困難であった．
　しかし，20 世紀末から急速に発展した PCR による DNA 増幅技術の普及と塩

基配列解読の普及によって，微小なハダニ類においても分子系統解析が可能に
なった．

　ハダニ科において最も初期の系統解析では，核ゲノム上のリボソーム RNA 遺
伝子（rDNA）中の internal transcribed spacer 2（ITS2）の塩基配列が，ナミ
ハダニ属内の種レベルの比較のために用いられた（Navajas *et al.*, 1992）．アケハ
ダニ属 2 種を外群とした場合ナミハダニ属 4 種のうちナミハダニと *Tetranychus
turkestani*, *Tetranychus pacificus* と *Tetranychus mcdanieli* がそれぞれ近縁であ
ることが明確に示された．

　続いてナミハダニ属内の種について，ミトコンドリアのシトクロムオキシダー
ゼサブユニット I（COI）の塩基配列を用いた系統解析（Navajas *et al.*, 1996）で
は，種の分子系統樹と生活史形質および形態形質の比較が行われた．その結果，
従来の形態形質による分類とおおむね一致した．さらに，産雄単為生殖，吐糸や
広食性といった形質が比較的新しく派生した分類群でより顕著であることが示さ
れた．このようにハダニ属内の分子系統学的解析では，これら ITS2 と COI がお
もに用いられてきた（例：Toda *et al.*, 2000；Ben-David *et al.*, 2007）．

　分子系統解析の結果，従来の形態による分類と齟齬がみられた場合，新種の記
載や属の再検討が行われた．たとえば，ITS2 と COI の塩基配列および形態の再
検討の結果，オウトウハダニ *Amphitetranychus viennensis* およびミズナラクダ
ハダニ *Amphitetranychus quercivorus* がナミハダニ属からクダハダニ属に移さ
れた（Navajas *et al.*, 1997）．また，それまで共生微生物による一方向不和合性が
知られていたカンザワハダニ *Tetranychus kanzawai* の 2 系統は，一部がニセカ
ンザワハダニ *Tetranychus parakanzawai* として新種記載された（Ehara, 1999）が，
ニセカンザワハダニからカンザワハダニが分化してきたことが分子系統学的解析
によって示唆され（Hinomoto and Takafuji, 2001），それぞれの種にさらに隠蔽
種が存在する可能性も示唆された（Matsuda *et al.*, 2013）．ナミハダニの種内多
型である赤色型と黄緑型に関する議論についてはコラム 2 を参照されたい．

　ハダニ科のなかでもナミハダニ族に所属するスゴモリハダニ属は，造巣性，雄
の攻撃性，社会行動などの特徴的な生態をもつ分類群である．本属はもともと
独立した属であったが McGregor（1950）によってマタハダニ属に含まれた．し
かし，形態形質によって再び元の属として復活された（Saito *et al.*, 2004；齋藤,
2018）．分子系統学的解析はその妥当性を裏付けた（Sakagami *et al.*, 2009）．そ
の後，さらに詳細な系統関係が明らかにされ（Sakamoto *et al.*, 2017），雄の攻撃

性が異なる系統は明確に系統として分離できることが示された.

これらの種間での塩基配列の違いは, 系統解析のみならず, 形態で識別が困難な近縁種間を簡便に見分けるための DNA マーカーとしても活用可能である. たとえば, 11 種のナミハダニ属を rDNA 領域の PCR 産物の制限酵素断片長多型 (PCR-RFLP) で識別する方法 (Osakabe *et al.*, 2008;Arimoto *et al.*, 2013) や, ミトコンドリア DNA の COI 領域の一部の塩基配列で系統樹を作成して同定する方法 (Hinomoto *et al.*, 2007) などが開発されている.

2.4.5 ハダニ科内の系統解析

しかしながら, ハダニ科全体の属レベルの系統解析を実施する際, 核遺伝子上の ITS2 領域 (Internal Transcribed Spacer 2;リボソーム RNA をコードしている領域に挟まれた翻訳されない領域の1つ) や, ミトコンドリア遺伝子上で, 他の節足動物で DNA バーコード barcode でよく用いられる COI 遺伝子のような進化速度が早い遺伝子領域は, 塩基置換の飽和がみられるため適当でない (Matsuda *et al.*, 2018 など). そこで核遺伝子のリボソーム遺伝子のうちでもリボソーム 18 S rRNA 遺伝子 (18 S rDNA;rRNA スモールサブユニット (SSU) 遺伝子), 28 S rRNA 遺伝子 (28 S rDNA;rRNA ラージサブユニット (LSU)

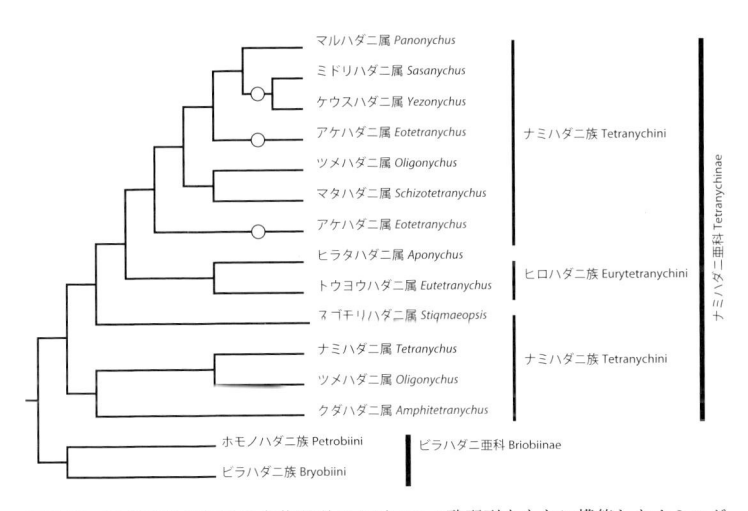

図 2.20 72 種 652 遺伝子の塩基配列およびアミノ酸配列をもとに構築したナミハダニ亜科内の系統関係の概念図 (Matsuda *et al.*, 2018, Fig. 1〜3 をもとに作図) 図中〇はマタハダニ属を含む系統.

遺伝子）を用いた解析が行われた（Matsuda *et al.*, 2014）．さらに，次世代シーケンサーの普及により大量の遺伝子配列を網羅的に解析することも行われるようになった（Matsuda *et al.*, 2018）．これらの系統解析によって，ビラハダニ亜科のビラハダニ族，ホモノハダニ族，また，ナミハダニ亜科であるヒロハダニ族はそれぞれ単系統であるが，カンザワハダニや，ナミハダニを含むナミハダニ族は多系統であることが示された（図2.20）．しかし，亜科の分類階級でみれば，ナミハダニ亜科は，これを構成するヒロハダニ族とナミハダニ族が1つのクレードを形成し単系統であった．ビラハダニ亜科のうち，サキハダニ族は，Matsuda *et al.*（2018）では用いられていないが，ビラハダニ族とホモノハダニ族は1つのクレードを形成し単系統であった．

　一方，ナミハダニ族内では，アケハダニ属はナミハダニ族では他の属から比較的離れており，スゴモリハダニ属は近縁とされていたマタハダニ属とは明らかに独立した系統であることが示された．一方で，ツメハダニ属，ナミハダニ属，マタハダニ属，アケハダニ属が多系統であることが示された．これらのことから，形態はそれぞれの分類群で収斂進化を起こしており，従来の属レベルの分類形質（形態形質）について再考の余地があることが示唆された（Matsuda *et al.*, 2014, 2018）．　　　　　　　　　　　　　　　　　　　　　　（日本典秀・島野智之）

コラム2　ナミハダニの黄緑型と赤色型は同種か別種か？

　ナミハダニ *Tetranychus urticae* は，広食性で1428種もの植物を寄主とする（Migeon *et al.*, 2010）．世界中に分布し，さまざまな農作物を加害する最重要害虫である．抵抗性を発達させた農薬の種類も，あらゆる害虫種のトップである．本種には黄緑型と赤色型が存在するが，かつては赤色型はニセナミハダニ *Tetranychus cinnabarinus* として別種扱いであった．野外では両型間に遺伝子交流が認められないことや（Goka *et al.*, 1996），実験的に交配させた両型間の子孫の適応度が低いことなども（Sugasawa *et al.*, 2002），この考え方を支持するものである．しかし，ヨーロッパや日本で交配実験によって両者の交雑が可能であることが確認された（Dupont, 1979；Gotoh and Tokioka, 1996）．さらに，形態学的にもこの考えが指示された（Ehara, 1999）．その後も形態学的および生物学的な詳細な検証が行われ（Auger *et al.*, 2013），現在ではこれら2型は多様性の高い本種の種内多型として考えるのが一般的である．

　一方，ミトコンドリアCOI遺伝子の塩基配列をもとに系統樹を作成すると，本種は大きく2つの系統にわかれることが明らかとなった（図1）．しかも，そ

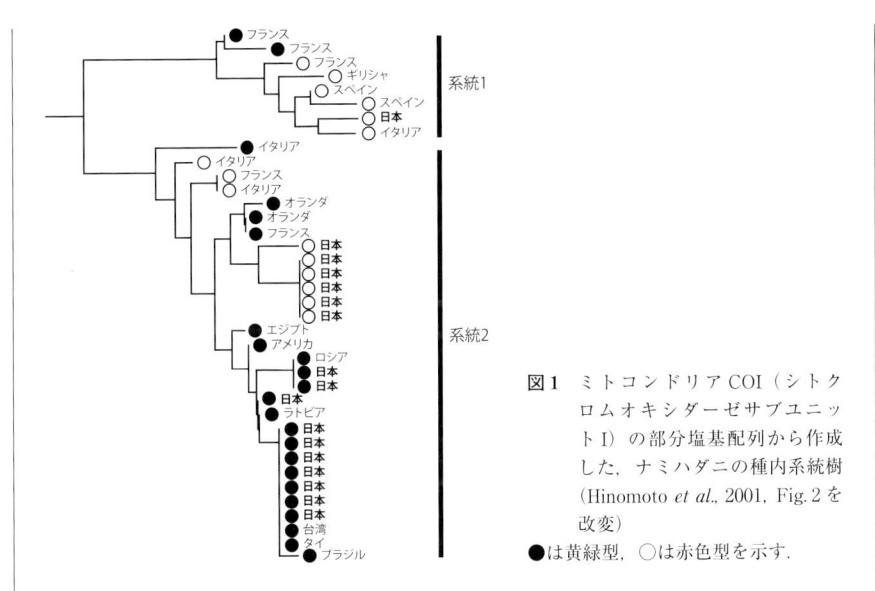

図1　ミトコンドリア COI（シトク
　　　ロムオキシダーゼサブユニッ
　　　ト I）の部分塩基配列から作成
　　　した，ナミハダニの種内系統樹
　　　（Hinomoto *et al.*, 2001, Fig.2 を
　　　改変）
　　　●は黄緑型，○は赤色型を示す．

れぞれの系統に黄緑型も赤色型も含まれる．片方の系統は本種の起原地と考えら
れる地中海地方中心に分布するが，もう一方の系統が世界に分布を広げたと考え
られる．このように，種内多型の大きな本種のような種を扱うときは，どの系統
を用いた研究を行っているのかを意識する必要がある．

　そもそもナミハダニは100以上もの学名をもっていた（Bolland, 1998）．現在
は分類学的に1種に集約されているが，多様な形質が含まれた種であることを
意識する必要があろう．たとえば，Huo *et al.* (2021) は，本種の広食性の原因
をさぐるために，さまざまな寄主から得られた両型間の遺伝子の転写について詳
細な解析を行った．その結果，型間の違いよりも個体群間の違いが大きいことが
明らかになった．つまり，ナミハダニ全体として非常に大きな寄主範囲をもつ
が，これはさまざまな寄主範囲をもつ個体群の集合体として成り立っているとい
える．

　ナミハダニは2005年の植物防疫法施行規則の一部改正により非検疫有害動物
に追加され，国内への持ち込みに法的規制はかからなくなった．しかし，本種の
ような種内多型が大きい種では，まだわが国に入ってきていない有害遺伝子を
もった系統が，国外には分布している可能性がある．これらの新たな侵入を許す
ことは，国内農業への影響も大きい．ナミハダニを通じて，種とは何かという科
学的な問いを再考するとともに，人間社会にとっての種とは何かということも考
える契機としたい．　　　　　　　　　　　　　　　　　　　　　　（日本典秀）

 3　　形　　　　態　　　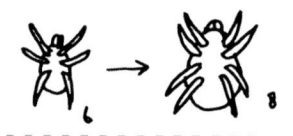

✴ 3.1 ● 概　　　説 ✴

　いわゆるダニ類 Acari とは，クモガタ綱（クモ綱）Arachnida に所属し，成虫でも体長が 100～900 μm 程度の微小な節足動物（arthropod）である．ダニ類には，多くの昆虫がもつ大顎（mandibula），触角（antenna），複眼（compound eye）および翅（wing）はない．また，6 本脚の昆虫と異なり，多くのダニ類は 8 本脚である（幼虫は 6 本脚であることが多い）．

　ダニ類の体の区分は，前体部（proterosoma）および後体部（hysterosoma）に大別される（図 2.1, 2.2）．ただし，昆虫の頭部（head），胸部（thorax）および腹部（abdomen）のように，似た構造や機能をもつ複数の体節が 1 つにまとまった合体節（tagma）で分けられる明瞭な区分はない．前体部は，顎体部（gnathosoma）および前胴体部（propodosoma）から構成される．後体部は，中胴体部（metapodosoma）および後胴体部（opisthosoma）から構成される．

　節足動物に共通の基本的な体制として先頭の体節構造である先節（1 番目の節：これを一般的に第 0 節と呼び，その直後の中大脳性体節を第 1 体節と呼ぶ）と 6 つの体節（図 2.1B）が癒合した前胴体部と中胴体部をあわせて脚体部（podosoma）と呼ぶ．顎体部と脚体部をあわせて肢体部（prosoma）と呼ぶこともあるが，一般的なダニ学では，肢体部（図 2.1A）が他のクモガタ類の前体（prosoma）あるいは頭胸部（cephalothorax）と呼ばれる部分に相当する．ダニ類の後胴体部は，他のクモガタ類の後体（opisthosoma）あるいは腹部と呼ばれる部分に相当する．

　これまでの説（Grandjean, 1969；Klompen *et al.*, 2015）では，本来，胸板ダニ類の祖先では，体節は図 2.1B であったものが，体節の背面部分（FC1：合計 4 体節の背面部分）が狭まることによって，前胴体部と中胴体部が腹面のみから

なる脚体部を構成すると考えられてきた．しかし，Bolton（2022）は，中胴体部の2体節は背面部分では狭まることがなかったという説をニセササラダニ亜目 Endeostigmata の一種の観察から示した．他方，腹部末端の体節の腹面（FC2）は下方に折れ曲がり，生殖板（genital plate）と肛門（anus）の間の位置を構成していると考えられている（Grandjean, 1969）．

付属肢とは，脱皮動物（Ecdysozoa）において各体節に1対ずつ付属する肢である．一般に体節（segmentation）（図2.1B）が不明瞭な胸板ダニ類 Acariformes の付属肢は，8本（4対）の脚に加えて，2本（1対）の鋏角（chelicera）および2本（1対）の触肢（pedipalp）に分化し，合計で12本（6対）である．顎体部からは鋏角および触肢（第1および第2付属肢）が生じている．なお，ハダニ上科 Tetranychoidea では，鋏角の基部は融合して担針体（stylophore）を形成し，鋏角の可動指（movable digit）は，むち状に伸長して口針（stylet）となる（図2.3）．前胴体部からは第Iおよび第II脚（第3および第4付属肢）が生じている．中胴体部からは第IIIおよび第IV脚（第5および第6付属肢）が生じている．

ハダニ上科に属するダニのうち，成虫の体長は，ハダニ科 Tetranychidae，ヒメハダニ科 Tenuipalpidae およびケナガハダニ科 Tuckerellidae で，それぞれ250〜900 μm，200〜400 μm および400〜450 μm 程度である（江原，1996）．体色は黄，黄緑，橙，赤および赤褐などさまざまであり，ハダニ科のダニ（以下，ハダニ類）は，季節性の休眠によって体色が変化することも知られている（4.5節参照）．また，ハダニ類の皮膚は半透明であることが多く，摂取した食物（葉肉細胞の内容物）や消化物の色が外部から確認できる．たとえば，ナミハダニ *Tetranychus urticae* の英名 two-spotted spider mite の由来である2つの斑紋は，中腸内腔で浮遊し食物を取り込んで消化する細胞の集合体である（3.9節参照）．

3.2 顎 体 部

ハダニ類の顎体部は，1対の鋏角（chelicera），1対の触肢（pedipalp），単一の担針体（stylophore）および単一の口吻（rostrum）から構成される（Lindquist, 1985）（図3.1）．両鋏角の基部は融合し，担針体を形成する．担針体は顎体部の上部を構成する．担針体の背面には毛（seta）はないが，基部には深く陥入した切れ込み（ivagination）がある．この切れ込み部分には1対の気門（stigma）があり，それぞれの気門から胴部前端の膜状部分まで体表を走る溝は周気管

（peritreme）と呼ばれる（江原，1996：3.8節参照）．両触肢の基節（coxa）は
腹側で融合し，前方に突出して口吻を形成する．口吻は，亜頭体（subcapitulum
またはinfracapitulum）とも呼ばれ，顎体部の下部を構成する．

　鋏角は，担針体の腹側の前端に位置する1対の固定指（fixed digit）と，その
直下に位置する1対の可動指（movable digit）から構成される（図3.1）．固定
指は，固定鋏角突起（fixed cheliceral process）とも呼ばれ，可動指の背側を包む．
可動指は固定指よりも長く，むち状の構造物である．可動指は担針体内の前背部
を起点に，まず後方に向かい，次いで約180度反り返って下方から前方へ向かう．
なお，担針体を包む皮膚のひだには伸縮性があるため，担針体を胴部に引き込ん
だり，胴部から引き出したりすることができる．担針体が胴部に引き込まれると，
可動指は押され，担針体の腹側の前端から体外に出る．一方，担針体が胴部から
引き出されると，可動指は引き込まれる．つまり，担針体には可動指を出す／引
くためのレバーとしての役割がある（André and Remacle, 1984）．完全に引き込
まれた状態の可動指は，その先端までを固定指によって覆われているため，外部
からは見えにくい（図3.1）．可動指の横断面は樋状で，両可動指が接合して中
空針状の口針（stylet）を形成する．なお，両可動指の表面（口針の内面にあた

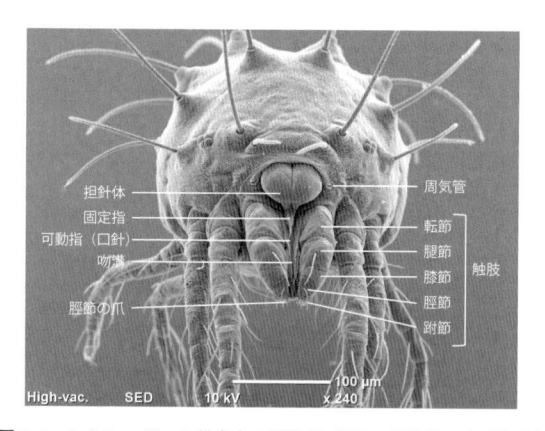

図3.1　ミカンハダニの雌成虫の顎体部（SEM像提供：島野智之）
鋏角（chelicera）の基部は融合して担針体（stylophore）を形成する．また，鋏角の可動指（movable
digit）である口針（stylet）は固定指（fixed digit）の下に位置する．この図では口針は吻溝（rostral
gutter）に収まっているため，不明瞭である．担針体の横および下には，それぞれ1対の周気管（peritreme）
および触肢（pedipalp）が位置する．触肢は，基節（coxa），転節（trochanter），腿節（femur），膝節（genu），
脛節（tibia）および跗節（tarsus）から構成されている．なお，脛節には葉面を把持するための爪（tibial
claw）がある．基節は顎体部の本体に組み込まれている．

る部分）には小さな溝が縦走する（建石，1988）．この溝によって両可動指が互いに「さねはぎ（tongue and groove）」され，単一の口針が形成される機構が示唆されている（Hislop and Jeppson, 1976）．口針の先端の直径は5〜10 μm と極細で，ナイフの刃のように鋭く尖り（図3.2A），植物組織への穿刺を可能にしている．ナミハダニの口針の長さは，幼虫および成虫で，それぞれ約 100 μm および約 150 μm である（Sances *et al.*, 1979；Bensausson *et al.*, 2016）．なお，ハダニ上科以外に，ハリクチダニ上科 Raphignathoidea やツメダニ上科 Cheyletoidea に属するダニも担針体や口針を有する．しかし，口針を形成する鋏角の可動指の担針体内における著しい変形は，ハダニ上科に属するダニ特有である．この変形によって，長い可動指の体内での格納と，体外で形成する口針の伸長が可能になっている．ナミハダニは，葉の表皮の敷石細胞（epidermal pavement cell）の間，気孔（stomata）の開口部および孔辺細胞（guard cell）に口針を挿入あるいは穿刺し，葉肉細胞の内容物を摂食する（建石，1988；Bensoussan *et al.*, 2016）．また，ヒメハダニ科の *Raoiella* 属のダニでは，摂食時に気孔の開口部から口針を挿入しているようすが，クライオ走査型電子顕微鏡により撮像されている（Ochoa *et al.*, 2011；Beard *et al.*, 2012）．

口吻の背面の中央では，吻溝（rostral gutter）と呼ばれる深い溝が，基部から前端にかけて走る（図3.2B）．担針体の下では，鋏角の固定指と可動指が吻溝内に収まる．固定指より前では，可動指のみが吻溝内に収まる．口吻の前端には，3枚（左右に1対，下1枚）の口唇（flap）がある（Hislop and Jeppson, 1976；

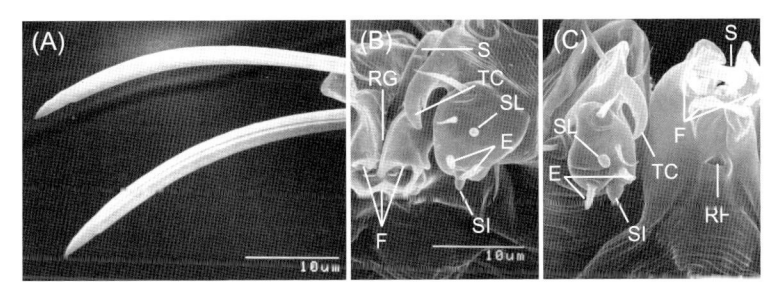

図3.2 ハダニ類の口針と口吻（SEM 像提供：刑部正博）
(A) ミカンハダニ雌成虫の1対の可動指．両可動指が互いに「さねはぎ（tongue and groove）」され，体外で中空針状の口針（stylet）を形成する．(B) ミカンハダニ雄成虫の口吻の背面および前端と触肢．(C) クワオオハダニ雄成虫の口吻（rostrum）の腹面および前端と触肢（pedipalp）．E：ユーパシジウム（eupathidium），F：口唇（flap），RG：吻溝（rostral gutter），RF：吻窩（rostral fossette），S：口針（stylet），SI：出糸突起（spinneret），SL：ソレニジオン（solenidion），TC：脛節の爪（tibial claw）

建石，1988）（図3.2Bおよび3.2C）．口唇の内側には，3本の歯状突起物と，その両端に位置する1対の突起物（口感覚器）がある（Hislop and Jeppson, 1976；建石，1988；3.6節参照）．口吻の腹面には吻窩（rostral fossette）と呼ばれる穿孔があり（図3.2C），咽頭（pharynx）までつながる（Summers *et al.*, 1973）．咽頭までの管の横断面は三尖形であるため（Nuzzaci and de Lillo, 1989），弁としての吻窩の機能が示唆されている（Beard *et al.*, 2012）．ハダニ類では，咽頭ポンプ（pharyngeal plunger）と呼ばれる咽頭筋（pharyngeal muscle）が接続した杯状器官の動きにより，口腔内が減圧され，食物が咽頭や食道（esophagus）へ輸送される（Nuzzaci and De Lillo, 1991a, b；Beard *et al.*, 2012）．この減圧や，外気圧に戻す際に，排気や吸気用の弁として吻窩が機能し，吸汁を制御している可能性がある．

　師管液を吸汁する昆虫では，植物組織への穿刺，唾液の注入および食物の吸汁を担う刺食器官（piercing-feeding organ）としての口針の役割が知られている．ハダニ類の口針も，刺食器官としての役割が示唆されている（Summers *et al.*, 1973；Hislop and Jeppson, 1976；André and Remacle, 1984）．一方，ハダニ類の口針は，植物組織への穿刺および唾液の注入のための器官であり，食物の吸汁器官ではないとの主張もある（Alberti and Crooker, 1985；Nuzzaci and De Lillo, 1991a）．後者の主張では，植物組織（より具体的には葉肉細胞）への穿刺および唾液注入後，抜針する．そして，細胞の膨圧により，葉肉細胞の内容物が抜針経路を伝って葉面まで流れ，それを咽頭ポンプの働きにより，口針ではなく，口吻の前端から直接吸汁する摂食様式が示唆されている．ただし，もし，抜針経路を伝って葉肉細胞の内容物が葉面まで流れるのであれば，特に海面状組織の細胞間隙には，その内容物の残骸が観察されるだろう．しかし，近年の組織学的解析では，ナミハダニに吸汁された葉肉細胞周辺の細胞間隙で，細胞内容物の残骸は観察されない（Bensoussan *et al.*, 2016）．これより，ハダニ類の口針は刺食器官であり，穿刺および唾液注入先の葉肉細胞の内容物を，「その場（*in situ*）」で，口針を用いて吸汁している可能性が高い．

　触肢は，顎体部の本体に組み込まれている基節（coxa）を除き，転節（trochanter），腿節（femur），膝節（genu），脛節（tibia）および跗節（tarsus）の5節で構成される（図3.1）．なお，基節腹面には1対の毛（subcapitular setae）があり，第1若虫で最初に現れる．触肢の脛節には爪状の毛があり，脛節爪（tibial claw）と呼ぶ．脛節爪は跗節と向かい合い，それぞれ母指（親

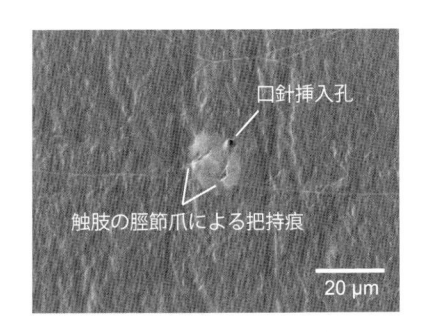

図 3.3 パラフィン製フィルム上に形成されたナミ
ハダニの摂食痕（SEM 像提供：山本雅信）
伸展させたパラフィン製フィルムを葉片に被覆し，
その上にナミハダニをのせ，摂食させた．1 本の口
針（stylet）はフィルムを穿刺するため，単一の挿
入孔が形成される．1 対の触肢（pedipalp）の脛節
爪（tibial claw）はフィルムを把持するため，その
痕が 1 対形成される．

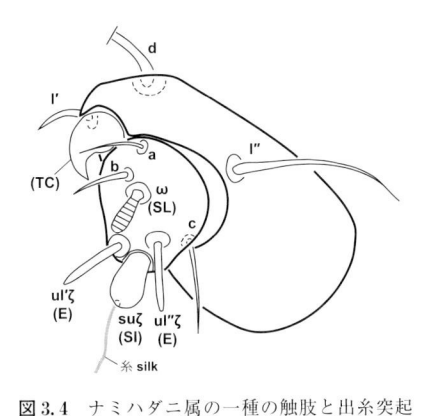

図 3.4 ナミハダニ属の一種の触肢と出糸突起
（Lindquist, 1985 をもとに作図）
E：ユーパシジウム（eupathidium），SI：出糸
突起（spinneret），SL：ソレニジオン（solenidion），
TC：脛節の爪（tibial claw）

指）と示指（人差し指）の位置関係に類似するため，その構造を thumb-claw
complex と呼ぶ．なお，ヒメハダニ科に属するダニでは，跗節と向かい合う脛節
爪を欠く．ナミハダニは，触肢の脛節爪で葉面を把持しながら口吻の前端を葉面
に押しつけ，植物組織に口針を穿刺し，葉肉細胞の内容物を吸汁している（建石，
1988）．そのため，摂食後の葉面上には単一の口針挿入孔を頂点とし，触肢の脛
節爪による 1 対の把持痕を結ぶ線を底辺とする二等辺三角形型の食害痕が形成さ
れる（図 3.3）．ナミハダニ亜科に属するダニでは，跗節に 7 本の毛があり，そ
のうち 3 本は通常毛（ordinary seta）（図 3.4a, b および c），3 本はユーパシジウ
ム（eupathidium）（図 3.4ul'ζ, ul"ζ, suζ）および 1 本のソレニジオン（solenidion）
（ω）である（3.1, 3.6 節参照）．また，3 本のユーパシジウムのうち 1 本は出糸
突起（spinneret）（suζ）になっている（3.11 節参照）．つまり触肢には，顎体部
の固定以外に，感覚器官および出糸器官としての機能もある．

（鈴木丈詞・島野智之）

🕷 3.3 ● 胴 部 🕷

胴部は胴体部（idiosoma）とも称され，前胴体部（propodosoma），中胴体部
（metapodosoma）および後胴体部（opisthosoma）に分けられる（3.1 節参照）．

　前胴体部と中胴体部をあわせて脚体部（podosoma）と呼ぶ．また，中胴体部と後胴体部をあわせて後体部（hysterosoma）と呼ぶ．ハダニ類の胴体部の毛は，形状にかかわらず，すべて通常毛（ordinary seta）である（江原・後藤，2004）．なお，通常毛は触覚毛（tactile seta）ともいう．

　胴体部の背面（idiosomal dorsum）は，前胴体背面（prodorsum）と後体背面（hysterosomal dorsum）に分けられる（図2.1，2.2）．前胴体背毛（dorsal propodosomal seta）は3または4対ある．赤色の2対の眼は前眼および後眼から構成され（3.6.1項参照），両者は隣接し，前胴体背毛の第2対と第3対の間（4対あるハダニ類では第3対と第4対の間）に位置する（江原・真梶，1996）．なお，ハダニ上科のうち，メナシハダニ科 Linotetranidae に含まれるダニには眼がない．また，ヒメハダニ科の Raoiellana 属のダニにも眼がないとされてきたが（江原・真梶，1996；Gerson, 2008），Raoiellana allium の雌成虫では小さな眼が確認されている（Beard *et al.*, 2015）．後体背毛（dorsal hysterosomal seta）は，背中後体毛（dorsocentral hysterosomal seta），背側後体毛（dorsolateral hysterosomal seta）および肩毛（humeral seta）から構成され，9～12対ある（江原・真梶，1996）．

　胴体部の腹面（idiosomal venter）には，脚体部に中腹毛（medioventral seta）と呼ばれる毛が3対ある（江原・真梶，1996）．中腹毛よりも後方の1対は前生殖毛（pregenital seta）と呼ばれ，後胴体腹面（opisthosomal venter）にある．前生殖毛の後方には，2対の生殖毛（genital seta）があり，このうち第1対は生殖口蓋（genital flap）上にある．なお，ハダニ科における生殖口蓋は，ヒメハダニ科では生殖板（genital plate）と称される．生殖毛の第2対は，後生殖毛（post-genital seta）とも呼ばれる．雌の肛門（anus）は後胴体腹面の最後部に位置し，1対の扉によってスリット状の開口部が形成されている．肛門付近には，1～3対の肛毛（anal seta）がある．肛門の側方から後方にかけて1～2対の側肛毛（para-anal seta）がある．このうち後方の第2対は後肛毛（post-anal seta）とも呼ばれる．雌成虫の生殖口（genital opening）は，肛門の前方に位置し，生殖口と肛門の間には交尾口（copulatory pore）がある．交尾口は単一の微小孔で，雄成虫の陰茎である挿入器（aedeagus）を受け入れる場所にあたる．なお，雄成虫の場合，生殖口域と肛門域は合一し，この周辺の毛は生殖肛毛（genito-anal seta）と呼ばれる．

（鈴木丈詞）

🐜 3.4 ● 脚 🐜

ダニ類の脚は，胸穴ダニ類 Parasitiformes では，基本的に基節（coxa ［複 coxae]），転節（trochanter ［複 trochantera]），腿節（femur ［複 femora]），膝節（genu ［複 genua]），脛節（tibia ［複 tibiae]），跗節（tarsus ［複 tarsi]）の 6 節と，端体（apotele, pretarsus（図 2.6)）から構成されている（Evans, 1992b；江原・真梶，1996).

一方，ハダニ類が含まれる胸板ダニ類では，基節は脚体部（podosoma）の腹壁に組み込まれ基節板（coxisternal plate または epimeral region）に融合して可動ではないため，脚は基節を除く 5 節である.

また，先端節の端体は，ハダニの場合，1 対の爪（claw）とその間にある爪間体（empodium）からなる歩行器官（ambulacrum）にあたる．多数の粘毛（tenent hair）を付帯する爪や，各爪が基部から分岐し 2 本の粘毛のように見えるものもある（江原・真梶，1996)（図 2.6).爪間体は棒状で粘毛を付帯するもののほか，爪状のものもあり，後者は爪間爪（empodial claw）と称される．爪間爪においても，粘毛や繊細な毛あるいは分岐の有無など，多様な形態がある.

ハダニの脚には，通常毛（あるいは毛）（ordinary seta, seta ［複 setae]），触毛（bothridial seta ［複 bothridial setae]），ユーパシジウム（eupathidium ［複 eupathidia]）およびソレニジオン（solenidion ［複 solenidia]）が生え（3.6.2 項参照)，第 III 脚および第 IV 脚と比較して，第 I 脚および第 II 脚には，触毛，ユーパシジウムおよびソレニジオンが多い.

trichobothrium ［複 trichobothria］は江原（1996）では触毛とされ，通常 trichobothrium は小さな空洞（bothridium）あるいは円盤状の基部構造とさまざまな形の毛（bothridial seta）からなる複合構造をさす（van der Hammen, 1980；Lindquist, 1985).

毛は Grandjean の毛式で説明される（Travé and Vachon, 1975）（図 3.5).各毛は Grandjean の表記法に従って命名されている．背側(d)，側背側(laterodorsal・l′ および l″)，側腹側（lateroventral：v′ および v″）である（図 3.5B).触毛は db で示される（図 3.6).輪生（verticil）は番号で示される．毛の名称の後に，その毛が出現したステージの名前が続く，第 1 若虫 N1，第 1 若虫 N2，そして成虫 Ad，言及がない場合は幼虫 larva からすでにあったことを示す．第 I 脚跗節

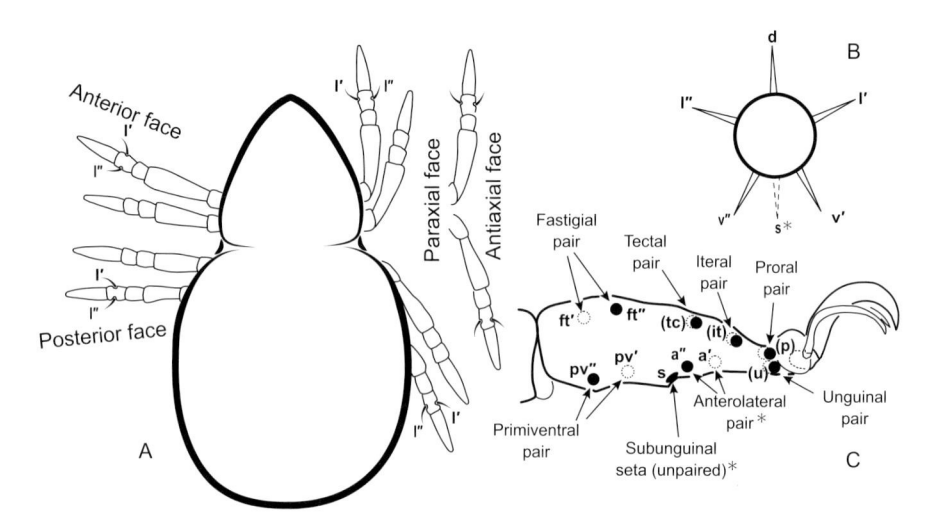

図 3.5 胸板ダニ類の脚の毛式（毛序）（chaetotaxy）（R. A. Norton 博士の厚意により許可を得て書き直し一部改変）（Krantz, 2009）．Grandjean の毛式（Travé and Vachon, 1975；Gutierrez, 1985）脚の毛（seta, ordinary seta）は，fundamental seta と accessory seta に分けられ（Grandjean, 1941），fundamental seta の名称は，アルファベットと，プライム［′］，ダブルプライム［″］，そしてカッコで表される（Norton, 1977）．ユーパシジウム（eupathidium），ソレニジオン（solenidion）そして，ファムラス*（famulus）の名称は，脚の部位ごとギリシャ文字と数字で表される（本文参照）．
A：胸板ダニ類の背面からの模式図．概念的な脚の配置（左図）と実際の脚の配置（右図）．概念的な脚の配置の場合の脚の前面（anterior face）にある毛は，プライムで表され，後面（posterior face）はダブルプライムで表される（左図）．一方，実際の脚の配置（右図）では，体軸側（脚の内側，paraxial face）のⅠとⅡ脚はプライムで表され，反体軸側（脚の外側，antiaxial）は ダブルプライムで表されるが，ⅢとⅥ脚の体軸側はダブルプライムで表され，反体軸側はプライムで表される．
B：胸板ダニ類の脚の断面図と毛の配置の模式図．毛 d（背面，dorsal seta）は対にならず脚の背面に，l（側背側，laterodorsal）は対を作り側面背部に，v（側腹側，lateroventral）は対を作り側面下部に配置される．毛 s（subunguinal seta：ハダニ科にはない）は対にならず第Ⅰ脚の跗節（tarsus）の腹面（d と対向する位置）にのみ配置される．
C：胸板ダニ類の第Ⅰ脚の跗節の毛の配置と名称（模式図）．fundamental seta には，それぞれの名称があり，その略語に，プライム，ダブルプライムを付し，毛の位置が近いものはカッコで対であることを表す（プライム，ダブルプライムの両方の毛を示す）．黒丸は表面の毛の位置，点線の丸は裏面の毛の位置を示す．
*ハダニ科にはない毛だが胸板ダニには共通であるので基本的な理解のため示した．

では，これら以外に特別な名称を次のように用いる：proral（p），unguinal（u），tectal（tc），fastigial（ft），primiventral（pv）（Gutierrez, 1985）．

　脚の毛で用いるギリシャ文字と記号は次のとおり：プライム［′］，前面（前側）（anterior face）；ダブルプライム［″］，後面（後側）（posterior face）；θ（シータ），腿節のソレニジオン；ζ（ゼータ），ユーパシジウム；σ（シグマ），膝節のソレニジオン；φ（ファイ），脛節のソレニジオン；ω（オメガ）のソレニジオン．

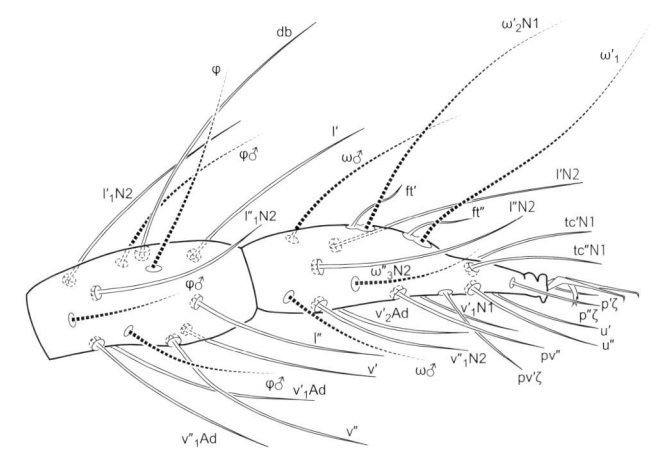

図3.6 ナンセイナミハダニ *Tetranychus neocaledonicus* の第Ⅰ脚の跗節と脛節
Grandjean の毛式によって示す（Travé and Vachon, 1975；Gutierrez, 1985）．アルファ
ベットは本文参照．Gutierrez（1985）の図を描き直した．

雄では，しばしばソレニジオンが脛節（φ♂）と跗節（ω♂）で増加する．

　二重毛（duplex setae, chaeto pair）とよばれる構造（2.2.1 項参照；coupled
setae と呼ばれることもある）では，通常毛 ft″ とそれより少し短い ft′ がソレ
ニジオンと組み合わさり，ソレニジオンは通常毛よりも脚の末梢側に位置する
（Lindquist, 1985）．通常，第Ⅰ脚跗節に 2 組，第Ⅱ脚跗節に 1 組がある．ビラ
ハダニ亜科 Bryobiinae では，この二重毛は通常見られない．また，他の胸板ダ
ニ類で見られるのと同じように ft″ が消失することがある（Lindquist, 1985）．

　ハダニ科では trichobothrium（db）の構造をとる毛は d であり，ナミハダニ
亜科の第Ⅰ脚の脛節に 1 つある．ビラハダニ亜科では第Ⅰ脚と第Ⅱ脚の両方の
腿節にも trichobothrium が 1 つずつ見られることがある（Grandjean, 1943；
Lindquist, 1985）（江原・真梶，1996 には「触毛は第Ⅰ脚の脛節と第Ⅰ・Ⅱ脚の腿
節にもある」とある）．

　ハダニ科ではユーパシジウムの数は第Ⅰ脚と第Ⅱ脚の両方で，通常 3 本（p′，
p″，pv′）ずつある．pv′ のみは幼虫のときに通常毛で，第 1 若虫になるとユーパ
シジウムに変化するが（Grandjean, 1948），いくつかの属では，例外的にこの変
化が起こらず通常毛のままのため，成虫では合計 2 本となる（Lindquist, 1985）．

　ハダニ類の幼虫および成虫は，それぞれ 3 対（第Ⅰ〜Ⅲ脚）および 4 対（第
Ⅰ〜Ⅳ脚）の脚をもち，この特徴はハダニ上科に属する多くのダニに共通し

ている（江原・真梶，1996）．例外として，ヒメハダニ科の *Larvacarus* 属，*Phytoptipalus* 属および *Raoiellana* 属では，脚が3対の雌成虫が報告されている（Beard *et al.*, 2015）．

（島野智之）

✻ 3.5 ● 皮　　　　　膚 ✻

　ハダニ類の皮膚（integument）は薄く，柔軟かつ透明である（Blauvelt, 1945）．皮膚は，発生学的には外胚葉（ectoderm）由来の表皮（epidermis）と，それを覆うクチクラ（cuticle）から構成されている（Alberti and Crooker, 1985）．

　クチクラは角皮とも呼ばれ（江原・真梶，1996），表皮を構成する細胞が外側に分泌して生じる層状の構造物であり，おもに，体の支持および保護と，体表からの水分損失の抑制を担う外骨格（exoskeleton）を形成する．ハダニ類のクチクラ表面には，線状の隆起があり，これが条線（stria），しわおよび網目模様などを形成している（江原・真梶，1996）．また，各隆起線には，三角形や半円形の突出部が短い間隔で並ぶことにより形成される波打ち構造が見られ，各突出部は葉状構造（lobe）と呼ばれる（Alberti and Crooker, 1985；江原・真梶，1996）．なお，成虫休眠（adult diapause）を示すハダニ類，たとえばナミハダニの場合，冬型の休眠雌のクチクラ表面には葉状構造はなく，その隆起線は連続的に見える（Pritchard and Baker, 1952；Boudreaux, 1956）．休眠雌におけるこのクチクラ表面の構造は，皮膚の表面積の縮小に伴うクチクラ蒸散（cuticular transpiration）の低下，ひいては乾燥耐性に寄与している可能性がある（Alberti and Crooker, 1985）．一方，夏型の非休眠雌のクチクラ表面には葉状構造があるため，その隆起線は断続的に見える．非休眠雌ではクチクラ蒸散の上昇により，水分補給も兼ねた摂食が促進されている可能性がある（Boudreaux, 1958；江原・真梶，1996）．他方，ハダニ科でも，ビラハダニ属 *Bryobia* のダニの場合，そのクチクラ表面には，葉状構造をもつ隆起線はないが，微小球（globule）状の構造物が散在している（Alberti and Crooker, 1985）．この微小球状構造も水分調節に関与している可能性がある．

　クチクラの構造は，外側の表角皮（epicuticle；層厚：0.05〜0.15 µm）と内側の前角皮（procuticle；層厚：0.25〜2.0 µm）に分けられ，葉状構造も含む全体の層厚は約1.5 µm である（Alberti and Crooker, 1985）．表角皮は少なくとも4

層構造であり，外側からセメント層（cement），ワックス層（wax），外層（outer cuticline）および内層（inner epicuticle）に分けられる（Alberti and Crooker, 1985）．稀にしか観察されないが，前角皮を貫通して表角皮まで達している微細な管は孔管（pore canal）と呼ばれ，これによって表皮からの分泌物が輸送され，ワックス層を形成すると考えられている（江原・真梶，1996）．表角皮は，蒸散抵抗（transpiration resistance）と撥水（hydrofuge）の機能を担っている．前角皮は，表角皮と表皮の間に位置し，タンパク質性の基質とキチン質の微細繊維の配列から生じる複数の層板（lamella）構造を示す（Mothes and Seitz, 1982）．硬化した皮膚をもつダニの前角皮は，層板を含む内側の内角皮（endocuticle）と，層板を欠く外側の外角皮（exocuticle）に分けられる．一方，ナミハダニの皮膚の切片からは，両者の明確な分化は確認できず，電子密度が高く明瞭な表角皮を外角皮と誤認されることがある（Alberti and Crooker, 1985）．

　表皮は，扁平な上皮細胞（epithelial cell）が1列に並ぶ単層（層厚：1.5〜3.0 μm）である（Alberti and Crooker, 1985）．上皮細胞は通常の小器官と電子密度の高い顆粒（おそらく色素）を含み，その単層の基方には基底層（basal lamina：層厚：0.01 μm）がある．表皮は，脱皮（molting）とクチクラ形成（cuticle formation）の際に最も活発に活動する．

3.6 ● 感　　覚　　器

　感覚器（sensory system）とは，外界からの刺激を受容し，電気信号に変換して中枢神経系に伝える器官である．刺激には，光，化学物質（匂いや味物質），機械刺激，音，温度および加速度などがある．また，一部の動物は，電気や磁場を刺激として受容する感覚器をもつ．ハダニ類では光受容器，嗅覚受容器，味覚受容器および機械受容器について，それぞれ構造や機能に関する研究が進められてきた．

3.6.1　眼（光受容器）

　ハダニ類には，前眼（anterior eye）と後眼（posterior eye）から構成される2対の単眼がある（図3.7）．前眼と後眼は隣接し，前胴体部（propodosoma）の背毛第2対と第3対の間に位置する（江原，1996）．前眼および後眼は，それぞれ両凸（biconvex）および片凸（convex）の水晶体（lens）をもつ．いずれの水

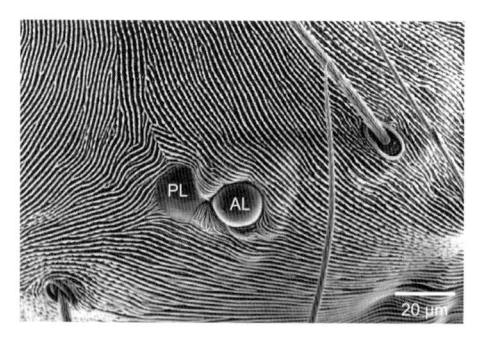

図3.7　ナミハダニの雌成虫の前眼（anterior eye）および後眼（posterior eye）の水晶体（lens：それぞれ AL および PL）（SEM 像提供：鈴木丈詞）背毛第2対（右上）と第3対（左下）の間に位置する.

晶体も表面のクチクラ層に約 180 nm 間隔で溝が多数形成され，反射防止の機能が示唆されている（McEnroe, 1969）．前眼は，5個の視細胞（retinular cell または retinula cell），6個の色素細胞（pigment cell）および単一の硝子体細胞（vitreous cell）をもつ（Mills, 1974）．後眼は，10個の視細胞および6個の角膜細胞（corneal cell）をもつ．また，前眼および後眼の水晶体の直下には，それぞれ5および12個の感桿分体（rhabdomere）と呼ばれる受光部がある.

　ナミハダニの夏型の雌成虫（非休眠雌）は，白色光に対して正の走性（taxis）や変向無定位運動性（klinokinesis）応答を示す（Suski and Naegele, 1963a）．すべての眼をすす（soot）で覆うと，これらの光応答が抑制されることから，眼は光受容器として機能することが示されている（Suski and Naegele, 1963b）．また，走光性（phototaxis）の行動解析より，ナミハダニは 350〜600 nm の波長域に感受性を示し（Naegele *et al.*, 1966），さらに前眼には近紫外領域（380 nm）と緑色領域（530 nm）双方に対する感受性がある一方，後眼には近紫外領域のみに感受性があることが知られている（McEnroe and Dronka, 1966, 1969）．微小移動運動補償装置（microlocomotion compensator）を用い，ナミハダニの移動運動を追尾しながら光刺激を制御し，時空間的に変化する光に対する応答も解析されている（Suzuki *et al.*, 2013）．それによると，ナミハダニでは，経時的な走光性（temporal phototaxis）が確認され，紫外線の UV-B（307 nm）および UV-A（370 nm）に対しては負の応答を示す一方，可視光に対しては正の応答を示す．なお，正の走光性は，白色光や，単色の青色光（466 nm）および緑色光（536 nm）だけでなく，Naegele *et al.*（1966）とは異なり，赤色光（653 nm）に

対しても確認されている．さらに，冬型の雌成虫（休眠雌）では，紫外線に対す
る負の走光性は示す一方，可視光に対する正の走光性は消失する．非休眠雌のお
もな生息場所は寄主植物の葉裏であり，紫外線は葉をほぼ透過しない一方，一部
（おもに緑色領域）の可視光は透過する．一方，休眠雌の生息場所は樹皮の隙間
などの暗所である．そのため，紫外線および可視光に対するそれぞれ負および正
の走光性と，休眠に伴う後者の消失は，季節的な生息場所選択に寄与している可
能性がある．他方，レーザーによるナミハダニの眼の焼灼（コラム3参照）により，
走光性だけでなく（未発表），光周性も消失することから（Hori *et al.*, 2014），眼
は主要な光受容器として機能しているといえる．　　　　　　　　　　（鈴木丈詞）

3.6.2　毛（機械受容器，味覚受容器および嗅覚受容器）

ハダニ類の顎体部（gnathosoma）からは鋏角（chelicera）および触肢（palpus）が，
前胴体部（propodosoma）からは第I脚および第II脚が，中胴体部（metapodosoma）
からは第III脚および第IV脚が，それぞれ1対ずつ生じている．なお，鋏角は
左右の基部が合一して単一の担針体を形成している（3.1節参照）．これら6対
の付属肢のうち，触肢および第I脚は，代表的な感覚器である（江原，1996）．

毛（seta［複 setae］）は，生毛細胞（trichogen cell）が分泌したクチクラによっ
て構成される突起物であり，一部の基部には感覚細胞（sensory cell）がある．

毛は大きく3つの形態（A：微小孔をもたない／B：先端に1つもつ／C：全
体に多数もつ）をもち，それぞれA：機械／B：味覚／C：嗅覚受容器として機
能する（Bostanian and Morrison, 1973）．胸板ダニ類で共通し，毛は形態学的に
5つに分けられ，通常毛（ordinary seta），触毛（あるいは感覚毛）（trichobothrium
［複 trichobothria］）はA，ユーパシジウム（eupathidium［複 eupathidia］）はB，
ソレニジオン（solenidion［複 solenidia］）とファムラス（famulus［複 famuli］）
はCに該当する（Evans, 1992b；江原，1996；Alberti and Coons, 1999）．通常
毛は，触覚毛（tactile seta）ともいう．ハダニ上科にファムラスはないが，フガ
タコハリダニ科 Iolinidae など同じケダニ亜目 Prostigmata の一部，ササラダニ
亜目 Oribatida，およびコナダニ類の跗節（tarsus［複 tarsi］）に見られる．

ソレニジオン以外の毛（通常毛，触毛およびユーパシジウム）の内部には，
「アクチノピリン（actinopiline）」というタンパク質（構造や物質は不明）を含
むキチン質の随を規定した（Grandjean, 1969）．未解明のこの構造によって，こ
れらの毛は，光学的に複屈折（birefringence）し，ヨードで染まる（Grandjean,

1935, 1969；江原，1975；島野，2022）．なお，アクチノピリンを含む毛は，ハダニ類を含む胸板ダニ類に特有で，マダニ類やトゲダニ類などの胸穴ダニ類では見られない．

　通常毛は多くの場合，少数～多数の分枝があり，刀剣状，羽毛状，葉状およびうちわ状など，さまざまな形状を示す（江原，1996）．ハダニ類ではないが，ゴミコナダニの一種 *Sancassania polyphyllae*（＝*Caloglyphus polyphyllae*）では，雄の前胴体部の通常毛の 1 つである肩部外側剛毛（external scapular setae）は，雌の後胴体部腺から分泌される性フェロモン（sex pheromon）$(2(E)$-$(4$-methyl-3-pentenylidene$)$-butanedial；β-acaridial）の受容器であることが，毛の切除実験から示されている（Leal *et al.*, 1989；桑原，1990）．

　触毛は，鋏角類の多くで見られるが，胸穴ダニ類では見られない．胸板ダニ類では胴体部と脚に見られる．ただし，ハダニ類（ハダニ上科）の場合，触毛は胴体部にはなく，ナミハダニ亜科の第 I 脚の脛節で 1 本，ビラハダニ亜科では第 I 脚と第 II 脚の両方の脛節に 1 本ずつ見られるのが通常である（Lindquist, 1985）．ハダニ類の触毛は微小孔をもたず，その内部は空洞ではないため，機械受容器としての機能が示唆されている．trichobothrium は，江原（1996）では，触毛とされている．通常 trichobothrium は小さな空洞（bothridium）あるいは円盤状の基部構造とさまざまな形の毛（bothridial seta）からなる複合構造をさす（van der Hammen, 1980；Lindquist, 1985）．前体部背面に位置する場合，コガタコハリダニ科の背毛 sc1（Lindquist, 1985）などで，特にササラダニ類では偽気門器官（bothridium, pseudostigmatic organ）から生えている胴感毛（sensillus［複 sensilli］）と呼ばれる触毛の一種は，周囲の通常毛よりも派手な形態であるため，容易に識別できる（江原，1980）．

　ユーパシジウムは，ソレニジオンとは異なり，中軸部分にあたるアクチノピリン層がある．ユーパシジウムの形状はとげ状または棒状で，平滑な表面には縦条が見られ，鈍端の先端部には微小孔がある．また，イシイナミハダニのユーパシジウムの観察では，先端部以外にも微小孔を有することが報告されている（Sakunwarin *et al.*, 2004）．ハダニ類では，触肢（図 3.2B および C），第 I 脚および第 II 脚の跗節末端部に各 3 本のユーパシジウムがある（江原，1996）．なお，ハダニ科の多くのダニでは，触肢跗節の先端にある 3 本のユーパシジウムのうち，1 本は出糸突起（spinneret；3.11 節参照）である．また，イシイナミハダニの触肢における残り 2 本のユーパシジウムの長さはいずれも約 7.6 μm，基部

直径は約 0.8 µm である（Sakunwarin *et al.*, 2004）．第 I 脚の跗節末端部にある 3 本のユーパシジウムは，触肢のこの 2 本と比較していずれも 3 倍程度長い（約 24.5 µm）一方，基部直径は同様である．ユーパシジウムは，出糸突起としての機能のほか，表面には微小孔があり，中軸部分には樹状突起が位置している構造より，味覚受容器としての機能が示唆されている．

ソレニジオンは，中軸部分にアクチノピリン層はない．また，形状は棒状かつ鈍端であり，表面は平滑である．ハダニ類のソレニジオンは，触肢に 1 本あるほか（図 3.2B および C），脚の跗節，第 I 脚および第 II 脚にもある（江原，1996；Sakunwarin *et al.*, 2004）．また，通常毛と組み合わさった二重毛（duplex setae）を形成し，ソレニジオンは末梢側に位置する（江原，1996）．ソレニジオンは通常，内部構造によって横縞に描画される（江原，1996 など）．一方，イシイナミハダニ *Tetranychus truncatus* の触肢および第 I 脚の走査型電子顕微鏡像では，ソレニジオンには縦条が見られる（Sakunwarin *et al.*, 2004）．イシイナミハダニでは，触肢のソレニジオンの長さは約 4.5 µm，基部直径は約 1.3 µm である．第 I 脚脛節の 2 本のソレニジオンは，触肢のそれと比較して 13〜18 倍程度長い（約 59.3〜83.1 µm）一方，基部直径は小さく（約 0.7〜1.0 µm），細長い形状である．ソレニジオンの側面には多数の微小孔があり，そこから孔管が内部に伸び，さらに中軸部分には樹状突起が位置している構造より，嗅覚受容器としての機能が示唆されている（Alberti and Coons, 1999）．なお，ハダニ類には見当たらないが，ケダニ亜目の一部やササラダニ亜目で見られるファムラスは，ソレニジオンのように微小孔が多数開いている感覚毛である．ソレニジオンおよびファムラスの中軸部分には，それぞれ 6 および 4 個の神経細胞からの樹状突起が位置する．このため，ファムラスも嗅覚受容器であるという仮説が支持されているが，分類群によっては熱湿度受容器という説もある（Alberti and Coons, 1999）．

他方，ハダニ類の口吻の前端には口唇があり（図 3.2B および C），その内側には 3 本の歯状突起物と，その両端に位置する 1 対の突起物がある．後者の突起物は口感覚器と呼ばれているが，毛としての分類や機能は不明である（建石，1988）．

化学物質に対するハダニ類の定位行動は，成虫直前にあたる第 3 静止期の雌若虫から放出され，雄成虫による交尾前ガード（precopulatory mate-guard）について，古くから研究されている（5.3 節および 6.3 節参照）．この行動を誘導する性フェロモンの候補成分として，ファルネソール（farnesol），ネロリドール

（nerolidol）およびシトロネロール（citronellol）が報告されている（Regev and Cone, 1975, 1976, 1980）．一方，これら候補成分には，性フェロモン活性はみられないとの報告もある（Royalty *et al.*, 1992）．現在でも，ハダニ類の性フェロモン成分やその受容器は未解明である．

　ハダニ類では，器官や細胞レベルでの化学物質の受容機構の研究は遅れている一方，近年，ゲノム情報を基盤に分子レベルでの化学感覚受容体（chemosensory receptor, CR）の解析が進んでいる．CR のうち，昆虫で見られる嗅覚受容体（olfactory receptor, OR）の遺伝子ファミリーは，甲殻類のミジンコ *Daphnia pulex* や多足類のムカデ *Strigamia maritima* と同様に，ナミハダニのゲノムにも存在しない（Peñalva-Arana *et al.*, 2009；Chipman *et al.*, 2014；Ngoc *et al.*, 2016）．ハダニ類では，味覚受容体（gustatory receptor, GR），degenerin/epithelial Na$^+$ channel（DEG/ENaC），イオノトロピック受容体（ionotropic receptor, IR）および transient receptor potential（TRP）チャネルが，CR として機能していると考えられている（Ngoc *et al.*, 2016）．なお昆虫では，機械受容体としての DEG/ENaC の機能も知られている（Ben-Shahar, 2011）．また，TRP チャネルも機械受容体として機能するほか，光や温度受容にも関与することが知られている（Peng *et al.*, 2015）．ナミハダニのゲノムにおける GR，DEG/ENaC，IR および TRP チャネルをコードする遺伝子数は，それぞれ 689，136，19 および 11（偽遺伝子を含む）である（Peng *et al.*, 2015；Ngoc *et al.*, 2016）．さらに，疎水性の匂い物質と結合し，その受容体まで輸送する匂い物質結合タンパク質（odorant-binding protein, OBP）をコードする遺伝子も少なくとも 4 つある（Zhu *et al.*, 2021）．今後，ハダニ類ではこれら分子情報を基盤とした発現および局在解析により，嗅覚受容器や味覚受容器の詳細な内部構造やリガンド分子との相互作用などの研究の進展が期待できる．　　　　　　（鈴木丈詞・島野智之）

3.6.3　琴形器官（機械受容器）

　ハダニ類では胴部背面に比較的大きい 3 対の裂孔（lyrifissure）があり，これはクモ類における琴形器官（lyriform organ）と類似している（Penman and Cone, 1974）．他の鋏角類もこれをもち，外骨格の歪みをスリットで受容していると考えられている．琴形器官の特徴として，竪琴（lyre）の弦のように，平行あるいは平行に近い配置で長さの異なる複数のスリットが並ぶ外観と，体内から体外に通じる管はなく，その表面は薄い外角皮で覆われる点があげられる

(Pringle, 1955). Penman and Cone（1974）によると，ナミハダニでは，すべての発育ステージにおいて，雌雄いずれにも琴形器官様の裂孔があり，そのサイズは，第2静止期の雌では長さ約8 µm および幅約2 µm である．また，琴形器官様の裂孔の内部は腔所であり，繊維性の基底部（fibrous basal area）も確認されている．クモ類の琴形器官は，昆虫の鐘状感覚子（campaniform sensilla）のような機械受容器として機能することが電気生理学的解析から示されている（Pringle, 1955）．これより，ハダニ類の琴形器官様の裂孔も，機械受容器として機能することが示唆されている．　　　　　　　　　　　　　（鈴木丈詞）

コラム3　ナミハダニの眼をレーザー光で焼き潰す

　ナミハダニ *Tetranychus urticae* の雌成虫は，秋に休眠（生殖を停止した状態）に入って越冬する．休眠雌成虫は1日のなかの明るい時間が短い秋の条件（短日）では休眠を維持するが，明るい時間が長い夏の条件（長日）では休眠を終了して産卵を始める．このように，ナミハダニは1日のなかの明暗の長さの比である光周期を読み取ることで季節の到来を知り，生殖するか否かを決定している．生物が光周期に反応する性質を光周性という．眼のないカブリダニも光周性を示す．そのため，カブリダニは光周性のための光受容を眼以外の光受容器で行っており，その光受容器はおそらく中枢神経系にあると考えられてきた．では，4つの眼（前眼2つと後眼2つ）をもつナミハダニはどうだろうか．眼をもつナミハダニは，光周性に眼を用いているのではないだろうか．

　光周性の光受容に眼を用いているかどうかを明らかにするには，眼の除去を行えばよい．眼のないナミハダニが光周期を区別できなければ光周性に眼は必要，区別できれば眼は不要ということになる．そこで，顕微鏡下でクマリン440を用いた色素レーザー光を照射することで，ナミハダニの眼を焼き潰すことにした．とはいえ，先行研究がないなかではすべての作業が手探りであった．まずはどうやって顕微鏡下でナミハダニをじっとさせるか．最終的には，脱脂綿に絡ませて動きを封じることにした．次はレーザー光の強さ．強ければナミハダニが黒焦げになり，弱ければ焼き潰すことができない．レーザー光の焦点を眼だけに合わせることも重要で，焦点を絞らなければ眼以外の周りの組織も焼けてしまい，焦点を絞りすぎると眼の一部しか焼けない．4つの眼を一つ一つ正確に焼き潰す慎重さも必要である．

　2年間の試行錯誤の結果，適切に眼を除去できるようになった．そこで，休眠雌成虫の2つの前眼，2つの後眼，あるいは前後すべての眼を除去し，これらの個体を長日条件に移した．その結果，前眼除去個体と後眼除去個体では休眠の終

了が起きたが，すべての眼が除去された個体では休眠の終了が起こらなくなった．
ナミハダニは光周性の光受容に眼を用いているようだ．ダニの微細手術や結果の
詳細に興味がある方は，私たちの論文を参照してほしい（Hori *et al.*, 2014）．

　　　　　　　　　　　　　　　　　　　　　　　　　　（堀　雄一・後藤慎介）

✺ 3.7 ● 神　　経　　系 ✺

　Blauvelt（1945）は「ハダニ類における中枢神経系（central nervous system,
CNS）の文献はほぼない」と記している．それから約70年経った現在でも，ハ
ダニ類の神経系について，細胞から器官系までの階層における研究は，Blauvelt
（1945），Mills（1974），Crooker（1981）および Alberti and Crooker（1985）に
よる形態学的解析以外に見当たらない．神経系は殺ダニ剤の主要な標的の1つで
あるのにもかかわらず，研究報告が少ない理由は，小さな体サイズによる解剖学
的な困難である．

　ハダニ類の CNS は，食道上神経節（supraoesophageal ganglion）と食道下
神経節（suboesophageal ganglion）が融合し，食道（esophagus）がその中央
付近を貫通する輪状の神経節塊である（図3.8）．この神経節塊は，中枢神経集
団（central nervous mass），総神経球（synganglion）または脳（brain）と呼
ばれる（Mills, 1973, 1974；Alberti and Crooker, 1985；江原，1996；後藤・遠
藤，2015）．本節では脳を採用する．脳は，それぞれ1対ある前脚頭腺（anterior
podocephalic gland）の後方，背側脚頭腺（dorsal podocephalic gland）の下
方および基節腺（coxal gland）の間に位置する（Mills, 1973）．脳は，表層の皮
質（cortex）と内部の神経網（neuropile）の領域から構成される（Alberti and
Crooker, 1985）．皮質は，神経細胞の細胞体（cell body）または核周部（perikaryon）
と呼ばれる部分と，グリア細胞（glial cell）から構成される．

　脳の食道上神経節の領域は，視神経節（optic ganglion），鋏角神経節（cheliceral
ganglion），口吻神経節（rostral ganglion）および口胃神経節（stomatogastric
ganglion）から構成されている（Alberti and Crooker, 1985）．視神経節を含む
視葉（optic lobe）からは1対の視神経（optic nerve）が生じている．視神経は，
眼（前眼および後眼）の15個の視細胞（3.6節参照）から生じている軸索で構
成されている．視神経が接続されている視葉の皮質には体積が約 440 μm^3 の視神

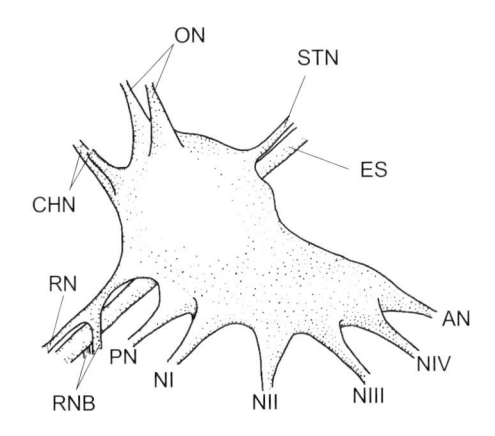

図 3.8 ナミハダニの神経系（Bluavelt, 1945 および Alberti and Crooker, 1985 をもとに作図：大迫朋寛）AN：腹神経（abdominal nerve），CHN：鋏角神経（cheliceral nerve），ES：食道（esophagus），NI～NIV：第 I ～IV 脚の足神経（pedal nerves of leg I ～IV），ON：視神経（optic nerve），PN：触肢神経（pedipalpal nerve），RN：口吻神経（rostral nerve），RNB：口吻神経の側枝（lateral branches of RN），STN：口胃神経（stomatogastric nerve）.

経網（optic neuropile）がある（Mills, 1974）．視神経網は数十個の細胞から構成され，シナプス結合は数百個以下と推定される．さらに視葉の皮質には，視神経網に隣接し，電子密度の高い粒子（< 0.11 μm）を多量に含み，直径約 6 μm まで肥大した神経分泌細胞（通常の神経細胞の直径は約 3 ～4 μm）がある（McEnroe, 1969；Mills, 1974）．視葉のやや前方にある鋏角神経節からは，1 対の鋏角神経（cheliceral nerve）が担針体に向かって前方に走る．鋏角神経節の前方かつ食道の直上にある口吻神経節からは，単一の口吻神経（rostral nerve）が口吻の先端に走る．口吻神経は脳から少し離れたところで 2 本の側枝を出すが，これら側枝の経路は不明である．視葉の後方かつ食道の直上にある口胃神経節からは，単一の口胃神経（stomatogastric nerve）が胃（ventriculus）に向かって走る．

　脳の食道下神経節の領域は，触肢神経節（pedipalpal ganglion），足神経節（pedal ganglion；van Wijk *et al.*, 2006）および後正中神経節（posterior median ganglion）から構成されている（Alberti and Crooker, 1985）．触肢神経節および足神経節からは，それぞれ 1 対の触肢神経（pedipalpal nerve）および 4 対の足神経（pedal nerve）が生じている．後正中神経節からは，単一の腹神経（abdominal nerve）が生じ，生殖腺の下の腹面を正中線に沿って後方に走る．近年では，シンクトロン放射 X 線マイクロトモグラフィを用い，ササラダニ *Archegozetes*

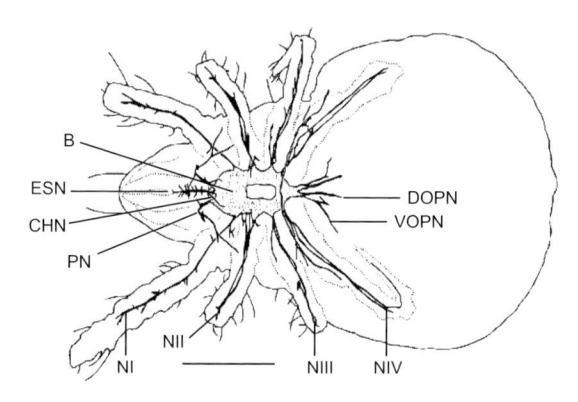

図 3.9　ササラダニ *Archegozetes longisetosus* の神経系（Hartmann, 2016 をもとに作図：大迫朋寛）
B：脳（brain），CHN：鋏角神経（cheliceral nerve），DOPN：背側後体神経（dorsal opisthosomal nerve），ESN：食道神経（esophageal nerve），NI〜NIV：第 I〜IV 脚の足神経（pedal nerves of leg I〜IV），PN：触肢神経（pedipalpal nerve），VOPN：腹側後体神経（ventral opisthosomal nerve）.

longisetosus の神経系の形態が解析されている（Hartmann *et al.*, 2016）（図 3.9）．同手法はダニのような微小動物の神経系を含む内部形態の解析にきわめて有効であり，今後の研究の進展が期待できる．

　他方，近年では，ハダニ類の神経系に関する分子レベルの研究が進められている．たとえば，神経伝達物質の 1 つである *γ*-アミノ酪酸（gamma-aminobutyric acid, GABA）について，ナミハダニ *Tetranychus urticae* における GABA 受容体の機能が報告されている（Kobayashi *et al.*, 2020）．GABA 受容体は 5 つのサブユニットから構成され，リガンドである GABA の結合により細胞内へ塩化物イオン（Cl⁻）を選択的に流入させて，神経伝達を抑制する．節足動物における GABA 受容体サブユニットは，シクロジエン系殺虫剤のディルドリン（dieldrin）に対して抵抗性を示すキイロショウジョウバエ *Drosophila melanogaster* から最初に単離されたため，RDL（resistance to dieldrin）と呼ばれている．ナミハダニは，GABA 受容体の非競合的拮抗薬であるフェニルピラゾール系殺虫剤のフィプロニル（fipronil）に対して非感受性である．この原因として，ナミハダニの RDL に特徴的な一次構造（Cys-loop を含む N 末端側の細胞外領域および第 2 膜貫通領域）が判明している．また，無脊椎動物の主要な神経伝達物質の 1 つであるオクトパミン（octopamine）の受容体について，RNA 干渉（RNAi；7.3 節参照）法を用いた機能解析も報告されている（Hamdi *et al.*, 2023）．オクトパミン受容体は，主要な殺ダニ剤の 1 つであるアミトラズ（amitraz）の標的であり，ナミ

ハダニのオクトパミン受容体の RNAi により，致死率の上昇，産卵数の減少および摂食量の低下が確認されている．

ハダニ類ではないが，チリカブリダニ *Phytoseiulus persimilis* では，蛍光色素を分子プローブとした共焦点レーザー顕微鏡による CNS 解析が実施され，脳の皮質に約 1000 個の細胞があることが推定されている（van Wijk *et al.*, 2006）．今後，分子プローブを用いた形態解析に加え，ナミハダニで先駆的に解析されたゲノム情報（Grbić *et al.*, 2011）を基盤とするマルチオミックス解析や，RNAi（Suzuki *et al.*, 2017b）および CRISPR/Cas9 システム等のゲノム編集（Dermauw *et al.*, 2020；De Rouck *et al.*, 2024）といった逆遺伝学的解析により，ハダニ類の神経系研究の進展が期待できる．

3.8 呼 吸 器 系

ハダニ類の呼吸器系は，クチクラで覆われた気管（tracheae），2 対の気門（stigma）および 1 対の周気管（peritreme；図 3.10）から構成される（Alberti and Crooker, 1985）．気門のうちの 1 対は，1 対の鋏角（chelicera）が融合して形成されている担針体（stylophore）と口吻（rostrum）の間（3.2 節参照）に小さな溝（裂け目）状になって存在する（Andre and Remacle, 1984；Alberti and Crooker, 1985；Evans, 1992c）．しかし，これらの気門と主要な気管とのつながりを示すものは文献上に見当たらない．一方，2 本の太い気管（「主気管幹」後述）が担針体の後方で垂直に背側に伸び，担針体背面の基部中央にある深く陥入した切れ込み（ivagination；3.2 節参照）内に開口してもう 1 対の気門を形成している．この気門は，もともと 2 本の鋏角の間に存在した気門が変化したものと考えられ，二次気門（neostigma）と呼ばれている．この二次気門から胴部前端の膜状部分の体表（担針体を包む皮膚のひだ）まで走る溝が 1 対あり，これを周気管と呼ぶ（江原，1996）．ハダニ類の呼吸においては，周気管を含めた二次気門が主要な役割を果たしていると推察されている（Alberti and Crooker, 1985）．

周気管は，連続した円環状の肥厚（annular thickenings）で構成されるパイプ様構造を示し，縦にスリットが入って開口部を形成している（Blauvelt, 1945）．なお，周気管末端の形態には種間差があり，ミカンハダニ *Panonychus citri* と比較して，クワオオハダニ *Panonychus mori* やリンゴハダニ *Panonychus ulmi* では丸みを帯びている（図 3.10B および C）．アケハダニ属 *Eotetranychus* では，

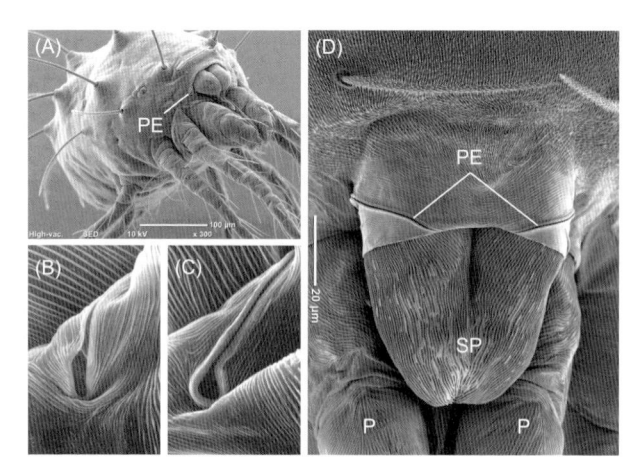

図3.10　(A, B) ミカンハダニ，(C) クワオオハダニおよび (D) マンゴーツメハダニ *Oligonychus coffeae* の周気管（peritremes, PE）
SP：担針体（stylophore），P：触肢（pedipalp）．ミカンハダニの周気管末端の形態（B）と比較して，クワオオハダニのそれ（C）は丸みを帯びている（SEM 像提供：島野智之（A, D），刑部正博，1993（B, C））．

周気管の形態が種同定の指標として用いられている．周気管の機能として，気門の拡張が示唆されている（Alberti and Crooker, 1985）．さらに，担針体を胴部に引き込んだり，胴部から引き出したりすることにより（3.2 節参照），周気管の露出を制御する．ナミハダニの場合，乾燥した環境や休眠状態では，担針体を引き込んで周気管の露出を抑え，呼吸による水分損失を防いでいることが知られている（McEnroe, 1961）．

　気管は，主気管幹（main tracheal trunk），付属気管幹（accessory tracheal trunk または anterior tracheal trunk），背側気管束（dorsal tracheae, DT），中央気管束（central tracheae, CT）および腹側気管束（ventral tracheae, VT）から構成され，いずれも一対ある（Blauvelt, 1945；Alberti and Crooker, 1985）．主気管幹は，二次気門および周気管によって形成される開口部から腹側に向かって体の中央付近に達し，そこで湾曲して前方の口吻まで伸びる．この伸びた部分は sigmoid piece と呼ばれる（Blauvelt, 1945）．なお，前方の口吻まで伸びた sigmoid piece の前端には開口部はない．湾曲部の上方には，付属気管幹のほか，DT, CT および VT と接続するジャンクションがある．

　ハダニ類の卵の呼吸器も形態学的に調べられている．気温 28℃で産下後 68 時間以上胚発生が進んだナミハダニの卵では，卵殻を貫通する 2 つの穿孔器官（直

径約 6.5 μm, 深さ約 5.5 μm) が形成され, 呼吸器としての機能が示唆されている (Dittrich, 1971). 実際に, ナミハダニおよびカンザワハダニの卵を無酸素 (anoxia) に曝露すると, 気温 25℃ では 4〜6 時間で半数が死に至る (Suzuki *et al.*, 2015). なお, 雌成虫の半数致死時間も卵と同程度である. 一方, 休眠状態の雌成虫の半数致死時間は 23〜24 時間であり, 休眠に伴い, 低温, 乾燥および飢餓だけでなく, 無酸素に対する耐性も発達する. 他方, 低酸素 (hypoxia) については, 1% の酸素濃度 (気温 25℃, 24 時間処理) でもナミハダニ雌成虫の生存には影響しない一方, 産卵は抑制される (Yamakawa *et al.*, 2018).

🐞 **3.9** ● **消 化 器 系** 🐞

ハダニ類の消化器系は, 前腸 (foregut), 中腸 (midgut) および後腸 (hindgut) から構成される. このうち前腸および後腸は外胚葉 (ectoderm) 由来で, その上皮(epidermis)にはクチクラ(cuticle)層がある. 一方, 中腸は内胚葉(endoderm)由来で, その上皮にはクチクラ層はない.

前腸は, 口針 (stylet, ST), 口腔 (buccal cavity), 咽頭 (pharynx, PH), 食道 (esophagus, ES) および食道弁 (esophageal valve, ESV) から構成される (Alberti and Crooker, 1985；江原, 1996；Bensoussan *et al.*, 2018) (図 3.11). 口針は, 1 対ある鋏角の可動指 (movable digit) であり, むちのように細長く (成虫では約 150 μm), 樋状構造である. なお, 鋏角の基部は融合し, 口針の動きを制御する単一の担針体 (stylophore) を形成している. 顎体部の上部は, 口針および担針体から構成される. なお, 1 対の触肢の基節腹部は融合し, 顎体部の下部である口吻 (rostrum) を形成している. 口吻の背面には吻溝 (rostral gutter) があり, 担針体の下面および口針がこれに収まる. 通常, 吻溝内に収められている 1 対の口針は, 摂食時に互いの樋状構造が組み合わさり, 1 本の中空針 (内径約 0.5〜1 μm) が形成され, これが口吻前端から突出する (Andre and Remacle, 1984). この口針を, 葉の表皮細胞間や気孔から葉肉細胞内に刺入する. 刺入した口針を介して葉肉細胞内に唾液を注入し, 口外消化後の細胞内容物を食物として吸汁する (Bensoussan *et al.*, 2016). なお, ポリスチレン製の球形微粒子を用いた実験より, ナミハダニの雌成虫が吸汁できるサイズの限界値は直径 500〜750 nm であることが報告されている (Bensoussan *et al.*, 2018). 吸汁した食物は, 咽頭と食道を通過し, 中腸へ輸送される. 食道は腹面付近を走り, 脳(brain,

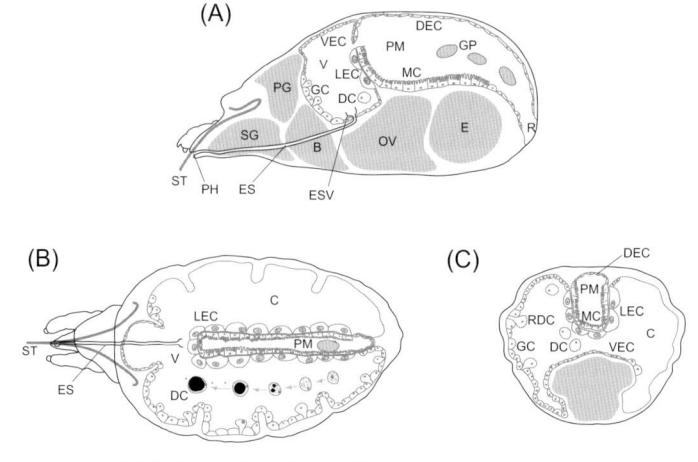

図 3.11 ナミハダニの消化器系の(A)矢状断面,(B)縦断面および(C)横断面(Bensoussan *et al.*, 2018(CC BY 4.0) を改変)
(B) 縦断面では,消化細胞 (DC) の5つの発生段階を示す.
B:脳 (brain),C:盲嚢 (caeca),E:卵 (egg),ES:食道 (esophagus),ESV:食道弁 (esophageal valve),DC:消化細胞 (digestive cell),DEC:背上皮細胞 (dorsal epithelial cell),GC:増殖細胞 (generative cell),GP:グアニン顆粒 (guanine pellet),LEC:大型上皮細胞 (large epithelial cell),MC:微絨毛細胞 (microvilli cell),OV:卵巣 (ovary),PG:脚頭腺 (podocephalic gland),PH:咽頭 (pharynx),PM:後胃部 (posterior midgut),RDC:残留消化細胞 (residual digestive cell),R:直腸 (rectum),SG:出糸腺 (spinning gland),ST:口針 (stylet),V:胃 (ventriculus),VEC:胃上皮細胞 (ventricular epithelial cell).

B) を貫通して上方へ向かい,終端のカップ状の食道弁で中腸の内腔に接続される (図 3.11).

　中腸は,胃 (ventriculus, V),盲嚢 (caeca, C) および後胃部 (posterior midgut, PM) から構成される (江原, 1996) (図 3.11).中腸の容積は,消化器系のなかで最大であり,後胴体部の大半を占める.盲嚢は全部で5つあり,このうちの3つ (単一と1対) は前方にあり,残り2つ (1対) は後方にある.後方の盲嚢は3つの小葉 (lobe) を形成している.後胃部は単一で,後胴体部の背側中央に位置し,後方の1対の盲嚢と入れ子状態で収まっている.後胃部は後端で下方に湾曲し,後腸と接続する.なお,胃と後胃部は連結し,連絡をもっている (Blauvelt, 1945;Bensoussan *et al.*, 2018).

　中腸は単層の上皮 (epithelium) によって構成される.中腸の上皮を構成する上皮細胞 (epithelial cell) は大きく5種類に分けられる (Bensoussan *et al.*, 2018).①増殖細胞 (generative cell, GC) は,中腸で最多の上皮細胞である.②

胃上皮細胞（ventricular epithelial cell, VEC）は，前方の肓嚢と，胃の背側および腹側に存在し，薄い扁平上皮（squamous epithelium）を形成している．前方および腹側の VEC は，それぞれ脚頭腺（podocephalic gland, PG）および卵巣（ovary, OV）と隣接している（Mothes and Seitz, 1981b；Bensoussan *et al*., 2018）（図 3.11）．さらに腹側の VEC は，出糸腺（spinning gland, SP）とも隣接している（図 3.11 の矢状断面は中心部のため見えない）．③大型上皮細胞（large epithelial cell, LEC）は，大きく丸みを帯びた細胞で，後胃部と接する位置に存在する．④微絨毛細胞（microvilli cell, MC）は，後胃部の前方の上皮を構成し，その微絨毛は後胃部の内腔に突出している．また，MC は LEC と基底膜（basement membrane）を共有している（Bensoussan *et al*., 2018）．⑤背中上皮細胞（dorsal epithelial cell, DEC）は，後胃部の背側と後方に存在し，薄い扁平上皮を形成している．

　なお，GC は基底膜に付着したまま肥大し，肓嚢の内腔に突出する．この突出した細胞は残留消化細胞（residual digestive cell, RDC）と呼ばれる．最終的に，RDC は上皮組織から離脱して球状化し，胃および肓嚢の内腔で浮遊する．この浮遊細胞は消化細胞（digestive cell, DC）と呼ばれ，5 つの発生段階に分けられる（図 3.11）．第 1 段階の DC 内は，多数の透明な小胞（vesicle）で満たされている．第 2 段階の DC は，胃の内腔に輸送された食物を吸収し，その結果，小胞が着色する．DC 内におけるデンプンおよびチラコイド膜（thylakoid membrane）の蓄積が報告されているため（Mothes and Seitz, 1981b），飲作用（pinocytosis）あるいは食作用（phagocytosis）によって食物を吸収している可能性がある．なお，チラコイド膜にはクロロフィル（chlorophyll）が含まれているため，第 2 段階以降の DC からはクロロフィル蛍光が確認される（Bensoussan *et al*., 2018）．第 3 段階の DC 内では，食物由来の沈着物で暗色化した小胞のサイズが大きくなる．第 4 段階の DC 内では，小胞は単一化し，内部の沈着物は密度を高め，濃茶または黒色が明瞭になる．第 5 段階の DC 内は，ほぼすべて単一かつ暗色化した小胞に占有される．DC の発生が進むにつれて，小胞のサイズは大きくなり，それに伴い，DC 内の核の形状は扁平化する．

　これら異なる段階の DC は胃および肓嚢の内腔を浮遊し，その集合体は，ナミハダニの英名（two-spotted spider mite）にも含まれる 2 つの斑点を形成する．その後，DC は後胃部に輸送される．胃と後胃部との接続部には，DC の通過を制御する機能があるが，その機構は不明である．なお，質量が 1 kDa 程度

の分子を経口投与すると，速やかに後胃部に局在するため，低分子はこの接続部を容易に通過できる（Suzuki *et al.*, 2017a）．一方，食物のような高分子はこの接続部を通過できず，胃および肓嚢の内腔に浮遊する DC に取り込まれる．これの現象は，ポリスチレン製の球形微粒子でも確認されている（Bensoussan *et al.*, 2018）．食物は DC の小胞内で消化され，得られる栄養は後胃部の MC で吸収されると考えられている．実際に，MC 内にグリコーゲン（glycogen）や脂肪滴（lipid droplet）が観察されているため（Mothes-Wagner, 1985），MC が栄養吸収を担っている可能性は高いが，詳細なメカニズムは不明である．最終的に DC は，後腸を経由後，糞（feces）として体外へ排出される．なお，後腸は直腸（rectum）および肛門（anus）から構成される．また，排出される DC の発生段階は同一ではなく，糞は複数の段階の DC で混成されている（Bensoussan *et al.*, 2018）．

　昆虫では，栄養はシンク組織（sink tissue）に輸送後，それが位置する血体腔内を血リンパ（hemolymph）の循環によって各組織に運ばれていく（Nation, 2015）．さらに昆虫では，栄養は，グリコーゲンや脂肪滴として，脂肪体（fat body）に貯蔵される（Arrese and Soulages, 2010）．しかし，ハダニ類の場合，血体腔に対応する空洞は見当たらず，脂肪体もない（Bensoussan *et al.*, 2018）．他方，昆虫の消化器系では，一般に中腸と後腸の間に位置するマルピーギ管（Malpighian tubule）が，血リンパから窒素老廃物を除去し，糞の一部として後腸に渡して排泄する．しかし，ハダニ類はマルピーギ管も血リンパも欠いているため（Blauvelt, 1945），窒素老廃物の処理機構は昆虫とは異なる．ハダニ類では，窒素老廃物としてグアニン顆粒（guanine pellet, GP）が中腸で形成され（図 3.11），DC と一緒に（あるいは単独で）糞の構成要素として排出される（Bensoussan *et al.*, 2018）．GP は，胃および肓嚢の内腔に位置する DC 内や後胃部で確認されている．また，DC 内の GP のサイズは小さいが，後胃部でのそれは約 20〜30 µm であり，観察しやすい．GP 自体は白色であるが，光を反射するため，蛍光観察用の励起光の照射により暗視野でも確認できる．ナミハダニでは，100 頭の集団が 1 時間で排出した糞のうち，GP のみのものは約 102 個であった一方，GP と DC の混成で構成されるものは約 12 個であったことから（Bensoussan *et al.*, 2018），多量の窒素老廃物を GP として排出していることがわかる．ただし，DC や後胃部における GP の形成機構は不明である．
　　　　　　　　　　　　　　　　　　　　　　　　　　　　　　（鈴木丈詞）

🦟 3.10 ● 生 殖 器 系 🦟

　両性生殖では，雄から雌へ精子（sperm）が移植されることにより卵子が受精する．多くの動物では交尾によって精子の移植が行われる．これに対して，ダニ類では直接的な移植だけでなく，間接的な方法でも移植が行われる．Evans（1992a）がダニにおけるさまざまな生殖行動の事例を紹介しており，ササラダニ亜目やケダニ亜目のハモリダニ科 Anystidae やフシダニ科 Eriophyoidae などでは，雄が柄のある精包（spermatophore）を生息場所の表面に置き，それを雌が取り込む間接的な移植が行われる．直接的に移植が行われるトゲダニ目 Mesostigmata のカブリダニ科 Phytoseiidae の雄は鋏角の可動指にある交尾器官（担精指, spermatodactyl）を使って，雌の第 III 脚基節付近にある導精孔（sperm induction pore）を通じて，第 III・IV 脚基節の内側にある受精嚢（spermatheca）へ精包を送り込む．マダニ目 Ixodida の雄は口器を使って雌の生殖口へ精包を導入する．このようにさまざまな精子移植の様式がとられるなかで，発達した外部生殖器官をもち，雄の陰茎（図 3.12a, b）から雌の受精嚢（receptaculum seminist, spermatheca）へ直接精子が移植されるハダニ科の交尾は，ダニ類ではむしろ稀な生殖様式といえる．

　ハダニの雄の生殖器官は 1 対の精巣（testis），1 対の貯精嚢（seminal

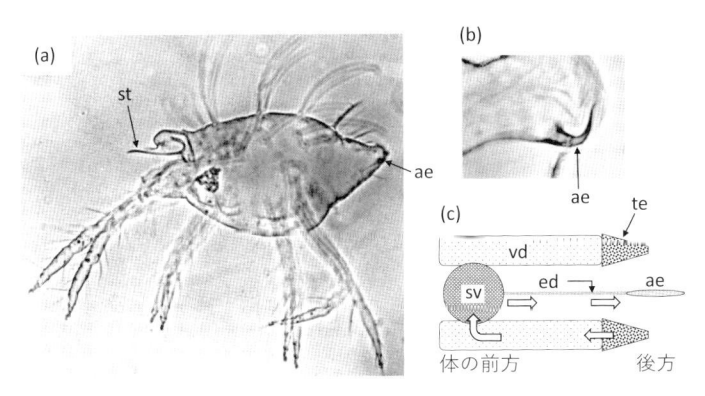

図 3.12　ミカンハダニ雄成虫のプレパラート標本写真およびハダニ雄の生殖系の模式図（Alberti and Crooker, 1985 と Matsubara *et al.*, 1992 をもとに作図）.
（a）横全体像，（b）挿入器（陰茎），（c）ハダニ雄の生殖系模式図. st：口針, ae：挿入器, te：精巣, vd：輸精管, sv：貯精嚢, ed：射精管. 中抜きの矢印は精子の流れを示す.

vesicle），精巣と貯精嚢をつなぐ1対の輸精管（vas deferens），単一の射精管（ejaculatory duct）および単一の挿入器からなる（Alberti and Crooker, 1985；Pijnacker, 1985；Matsubara *et al.*, 1992）（図3.12c）．細い袋状の精巣は雄の腹部後端付近の両側に存在し，内部に精子形成のさまざまな段階の生殖細胞を含んでいる．未成熟で不規則な形態の精原細胞（spermatogonia）は精巣の後方にあり，成熟した精子は前方に集まっている（Pijnacker, 1985）．輸精管は精巣前端部から前方に向かう太い管で，前端部付近で球形の貯精嚢につながる．貯精嚢内部ではより成熟した精子が体に対して後方に存在する．Matsubara *et al.*（1992）のカタバミハダニ *Petrobia hatri*（＝ *Tetranychina harti*）の研究により，後方の出口付近には微細な繊維（microfilament）を内包する長い突起または短い突起をもつ2種類のゲート細胞（gate cell）が存在することが明らかにされた．これらは精子を順次射精管へ送り出すための交通整理に役立っていると推測されている（Matsubara *et al.*, 1992）．射精管は貯精嚢から胴体部後端へ向かい挿入器の内部へ入る．なお，成熟した精子はほぼ球状（直径2 μm）で核が細胞膜に接して存在し，鞭毛をもたない（Matsubara *et al.*, 1992）．

　雌の受精嚢は，卵巣から輸卵管（oviduct），膣（vagina）につながる生殖口の後ろにある（Feiertag-Koppen and Pijnacker, 1985）（図3.13a）．受精嚢は，交尾口から通じた円柱状の組織であり，卵巣とも輸卵管ともつながりがない．交尾により受精嚢に注入された精子の形状は球形から楕円形に変化し，互いにくっついて6個程度までのまとまりを形成している．その後24時間程度の間にほとんどの精子が受精嚢の細胞に侵入し，3～10個のまとまりになる．翌日には球形に戻った単独の精子が受精嚢の外の体腔，おもに卵管の背側の卵巣付近に見られる（Feiertag-Koppen and Pijnacker, 1985）．卵母細胞（oocyte）は，3つの核をもつ卵巣内の栄養細胞（nurse cell）と細胞質の橋（cytoplasmic bridge）でつながった状態で，卵巣外部で発育する（Feiertag-Koppen and Pijnacker, 1982, 1985；Mothes-Wagner and Seitz, 1984）（図3.13a）．卵巣に辿り着いた精子はおもに背側に分散して存在する．このとき，いくつかの精子は細胞質の橋付近にとどまり，卵黄の蓄積がほぼ完了した頃に，細胞質の橋から1個の精子が発育中の卵母細胞に侵入して魚雷型に変化し，産卵まで卵母細胞核の傍にとどまる（Feiertag-Koppen and Pijnacker, 1982, 1985）．最初の卵母細胞の発育には精子が間に合わないため，最初の卵は未受精で単数体（半数体，haploid）の雄卵となる．なお，鞭毛をもたない精子が卵巣に辿り着くメカニズムについては，今後さらに詳細な

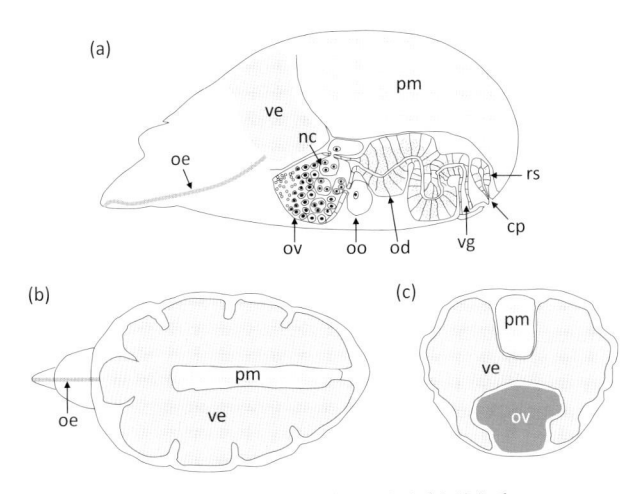

図 3.13　ナミハダニ雌成虫の生殖系と消化系

(a) 生殖系の垂直断面イメージ（Alberti and Crooker, 1985 をもとに作図），消化器系の（b）水平断面
および（c）横断面のイメージ（Bensoussan *et al.*, 2018 をもとに作図）
ov：卵巣，oo：卵母細胞，nc：栄養細胞，od：輸卵管，vg：膣，cp：交尾口，rs：受精嚢，oe：食道，ve：胃，
pm：後胃部.

研究が必要である（Mothes and Seitz, 1981c）.

　幼虫の卵巣は薄い上皮に覆われている．卵原細胞（oogonium）は卵巣内の前
方に多く，減数第一分裂前期（prophase of the first meiotic division）を通じ
て，互いに細胞質の橋でつながった4つの姉妹細胞（一次卵母細胞，primary
oocyte）のグループが形成される．これらの内の1つが卵巣の外に出て卵に発育
し，残りの3つは栄養細胞として卵巣内にとどまる．一次卵母細胞と発育中の卵
母細胞は卵巣の中央部から後方に多く分布する．卵原細胞と一次卵母細胞の数は
第1静止期と第1若虫を通じて増加し，第2静止期に最大となる．第3静止期に
は卵原細胞と一次卵母細胞の数は減少し，一次卵母細胞に由来する成長期の卵母
細胞，栄養細胞，クロマチンが豊富な細胞が増える．クロマチンが豊富な細胞
は栄養細胞を取り囲むように存在する（Feiertag-Koppen and Pijnacker, 1985）.
ハダニでは胃が体内の多くの割合を占めており，背面全体から下部側面に達す
る（図3.13）．卵母細胞は卵巣の外で，胃と血リンパに接触しながら成長する
（Feiertag-Koppen and Pijnacker, 1985）．卵黄と卵殻の形成を経て成熟した卵は
輸卵管を通じて産卵されるが，卵巣の外で成長した卵が輸卵管に入る方法につい
てはいまだに不明確である．　　　　　　　　　　　　　　　　　　（刑部正博）

🐛 3.11 ● 出　糸　腺 🐛

　ハダニ科のうち，ナミハダニ亜科 Tetranychinae のダニ（以下，ハダニ）は，第2付属肢の触肢跗節の先端にある出糸突起（spinneret または terminal eupahtid）から糸を出し，種によっては立体的な網などを作る．一方，ビラハダニ亜科 Bryobiinae のダニは糸を出さない．出糸突起は，外形的にはユーパシジウム（eupathidium）に分類される毛（seta）の一種であり，表面には平滑な縦条が見られる長球状の構造物である（図3.14，図3.2B およびC）．

　ハダニの前体部（proterosoma；顎体部と第Ⅰ・Ⅱ脚をつけている前胴体部をあわせた部分）には，11個の前体腺（prosomal gland）がある（図3.15；Mothes and Seitz, 1981a；江原，1996）．前体腺は，1対の出糸腺（spinning gland），2対の脚頭腺（podocephalic gland），1対の基節腺（coxal gland），1対の気管器（tracheal organ）および単一の気管腺（tracheal gland）から構成されている．出糸腺は糸腺や絹糸腺（silk gland）とも称されるが，本節では，ハダニに対しては出糸腺を用いる．

　ハダニの出糸腺は1対の巨大な単細胞線であり，前体部の腹側に位置する．より具体的には，脳にあたる神経節塊の前方および食道（esophagus）の側方に位置し，触肢まで伸びてその内部を貫通する．出糸腺の細胞質は，粗面小胞体（rough-surfaced endoplasmic reticulum）で形成される電子密度の低い顆粒

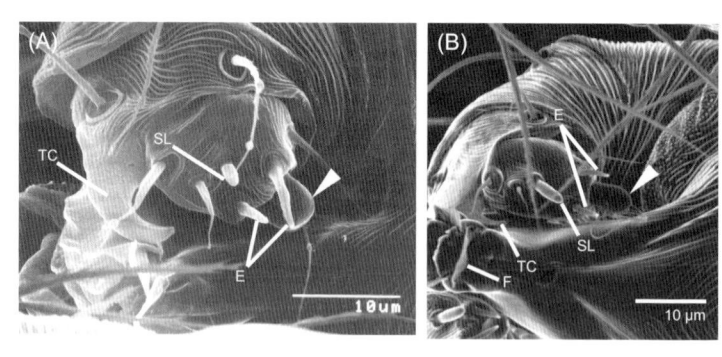

図3.14　（A）クワオオハダニおよび（B）ナミハダニの触肢における出糸突起
　　　　（spinneret；白矢尻）（SEM 像提供：刑部正博・新井優香）
ナミハダニの出糸突起の先端からは糸が出ている．E：ユーパシジウム（eupathidium），
F：口唇（flap），SL：ソレニジオン（solenidion），TC：脛節の爪（tibial claw）．

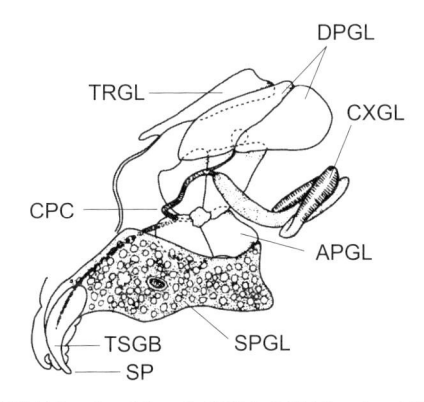

図3.15 ナミハダニの前体腺（Alberti and Storch, 1974 および Alberti and Crooker, 1985 をもとに作図：大迫朋寛）

APGL：前脚頭腺（anterior podocephalic gland），CPC：脚頭管（podocephalic canal），CXGL：基節腺（coxal gland），DPGL：背側脚頭腺（dorsal podocephalic gland），SP：出糸突起（spinneret），SPGL：出糸腺（spinning gland），TRGL：気管腺（tracheal gland），TSGB：終末出糸腺袋（terminal spinning gland bag）．この図に気管器（tracheal organ）は含まれていない．

（electron lucent grana）を含む小胞（vesicle）で満たされている．Alberti and Crooker（1985）は，この小胞を液胞（vacuole）と記載している．このほかに，小さなミトコンドリアと多数の遊離リボソームが出糸腺の細胞質で観察されている．カイコでは，絹糸腺内の粗面小胞体でシルクタンパク質のフィブロイン（fibroin）が合成され，ゴルジ装置（Golgi apparatus）に移行し，濃縮され，フィブロイン小球（fibroin globule）が形成される（Akai, 1983）．小球内のフィブロインはエキソサイトーシスにより細胞外に放出され，腺腔内に集積される．カイコのフィブロイン合成を参照すると，ハダニの出糸腺内の小胞（または液胞）およびその内部の顆粒は，それぞれフィブロイン小球およびフィブロインに該当する可能性がある．

　触肢内の出糸腺は，跗節内で終末出糸腺袋（terminal spinning gland bag）を形成し，跗節前端に位置する出糸突起の先端で開口する．ハダニの糸は，出糸腺から射出されたり，脚で引っ張り出されたりするのではない．出糸突起の先端の開口部から分泌される粘着性の液状シルクを葉などの基質表面に一定の間隔で接着させながら移動する（齋藤, 2012）．この接着と移動により液状シルクが延伸されて糸が形成される．つまり，歩きながら常に糸を引いている．シルクタンパク質については5.5節を参照されたい．

　出糸腺以外の前体腺のうち，脚頭腺は，前脚頭腺（anterior podocephalic

gland）および背側脚頭腺（dorsal podocephalic gland）から構成され，タンパク質性の多数の顆粒を含んでいる（Alberti and Crooker, 1985）．ナミハダニの場合，前脚頭腺および背側脚頭腺は，それぞれ 4 および 2 個の細胞から構成され，タンパク質分泌細胞に特徴的な細胞小器官（大きな核と多数のリボソーム）を備えている．唾液タンパク質遺伝子の発現局在より，脚頭腺は唾液腺（salivary gland）にあたる（Jonckheere *et al.*, 2016）．基節腺は，小囊（sacculus）を欠き，管状であるため，管状腺（tubular gland）とも呼ばれる．基節腺は，基部（proximal part），中央部（middle part）および先端部（distal part）に分けられる．基節腺の先端部は，短い管によって背側脚頭腺と接続されている（Mills, 1973）．基節線の基部は胃（ventriculus）の上皮と接するが，両者の連絡はない（Alberti and Crooker, 1985）．基節腺は，他の節足動物の腎管（nephridium）と相同であり，水とイオンの調節に関与するほか（江原, 1996），雌の性フェロモンの分泌腺として機能する可能性も示唆されている（Mills, 1973）．左右それぞれの前脚頭腺，背側脚頭腺および基節線は 1 対の脚頭管（procephalic canal）に通じる．1 対の脚頭管はいずれも前方へ走り，顎体部の基部で互いに融合して単一の管となって口吻の末端に達する（Alberti and Crooker, 1985）．気管器は，5〜6 個の細胞から構成され，左右それぞれの気管幹を取り囲んでいる．気管腺は，多数の細胞から構成され，おそらく脂質である電子透過性液滴を多量に含んでいる．気管器および気管腺については，いずれの機能も不明である．出糸腺以外のこれら前体腺も糸の生産に関与している可能性はある（江原, 1996）．　　　　　　（鈴木丈詞）

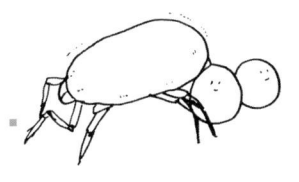 **4** 　生　　活　　史

🦟 4.1 ● 生活ステージ 🦟

4.1.1　生活史のタイプ

　植物上で生活しているダニは，植物ダニと呼ばれている．植物ダニの発育ステージは科または上科ごとに異なっているが，次のステージに進む前には静止期を経て脱皮する．多くの種では幼虫に3対，若虫と成虫に4対の脚がある．種の同定は成虫で行うため，若虫と成虫の識別は必須である．基本的には，体サイズに対する脚の相対的な長さで判断するほかはない．植物ダニの生活史のタイプは次の5つに分けられる．

　1つ目は卵が孵化し，幼虫と2つの若虫期を経て成虫になるハダニ科，ヒメハダニ科，ナガヒシダニ科，カブリダニ科である（図4.1a）．長短はあるものの，明確な静止期が認められる．ハダニ科のダニでは，湿度が高いときに卵期間や第3静止期の期間が延長して孵化や成虫化が遅延することが知られており（Ikegami *et al.*, 2000；Ubara and Osakabe, 2015；鈴木丈詞，特開 2018-157797），この性質を利用して，実験の都合に合わせて孵化や成虫化の時期を人為的に調整することができる．

　2つ目のタイプは卵が孵化し，幼虫と3つの若虫期を経て成虫になるケナガハダニ科，コハリダニ科，テングダニ科，ミドリハシリダニ科，ハモリダニ科である（図4.1b）．なおケナガハダニ科の一部の種の雄では，若虫期が2つであることが知られている（Beard and Ochoa, 2010）．またコハリダニ科には，産雌単為生殖する種（*Brachytydeus formosa* など）（Aguilar-Piedra, 2001；Hernandes *et al.*, 2006；Silva *et al.*, 2014）や卵胎生（vivipary）で卵期がなく幼虫が出現してくる種（*Tydeus californicus*）（Zaher and Shehata, 1963；Liguori *et al.*, 2002；

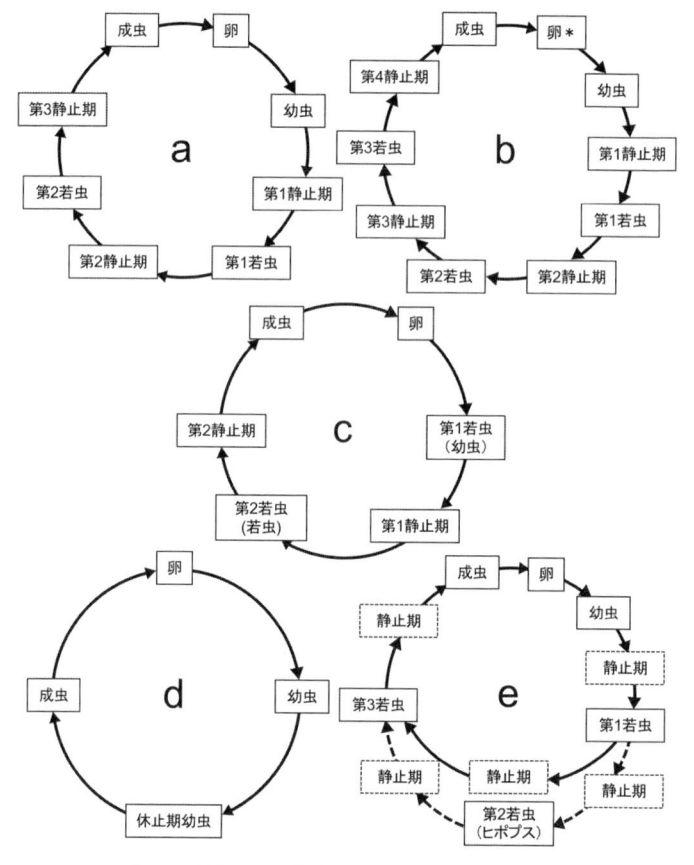

図 4.1　植物ダニの生活史のタイプ（後藤哲雄原図）
a：ハダニ科，ヒメハダニ科，ナガヒシダニ科，カブリダニ科．b：ケナガハダニ科，コハリダニ科，テングダニ科，ミドリハシリダニ科，ハモリダニ科．c：フシダニ上科．d：ホコリダニ科．e：コナダニ科．
*コハリダニ科には卵胎生の種がおり，卵期をもたないことがある．

Silva *et al.*, 2014）が知られている．

　3つ目のタイプは卵が孵化すると，幼虫期がなく，第1若虫，第2若虫を経て成虫になるフシダニ上科である（図 4.1c）．ただし，第1若虫を「幼虫」，第2若虫を「若虫」と考える研究者もいる（Zhang, 2003）．フシダニ上科はうじむし形や紡錘形が普通であり，脚は前体部に2対しかなく，後体部は環状構造（体環）になっている．

　4つ目のタイプは卵が孵化し，幼虫と休止期幼虫を経て成虫になるホコリダ

ニ科である（図4.1d）．休止期幼虫の間に若虫期を経過していると考えられている（伊戸，1993）．雌の休止期幼虫は肥大して紡錘形になる．雄成虫は突き出た外部生殖器と第IV脚を使って，雌の休止期幼虫を運び，脱皮と同時に交尾する．雌成虫はコナジラミやアブラムシ，キクイムシなどの成虫の脚などにつかまって長距離を移動する（Parker and Gerson, 1994；Lombardero *et al.*, 2000；Soroker *et al.*, 2003；Malumphy, 2009；Seeman and Walter, 2023）．チャノホコリダニ *Polyphagotarsonemus latus* の雌成虫は，コナジラミ科の一種 *Aleyrodes singularis* の体表ワックスから出る嗅覚因子に能動的に反応して便乗する（Soroker *et al.*, 2003；Inbar and Gerling, 2008）．

最後のタイプは，通常は幼虫，第1若虫，第3若虫を経て成虫になるが，飢餓や寒冷・乾燥などの発育に不適な気候条件のときに第2若虫（ヒポプス，hypopus）という耐性をもつステージを経過するコナダニ科である（図4.1e）．本科のダニの静止期は非常に短いことが特徴の1つである（後藤・高藤，1996）．また第2若虫は機能的な口器と鋏角を欠き，顎体部も劇的に小さくなっている（Smith-Meyer, 1996）．第2若虫が昆虫に便乗して好適地に移動することが知られている（Fain, 1981；Houck and OConnor, 1991；Seeman and Walter, 2023）．

（後藤哲雄）

4.1.2 胚　発　生

ハダニ類の多くの卵は球形であり，ナミハダニ *Tetranychus urticae* の場合，そのサイズは直径120〜140 μm である（Toyoshima, 2010；Macke *et al.*, 2011b）．卵は半透明のコリオン（chorion）で覆われているため，生きた状態での胚発生の観察が可能であり，その観察には微分干渉顕微が適している（Dearden *et al.*, 2002）．

Gotoh *et al.* (1994) は，マルハダニ属 *Panonychus* のダニの卵を液体パラフィンに包埋し，24〜25℃の条件下で，生きた状態で胚発生（以下の A - R の18ステージに区分）を経時的に観察した．リンゴハダニ *Panonychus ulmi* の場合，産下直後は（A）卵黄期（yolk stage）であり，産下後約1.6時間で卵の中心付近に核が形成され，（B）1細胞期（one-cell stage）に至る．

産下後約2.7，3.6，4.4，5.3，6.2，7.1および8.2時間で卵割が生じ，それぞれ（C）2細胞期（two-cell stage），（D）4細胞期（four-cell stage），（E）8細胞期（eight-cell stage），（F）16細胞期（16-cell stage），（G）32細胞期（32-cell stage），（H）64 細胞期（64-cell stage）および（I）128 細胞期（128-cell stage）に至る．さらに，産下後約 9.0 時間までに 8〜10 回目の卵割が生じ，（J）桑実胚期（morula stage）に至る．卵割について，最初の 2 回は全等割であり，その後は表割である．ナミハダニでは，桑実胚期に 1024 細胞（＝2^{10}）が形成されるため，卵割数は合計で 10 である（Dittrich, 1968）．この卵割様式は，ハンノキアケハダニ *Eotetranychus tiliarium* およびミカンハダニ *Panonychus citri* でも共通して観察されている（Dittrich, 1965；Fukuda and Shinkaji, 1954）．なお，Dearden *et al.*（2002）によると，トレーサーとして蛍光標識したデキストラン（dextran）をナミハダニの（B）1 細胞期の卵に注射すると，卵全体に蛍光シグナルが拡散する．（C）2 細胞期では，注射した細胞内に蛍光シグナルが一時的に局在するが，その後，他方の細胞にも拡散する．一方，（D）4 細胞期以降の卵では，注射された細胞でのみ蛍光シグナルは局在し，他の細胞への拡散は確認されない．これらより，ナミハダニの胚子における細胞膜は，（C）2 細胞期では部分的である一方，（D）4 細胞期には完全に形成されていると示唆される．

　産下後約 13.6, 17.5, 20.6 時間で，それぞれ（K）胞胚 I 期（blastula stage I），（L）胞胚 II 期（blastula stage II）および（M）胞胚 III 期（blastula stage III）に至る．なお，（K）胞胚 I 期で卵形の胚盤（germ disc）が生じる（Dearden *et al.*, 2002）．胚盤は卵形のまま膨らんだ後，（L）胞胚 II 期で扁平化する．（M）胞胚 III 期では，胚盤の扁平化に続き，腹側正中線の両側に脚原基が出現する（Dearden *et al.*, 2002）．

　産下後約 31.6, 46.4, 94.9, 151.3 および 169.2 時間で，（N）出脚 I 期（appendage formation stage I），（O）出脚 II 期（appendage formation stage II），（P）眼点期（eye-spot stage），（Q）前幼虫期（pharate-larva stage）および（R）幼虫期（larva stage）に至る．孵化直前の幼虫は，卵内で体の左右軸を中心に前方へ回転しながら卵殻を切断して孵化する（Ubara and Osakabe, 2015；Takeda *et al.*, 2020）．

　なお，大気中でのリンゴハダニの胚発生は産下後約 159.9 時間で幼虫期に至るため，液体パラフィン処理により約 10 時間の発育遅延が生じる（Gotoh *et al.*, 1994）．一方，ササマルハダニ *Panonychus bambusicola* やエルムマルハダニ *Panonychus thelytokus* では液体パラフィン処理による発育遅延は生じない．他方，リンゴハダニ，ササマルハダニ，エルムマルハダニおよびクワオオハダニ *Panonychus mori* の休眠卵（4.5 節参照）では，胚発生は（M）胞胚 III 期で休止する（Lees, 1955；Gotoh *et al.*, 1994）．

　胚発生の分子機構に関する研究は，2000 年代から Miodrag Grbić 博士らのグループを中心に，ナミハダニで進められた．Dearden *et al.* (2002) は，ショウジョウバエにおける体節決定因子の 1 つであるペアルール遺伝子を対象とし，ナミハダニの相同遺伝子（*Tu-run* および *Tu-pax3/7*）の局在解析を実施した．その結果，いずれの遺伝子も胞胚期における発現が確認された．ただし，*Tu-run* 遺伝子では，胚子の腹側に 5 対の輪状の発現パターンが確認され，その後，発生に伴い，肢芽(limb bud)の周辺への発現局在が確認された．また，*Tu-pax3/7* 遺伝子では，肢体部（prosoma）で縞模様状の発現が確認された一方，後胴体部（opisthosoma）での発現は確認されなかった．

　Dearden *et al.* (2003) は，胞胚期の胚盤内部の細胞群における生殖細胞性遺伝子（*Tu-vasa*）の発現局在を報告している．なお，胚盤内部における *Tu-vasa* 遺伝子の発現細胞群は，その後の発生に伴い，胚子の後方領域（生殖器領域）に移動し，そこでクラスターを形成することも判明している．

　Khila and Grbić (2007) は，ナミハダニにおける *Distal-less*（*Tu-Dll*）の遺伝子およびタンパク質は，いずれも胚子の付属肢原基における細胞群で発現していることを明らかにした．なお，ナミハダニでは，RNA 干渉（RNA interference, RNAi；7.3 節参照）の誘導因子である二本鎖 RNA（dsRNA）および短鎖干渉 RNA（siRNA）を雌成虫に注射すると，それが産下した卵にも dsRNA および siRNA が輸送され，胚子において parental RNAi（pRNAi）が誘導される．*Tu-Dll* 遺伝子を標的とした pRNAi 法により，付属肢の伸長不全や融合などの表現型が確認されたことより，付属肢形成における当該遺伝子の関与も明らかになった（Khila and Grbić, 2007）．また，pRNAi 法により，ナミハダニの眼点（eye spot）形成における *eyes absent* 遺伝子の関与も明らかになっている（Khila and Grbić, 2007；Shibaya and Suzuki, 2018；Wei *et al.*, 2021）．

　ホメオティック（Homeotic, Hox）遺伝子群は，ホメオボックス（homeobox；約 180 bp の DNA 結合モチーフ）を含む転写因子の一群で，発生初期における領域特異的な発現により，体の形態形成を制御する．一般に，Hox 遺伝子群はゲノム上でクラスターを形成しているため，Hox クラスターとも呼ばれる．節足動物の祖先は，10 個の遺伝子（*labial, proboscipedia, Hox3, Deformed, Sex combs reduced, fushi tarazu, Antennapedia, Ultrabithorax, abdominal-A* および *Abdominal-B*）からなる Hox クラスターをもつと予測されている（Akam *et al.*, 1994；Grenier *et al.*, 1997；Pace *et al.*, 2016）．クモ（*Cupiennius salei*）のゲ

ノム上にも，この10遺伝子がすべて存在している（Schwager *et al.*, 2007）．一方，同じ鋏角類にもかかわらず，ナミハダニのゲノムでは，この10遺伝子のうち *Hox3* および *abdominal-A* 遺伝子は存在せず，他方で *fushi tarazu* 遺伝子は重複して存在する（Grbić *et al.*, 2011）．*abdominal-A* 遺伝子の欠失は，ハダニ類の後胴体部の体節減少と相関する．さらに，体節極性（segment polarity）の決定因子である *engrailed* 遺伝子は，通常，節足動物の各体節で発現し，クモ（*C. salei*）胚の後体では6本の縞状の発現パターンが検出されている一方（Damen *et al.*, 1998），ナミハダニ胚の後胴体部では2本しか検出されない（Grbić *et al.*, 2011）．このように，ハダニ類のシンプルな体制（body plan）は，減少したHoxクラスターと関連している可能性がある．

　近年のハダニ類の研究では，マルチオミックス解析や遺伝子機能解析が急増している．今後，これらの解析技術を駆使すれば，ハダニ類における胚発生の分子機構の解明に加え，節足動物間での比較による体軸・体節決定および分化等のシステムの進化的起源への洞察も進むことが期待できる．　　　　　　（鈴木丈詞）

4.2 ● 発 育 と 増 殖

4.2.1 発育零点と有効積算温度

　ハダニ類などの節足動物は外界の温度に強い影響を受けて体温が変化する変温動物（poikilotherm）であり，発育日数は生息環境の温度によって大きく左右され，この関係は $D \times (T - t_0) = K$ で表される（Campbell *et al.*, 1974）．ここで，D はある温度（T, ℃）における発育日数，t_0 はこの温度以下では発育が進まない発育零点（lower thermal threshold），K はある発育ステージから別の発育ステージまで発育するために必要な総温量を示す有効積算温度（thermal constant）である．これらの値を求めるため，$D \times (T - t_0) = K$ の両辺を（$D \times K$）で割って式を変形すると $1/D = -t_0/K + T/K$ となる．ここで，発育日数の逆数 $1/D = V$（発育速度），$t_0/K = $ a，$1/K = $ b とすれば，$V = -$a$+$bT となる．これは V を y 軸にとり，T を x 軸にとったときの直線式である．この直線の傾き b の逆数が K，切片 a を b で割る（a/b）と t_0 であり，これらの値から生息地域における年間発生回数を推定できる（後藤，2019）．図4.2には，ナミハダニ *Tetranychus urticae* における卵から卵までの発育日数と温度の関係を示した．その関係は $V = -0.0877 + 0.0073T$ の回帰式となり，発育零点は12.01℃，有効積算温度は

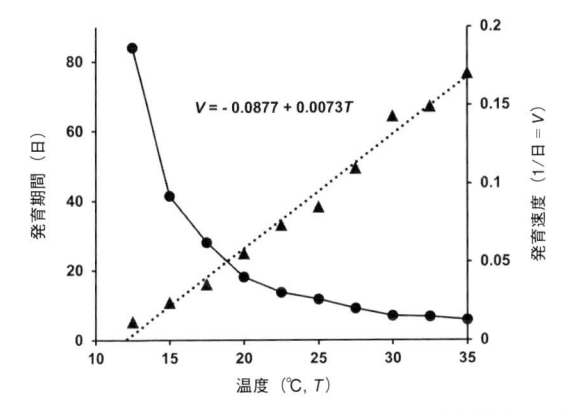

図 4.2 ナミハダニ北海道個体群の卵から卵までの発育期間および発育速度と温度の関係（Bayu *et al.*, 2017 をもとに作図）

136.88 日度と推定された（Bayu *et al.*, 2017）．また本種の卵から雌成虫までの値はそれぞれ 11.63℃ と 127.81 日度であり（Bayu *et al.*, 2017），これまでに知られているハダニ類の卵から雌成虫までの発育零点（約 7〜13℃）と有効積算温度（約 108〜218 日度）の範囲に収まった（桐谷，2012 など）．

温帯に生息する多くのハダニ類は不適な環境における生存率を向上させるために休眠性をもつので，これらのハダニ類では有効積算温度と休眠誘起の光周反応から得られた臨界日長を自然日長に当てはめて作成した光温図を用いて年間世代数を推定できる（4.5 節参照）．ナミハダニ北海道個体群の臨界日長が 13.0 時間，光周期感受ステージが第 1 若虫であることを考慮すると，卵から卵までの発育零点以上の積算温度が 1320 日度である北海道（2016 年）では年 9 世代を経過できる（Gotoh, 1986a；Bayu *et al.*, 2017；後藤，2019）（図 4.3）．このように卵から次世代の卵までの発育零点と有効積算温度の算出は世代数を推定するうえで重要である．

従来，発育や増殖は実験室内の一定温度下で検討されてきたが，野外では温度が時間ごとや日ごとに変動しているので，ハダニ類はこれらの温度変化により敏感に反応しているであろう．ナミハダニと *Tetranychus pacificus* では 24 または 12 時間ごとに温度を変化させた条件下で発育と増殖が検討されている（Gotoh *et al.*, 2014；Bayu *et al.*, 2017；Rismayani *et al.*, 2021）．ナミハダニでは，平均 ±5℃ を組み合わせた変温（たとえば 15℃ と 25℃ の組合せで平均温度 20℃ とする）と平均温度を一定のままにした定温における発育期間を 10〜35℃ で調査した結果，

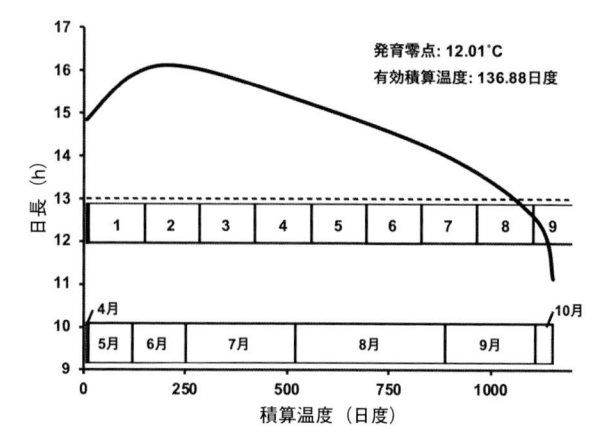

図 4.3 ナミハダニ北海道個体群における 2016 年の発生回数を推定する光温図
（Bayu *et al.*, 2017 をもとに作図した後藤，2019 を改変，転載）

低温域（≦27.5℃）では変温，高温域（≧32.5℃）では定温における発育期間
が短くなった．卵から雌成虫までの発育零点は，変温と定温で 8.63 と 11.63℃，
有効積算温度はそれぞれ 150.69 と 127.81 日度であり，変温では発育零点が低
くなることに注目したい．またナミハダニは定温 10℃ では発育できなかったが，
変温 10℃ では 80％ 以上の個体が成虫まで発育できた（Bayu *et al.*, 2017）．*T.
pacificus* の発育零点は変温と定温がそれぞれ 5.73 と 10.24℃ であり（Rismayani
et al., 2021），ナミハダニとほぼ同じ傾向が認められた．

　このほかに内的最適発育温度（T_o, T_{opt}）を算出するために非線形モデルが使
われており，現在まで 20 種以上のモデルが提供されていてそれぞれに長所と短
所があるものの（池本，2011a, b；Ikemoto *et al.*, 2012；Ratkowsky and Reddy,
2017；Shi *et al.*, 2017），対象生物の温度適応を知るうえでは有効である．なお，
高温部発育停止温度については，その測定が不可能であり，生物学上は誤りであ
るので（池本，2011a），算出することにはほとんど意味がない．

4.2.2　加齢に伴う雌率の変化

　ハダニ類では雌の加齢に伴って雌率が低下していくことが知られており，イ
トマキヒラタハダニ *Aponychus corpuzae* では成虫化後 19 日齢以降，タケスゴ
モリハダニ *Stigmaeopsis celarius* では 30 日齢以降に顕著に減少する（Saito and
Ueno, 1979；後藤・高藤，1996）．この原因は精子の枯渇によると考えられてい

る．一方ナミハダニでは1回の交尾で生涯にわたって産卵するのに十分な精子が授受されており（Boudreaux, 1963；Helle, 1967；Potter, 1978），事実，1回目にフル交尾（≧140秒，平均207秒）していれば2回目の交尾はほとんど行われない（Morita *et al.*, 2020）．ところが，フル交尾したナミハダニ雌成虫の産卵数と孵化率，雌率を成虫化後5日ごとに調べた結果，ナミハダニでも日齢の進行につれて雌率が低下することがわかった（図4.4）．定温（25℃）条件では，1〜5日齢で雌率が70.6％，6〜10日齢で64.2％，11〜15日齢で46.5％，16〜20日齢で37.9％，そして21〜25日齢で16.8％であり，変温（20℃-12時間／30℃-12時間，平均25℃）条件ではそれぞれ65.6，55.7，46.7，25.5％であった．生涯にわたる定温と変温の平均雌率はおのおの59.1と60.5％であり，これらの値はランダムに選んだ約100卵から得た雌率（定温で62.1％，変温で60.3％；Bayu *et al.*, 2017）との間に有意な差はなかった（*P*>0.05）．このように，ナミハダニで

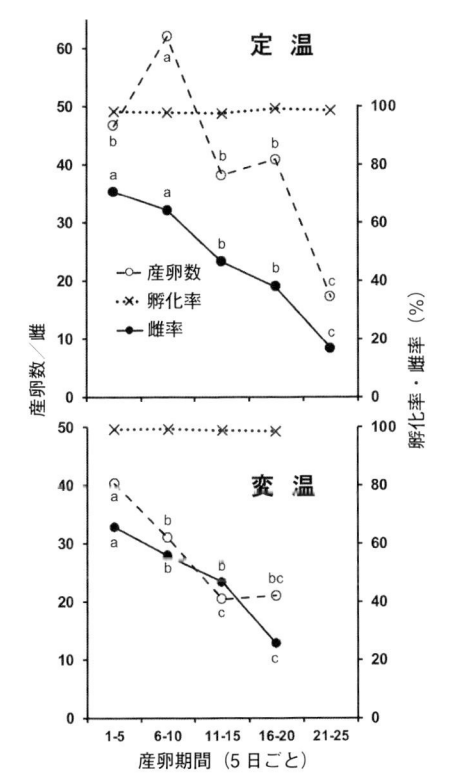

図4.4 ナミハダニ北海道個体群の定温（25℃）と変温（20℃-12時間／30℃-12時間，平均25℃）における成虫化後5日ごとの産卵数，孵化率および雌率の変化（後藤哲雄・MSYI Bayu 原図）

各値の異なるアルファベット間には有意差がある（*P*<0.05）．定温条件と変温条件のいずれでも孵化率には有意差がなかった（*P*>0.05）．

も加齢に伴って雌率は減少していくので，ハダニ類には普遍的にみられる現象であろう．ただし，ランダムに選んだ100卵から得た雌率と生涯雌率が同じであったことは，後述の生活史パラメータを算出するうえで興味深い．

4.2.3 増 殖

増殖率は理想的な物理的環境条件のもとで，無天敵で十分な餌資源，相互干渉がないなどを確保した実験室内で得られたデータに基づいて，種が潜在的にもつ単位時間あたり個体群増加率を示す内的自然増加率（intrinsic rate of increase, r）で示される（後藤・高藤，1996；後藤，2019）．ハダニ類の研究では，しばしば近縁種の内的自然増加率を統計的に比較したい場合があるので，r の平均値とその分散を求める必要がある．しかし，r をはじめとした生活史パラメータは通常，複数の個体から得られた齢別生存率 l_x と齢別産卵数 m_x を元にして算出されたものであり，たとえば50個体を個別飼育して得たデータであっても，得られる生活史パラメータの値は1つであり，分散を得ることができない．そのため2012年以前はこれらの値の分散を推定する方法としてジャックナイフ法（jackknife method）が用いられていたが，最近，この方法にはいくつかの問題があるとの指摘があり（Lawo and Lawo, 2011；Huang and Chi, 2012, 2013；後藤・齋，2019），それ以降はブートストラップ法（bootstrap technique）による日齢-齢期両性生命表（age-stage, two-sex life table）に基づいて生活史パラメータを算出することが主流になっている（Chi and Liu, 1985；Chi, 1988；Chi *et al.*, 2020, 2023）．

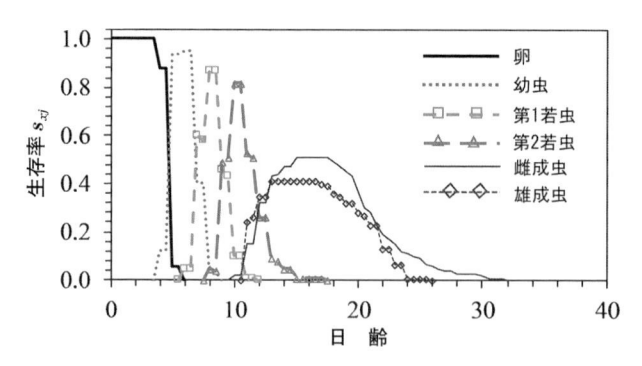

図4.5 ハダニ科の一種 *T. pacificus* の25℃における日齢-齢期生存率（s_{xj}；産卵から日齢 x，齢期 j まで生存する確率）（Rismayani *et al.*, 2021 を改変，転載）発育期間の個体変異が各齢期の線の重なりとして示されている．

　実際に内的自然増加率を算出するには，ハダニを卵から成虫まで個別に飼育して発育期間と性比（雌率）を求め，さらに雌成虫の生涯の日あたり産卵数と寿命，雄成虫の寿命を調査する必要がある．これらのデータに基づいて，内的自然増加率（r），純繁殖率（R_0，各雌が産んだ平均雌（娘）数），平均世代期間（T，雌（娘）を産んだときの母親の平均日齢）などの生活史パラメータを求める際は，TWOSEX-MSChart を利用して解析でき，関連する図も同時に提供される（Chi, 2023）（図4.5）．最近，卵から成虫までの発育と性比を 100 卵から個別飼育して得た成虫のなかから一部の個体をランダムに選び出して，雌の産卵と寿命および雄の寿命を検討した場合でも解析できる Bootstrap-Match Technique が TWOSEX-MSChart に組み込まれ，解析に使われ始めている（Amir-Maafi *et al.*, 2022；Ullah *et al.*, 2022）．

　内的自然増加率 r は単位時間あたりの個体群増加率であり，r 値の大きいことが必ずしも多産を意味しているわけではない．r の大きさに強く関係する要因は，発育速度が速いことと産卵初期の産卵数が大きいことである（Lewontin, 1965；Sabelis, 1991；後藤・高藤，1996）．図4.6 には 2010 年以降に公表された論文から得た発育速度と内的自然増加率の関係を示した．Sabelis（1991）が考察したとおり，発育速度と内的自然増加率の間には高い相関があり，発育速度が速いほど内的自然増加率が大きい傾向がみられる．ハダニ類では総じて発育が速く草本植物

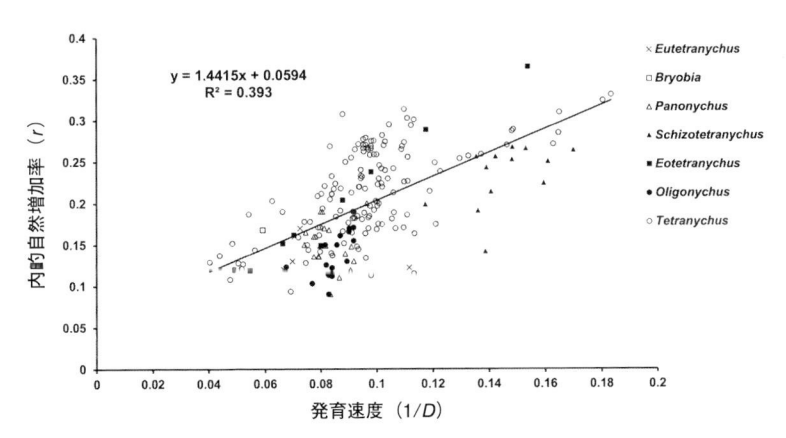

図4.6　ハダニ類の発育速度と内的自然増加率の関係（後藤哲雄原図）
2010 年以降に出版されたおもに Li *et al.*（2022）に引用されている論文を含む 52 編から得た 7 属 27 種（n = 211）について，23〜27℃で調査された発育期間と生活史パラメータを解析した（$F_{1, 209} = 135.32$, $P < 0.001$）．

に寄生する種の r 値が大きい一方，落葉広葉植物や常緑植物に寄生する種では小さい傾向がある．ナミハダニ属 *Tetranychus* は発育に不適な植物も含めて $r=0.11$ 〜0.31 d^{-1} であり，トウヨウハダニ属 *Eutetranychus*（0.12〜0.17），ビラハダニ属 *Bryobia*（0.17），マルハダニ属 *Panonychus*（0.10〜0.17），マタハダニ属 *Schizotetranychus*（0.14〜0.27），アケハダニ属 *Eotetranychus*（0.11〜0.37），ツメハダニ属 *Oligonychus*（0.10〜0.19）の値よりも大きい（Gotoh *et al.*, 2010；Ullah *et al.*, 2011, 2020, 2022；Li *et al.*, 2022）（図 4.6）．なお，*Eotetranychus frosti* をリンゴ品種 Granny Smith で飼育したときの r 値が突出して大きい 0.37 であったことを除いて，本種を他のリンゴ品種で飼育したときは 0.11〜0.29 であった（Jafarian *et al.*, 2020）．Granny Smith で飼育したときに r 値が大きいのは，卵から雌成虫までの発育日数が他品種の 8.5〜18.3 日よりも短い 6.5 日であり，産卵開始齢も他品種より 2〜13 日早い 7.1 日齢であったことに起因する．このように，速い発育速度と早い産卵開始齢が r に大きく影響している．

　なお，内的自然増加率の値はそのままではイメージしにくいので，たとえば 50 日後には 1 雌が理論上何個体に増えるかを考えたほうがわかりやすい（後藤，2004）．$r=0.31$ d^{-1} であれば 5,389,698 個体（$\lambda^{50}=e^{r\times50}$，$\lambda$ は期間増加率 finite rate of increase），$r=0.17$ d^{-1} であれば 4,915 個体になる．　　　　　　（後藤哲雄）

🕷 4.3 ● 性 決 定 と 性 比 🕷

4.3.1　性 と 生 殖

昆虫を含む多くの動物が倍数体（polyploid）であり，性決定には性染色体が関与している．しかし，ハダニはアリやハチと同様，未受精卵（＝単数体）から雄が，受精卵（＝二倍体）から雌が発生する単数倍数体であり，性染色体ではなく染色体数が性決定に関与する（Gutierrez and Helle, 1985；Helle and Pijnacker, 1985）．なお，ほとんどの種は雄のみが単為生殖で産まれる産雄単為生殖（arrhenotoky）であるが，エルムマルハダニ *Panonychus thelytokus* 等，一部の種や系統では未交尾雌が雌を産み，雄がほとんど産まれない産雌単為生殖（thelytoky）が報告されている（Gutierrez and Helle, 1985；Helle and Pijnacker, 1985；Gotoh and Noguchi, 1990）．産雌単為生殖の多くが，減数分裂後の融合といったオートミクシス（automixis），減数分裂前の染色体倍加といったエンドマイトーシス（endomitosis），または減数分裂の代わりに体細胞分裂と

同様の分裂であるアポミクシス（apomixis）等の機構により受精しないで二倍体の雌をつくることによるものであるが，ハダニ類での産雌単為生殖のメカニズムはわかっていない．単為生殖の詳細については，7.1.3 項を参照いただきたい．

4.3.2 性　　比

昆虫を含め多くの生物では安定した性比はおおよそ 1:1 である．頻度依存選択（frequency dependent selection；ある表現型の適応度は集団中の他の表現型との相対的な頻度に基づいて決まること）が働き，母親による娘と息子への投資比は 1:1 が進化的安定戦略（evolutionarily stable strategies；集団を構成するすべての個体がその戦略を採用している場合，他の戦略をもつ個体により集団が侵されることのない戦略）であることが，Fisher（1930）の性比理論により示されている．しかしハダニでは，性比は 1:1 よりも雌に歪んでいることが多い（表4.1）．歪む程度は種や系統によって異なるが，ミドリハダニ属 *Sasanychus* やスゴモリハダニ属 *Stigmaeopsis* 等，一部の種では，きわめて雌に歪んだ性比がみられる．このように性比が雌に歪む説明として，Hamilton（1967）の性比理論が古くから受け入れられている．Fisher（1930）の性比理論では，個体群内でランダムに配偶が行われ，空間構造はないものと仮定されている．しかし，パッチ状に分布する生物では，それぞれのパッチ内で交配が行われるものも多い．仮に，N 個体の既交尾雌が各パッチを創設し，各パッチ内で産まれ育った子の間で交配が起こり，その後，既交尾雌が分散して新たにパッチを創設するとする．N（創始者数）が小さいと，パッチ内では同じ母親由来の雄，すなわち息子間で雌を争うことになる．このように，交配が局所的に生じ，息子（血縁者）間で雌をめぐり争う状況，すなわち局所的配偶競争（local mate competition）が起こる状況下では，母親は息子どうしの競争を緩和すべく，より娘を産むことが進化的安定戦略となる．不規則立体網（CW）型や造巣（WN）型のハダニ（6.4 節参照）はコロニーを形成するため，パッチ状に分布することが多い．また，既交尾雌が分散するのに対して雄を含めたその他の個体はコロニーにとどまる傾向がみられ，交尾は自分が産まれ育ったコロニー内で行われる（Mitchell, 1973）．このように，ハダニは局所的配偶競争が十分に期待される生態をもつことから，ハダニの雌に歪んだ性比は Hamilton（1967）の性比理論の典型的な事例として受けとめられている．また，ハダニの生態により見合うモデルとして，細分化された干し草山モデルが提唱されている（Nagelkerke and Sabelis, 1996）．干し草山モデ

表 4.1　ハダニ類の性比と生活型

属名	種名	学名	生活型*	性比 (雌の割合)	文献
ヒラタハダニ *Aponychus*	イトマキヒラタハダニ	*A. corpusae*	LW 型	0.63	(Saito and Ueno, 1979)
マルハダニ *Panonychus*	ミカンハダニ	*P. citri*	LW 型	0.74	(Gotoh *et al.*, 2003a)
	リンゴハダニ	*P. ulmi*	LW 型	0.83〜0.85	
ナミハダニ *Tetranychus*	ナミハダニ黄緑型	*T. urticae* Green form	CW 型	0.74	(Kondo and Takafuji, 1985)
	ナミハダニ赤色型	*T. urticae* Red form	CW 型	0.69	(Hazan *et al.*, 1974)
	カンザワハダニ	*T. kanzawai*	CW 型	0.66	(Kondo and Takafuji, 1985)
ミドリハダニ *Sasanychus*	ミドリハダニ	*Sa. akitanus*	CW 型	0.89	(Gotoh, 1987)
	ヒメミドリハダニ	*Sa. pusillus*	CW 型	0.91	
スゴモリハダニ *Stigmaeopsis*	ササスゴモリハダニ	*St. takahashii*	WN 型	0.87	(斎藤・高橋, 1982)
	ケナガスゴモリハダニ	*St. longus*	WN 型	0.84	
	ススキスゴモリハダニ HG 型	*St. miscanthi* HG form	WN 型	0.84	(Saito *et al.*, 2013)
	トモスゴモリハダニ	*St. sabelisi*	WN 型	0.88	
マタハダニ *Schizotetra-nychus*	カツラマタハダニ	*Sc. cercidiphylli*	WN 型	0.75	(Gotoh, 1983)
	ヤナギマタハダニ	*Sc. schizopus*	WN 型	0.83	
	カシノキマタハダニ	*Sc. brevisetosus*	WN 型	0.88	(Tamura and Ito, 2017)
ツメハダニ *Oligonychus*	トドマツノハダニ	*O. ununguis*	WN 型	0.55	(Saito, 1979)

* 生活型については，6.4 節参照（LW 型：非造網型，CN 型：不規則立体網型，WN 型：造巣型）.

ル（haystack model）とは，Hamilton のモデルでは毎世代，既交尾雌が分散するのに対して，何世代かの間はパッチ内だけで繁殖が行われるとしたモデルである（Bulmer and Taylor, 1980）．細分化された干し草山モデルでは，各パッチ（干し草山）においても交配集団が細分化されるという構造を組み入れることにより，同じ創始者数であっても Hamilton（1967）が使用したモデル以上に雌に歪んだ性比を説明することが可能とした.

4.3.3　性　比　調　節
単数倍数体では，性比調節は卵の受精調整とほぼ同じである（ただし，カ

ブリダニ科 Phytoseiidae など，受精後の父性ゲノム消失（paternal genome elimination）により単数倍数体である分類群もいる）．そのため，単数倍数体では母親による子の性比調節が期待される．実際，寄生蜂やダニにおいて局所的配偶競争に応じた性比調節の報告が多数ある．具体的には，局所的配偶競争モデルから，母親は創始者数 N が少ないとより娘を産み，N が増えるに従って娘と息子への投資比は 1 : 1 に近づくと予測される．N を変えた実験により，予測と同じ方向に子の性比が変化することが，ナミハダニ *Tetranychus urticae*（Young *et al.*, 1986；Roeder, 1992；Roeder *et al.*, 1996；Macke *et al.*, 2011a）やナミハダニ赤色型 *Tetranychus urticae* Red form（論文ではニセナミハダニ *Tetranychus cinnabarinus*）（Wrensch and Young, 1978），スゴモリハダニ属 2 種（Sato and Saito, 2007）で報告されている．一方，具体的にはどのようにして母親が性比調節をしているのかは長年不明であった．しかし近年，ナミハダニを対象とした研究により，卵の大きさが，卵が精子と出会う（＝受精する）確率に影響し，小さな卵は受精を免れやすいこと（Macke *et al.*, 2010），そして，母親は卵の大きさを変えることで産む子の性比を調節していることが示唆された（Macke *et al.*, 2012）．また，同じくナミハダニを対象に，異なる強度の局所的配偶競争で数世代選択した室内実験では，強い局所的配偶競争にさらされた系統では子の性比調節能力が低下し，常に雌に偏った性比で子を産むようになるが，穏やかな局所的配偶競争にさらされた系統では，子の性比調節能力が保持されていた（Macke *et al.*, 2011a）．この性比調節能力の低下は，常に強い局所的配偶競争にさらされて，調節能力が必要とされなくなった結果なのか，近親交配（inbreeding）が進み，近交弱勢（inbreeding depression）が起こった結果なのかはまだわかっていない（Macke *et al.*, 2011a）．　　　　　　　　　　　　　　　　（佐藤幸恵）

4.4 共 生 微 生 物

4.4.1 共生微生物とは

節足動物では，さまざまな内部共生微生物の存在が知られている．アブラムシの細胞内共生細菌であるブフネラ *Buchnera* は体腔にある菌細胞に収納されており，微生物と宿主が絶対的な相互依存関係にあって，相互不可分な相利共生を営んでいる（石川, 2000）．つまり，共生微生物が宿主体内から消えてしまうと宿主自身の生活が成り立たない．一方，それらとはまったく異なる作用をもつ

非病原性の微生物が知られている．これらの微生物が宿主の体内から消えても宿主自身の生活にほとんど影響がないことから「ゲスト微生物」（石川，1994），あるいはたとえ宿主に不利益をもたらしたとしても自分自身の繁栄を図るために巧妙に宿主の生殖を操作することから，利己的遺伝因子あるいは生殖操作因子（野田，1999；陰山，2007）といわれている．これらの生殖を操作する微生物のなかで最もよく研究されているのは，α-Proteobacteria に属するボルバキア *Wolbachia* 細菌であり（Bourtzis and Miller, 2003, 2006），節足動物の約52％に感染していると推定されている（Weinert *et al.*, 2015）．*Wolbachia* は母系遺伝（垂直感染）するほか，分類群の異なる宿主に水平感染することも知られている（星崎，1998）．*Wolbachia* は感染した宿主（昆虫，甲殻類，ハダニ類，センチュウ）に対して，細胞質不和合性（cytoplasmic incompatibility, CI），単為生殖の誘導（parthenogenesis induction, PI），遺伝的雄の機能的雌化（feminization of genetic male, FM），そして雄殺し（male killing, MK）という4種類の生殖異常を誘導する（後藤，2009）．

　同じ α-Proteobacteria のリケッチア *Rickettsia* は昆虫に PI と MK（Werren *et al.*, 1994），アナプラズマ科メセネト *Mesenet* はキムネクロナガハムシ *Brontispa longissima* に CI（Takano *et al.*, 2017, 2021）；γ-Proteobacteria のアルセノフォナス *Arsenophonus* は寄生蜂に MK（Taylor *et al.*, 2011；Hornett *et al.*, 2022）；Mollicutes のスピロプラズマ *Spiroplasma* はさまざまな昆虫に MK（Majerus *et al.*, 1999）；Bacteroidetes のカルディニウム *Cardinium* は昆虫，ハダニ類，センチュウに CI，PI，FM を誘導する（Weeks *et al.*, 2001；Zchori-Fein *et al.*, 2001；Hunter *et al.*, 2003；Gotoh *et al.*, 2007a）．微胞子虫類（Microsporidia, 単細胞真核生物）の Dihaplophasea に属するノゼマ *Nosema* やディクティオコエラ *Dictyocoela* などはヨコエビ類に FM（Terry *et al.*, 1998, 2004；Cormier *et al.*, 2021），アンブリオスポラ *Amblyospora* やパラセロハニア *Parathelohania* などは蚊の終齢幼虫に MK を誘導する（Kageyama *et al.*, 2012；陰山，2015；Andreadis *et al.*, 2018；Hornett *et al.*, 2022）．Durnavirales 目 Partitiviridae 科のウイルスはチャハマキ *Homona magnanima* とヤマカオジロショウジョウバエ *Drosophila biauraria* に MK（Fujita *et al.*, 2021；Kageyama *et al.*, 2023），Tolivirales 目のウイルスはハスモンヨトウ *Spodoptera litura* に MK を誘導する（Nagamine *et al.*, 2023）．これらのうち，ハダニ類には *Wolbachia*, *Rickettsia*, *Spiroplasma*, *Cardinium* が共生するものの，*Rickettsia* と *Spiroplasma* による

生殖に関する作用は不明であり，さらに *Spiroplasma* はナミハダニ *Tetranychus urticae* とイシイナミハダニ *Tetranychus truncatus*，*Rickettsia* はナミハダニとミツユビナミハダニ *Tetranychus evansi* に感染することが知られているのみである（Enigl and Schausberger, 2007；Zhang *et al.*, 2016；Zele *et al.*, 2018a）.

4.4.2 細胞質不和合性

細胞質不和合性を誘導することが最もよく知られているのは *Wolbachia* であり，感染雄×非感染雌の交配において孵化率と雌率の低下という生殖不和合性が誘導され，その他の組合せ（感染雄×感染雌，非感染雄×感染雌，非感染雄×非感染雌）では正常な孵化率や雌率を示す（O'Neill *et al.*, 1997）. 微生物が関与する不和合性において，倍数倍数性の生物では子孫がまったく出現しない一方，単数倍数性の生物では雌子孫が受精卵から発育してくるので，雌子孫の出現が大きく減少する.

Wolbachia による細胞質不和合性は，微生物に感染した雄由来の精子に何らかの因子または物質が作用して非感染卵に致死作用をもたらす（modification）が，その精子と同じ系統の微生物に感染している卵に入ると正常に発育することから modification の効果を救済する情報または物質が存在する（rescue）と考えられている（野田，1999）. したがって，異なる *Wolbachia* 系統に感染している個体群どうしでは互いに不和合になる. ハダニやカブリダニで *Wolbachia* が初めて報告されたのは 1996 年であるが，いずれも特異的プライマーを使って感染していることを報告したのみである（Breeuwer and Jacobs, 1996；Johanowicz and Hoy, 1996；Tsagkarakou *et al.*, 1996）. *Wolbachia* が細胞質不和合性を誘導することは，ナミハダニ・赤色型と *Tetranychus turkestani* の感染個体に抗生物質を処理して微生物を除去した個体と感染個体の交配によって示された（Breeuwer, 1997）. その後，オキシデンタリスカブリダニ *Galendromus occidentalis*（Johanowicz and Hoy, 1998），ナミハダニ（Perrot-Minnot *et al.*, 2002；Gotoh *et al.*, 2007b），ブナカツメハダニ *Oligonychus gotohi*（Gotoh *et al.*, 2003b），クワオオハダニ *Panonychus mori*（Gotoh *et al.*, 2005）などで細胞質不和合性の誘導が確認されている. なお，細胞質不和合性を誘導する *Wolbachia* に感染しているナミハダニの雌成虫は，非感染雌に比べてより大きい卵を産み，雌雄成虫のサイズ増加に寄与している（Wybouw *et al.*, 2023）. 同様に細胞質不和合性を誘導する *Wolbachia* に感染しているナミハダニ個体の解毒酵素遺伝子の発現量は

非感染個体より増加しており，アバメクチンなどに対する薬剤感受性レベルを大幅に低下させている（Ye *et al.*, in press；昆虫における共生微生物と薬剤の解毒については，Blanton and Peterson, 2020 を参照）．

　2001 年に *Cardinium* 細菌が見つかり，*Wolbachia* と同様に，寄生蜂やスギナミハダニ *Eotetranychus suginamensis* に細胞質不和合性（Hunter *et al.*, 2003；Gotoh *et al.*, 2007a）を誘導することが明らかにされた．ビラハダニ亜科の一種 *Bryobia sarothamni* に寄生している *Cardinium* は，ハダニ類でこれまでに知られているなかで最も強い細胞質不和合性（雌率 2.5 %）を誘導することが知られている（Ros and Breeuwer, 2009）．

4.4.3　単為生殖の誘導

　単為生殖には受精しないと単数体（n）の雄になる産雄単為生殖（arrhenotoky）と，単為生殖によって雌ばかりが出てくる産雌単為生殖がある（4.3 節参照）．*Wolbachia* 感染による寄生蜂における単為生殖の誘導は，減数分裂の途中または有糸分裂初期に染色体の融合（gamete duplication）が起こって倍数体になることによると考えられている（Cook, 1993）．一方雄の存在が知られていないビラハダニ Bryobiinae 亜科の *Bryobia* spp. では，雌が単為生殖を行って雌を産出することが知られている．*Wolbachia* に感染しているクローバービラハダニ *Bryobia praetiosa* などでは，抗生物質処理によって *Wolabachia* を除去すると単数体の雄成虫が出現したことから，*Wolbachia* 感染によって産雌単為生殖が誘導されていることがわかった（Weeks and Breeuwer, 2001）．クローバービラハダニなどの雌についてマイクロサテライト遺伝子座で調査した結果，倍数体（ヘテロ接合体）であったので，単為生殖の誘導が非減数分裂的（体細胞分裂的）に起こって雌子孫が出現するアポミクシス（apomixis）のタイプである（Adachi-Hagimori *et al.*, 2008；Burt and Trivers, 2010）．

4.4.4　遺伝的雄の機能的雌化

　雄成虫がほとんどいないヒメハダニ科のミナミヒメハダニ *Brevipalpus phoenicis* などの染色体は n＝2 であり，2n＝2 ではないことが放射線を処理して産出した雄の染色体数や DNA 量によって明らかにされ，単数体産雌単為生殖を行う種として知られていた（Pijnacker *et al.*, 1981）．その後，*Cardinium* 細菌の感染によって遺伝的には単数体（n）の雄であるのに，微生物の作用によって雌

化され，非減数分裂的に単数体の雌子孫のみが出現することが明らかにされた．
つまり，抗生物質処理によって微生物を除去したところ，本来の性である雄成虫
が出現したのである（Weeks *et al.*, 2001）．また従来の知見どおりに単数体産雌
単為生殖であることがマイクロサテライト遺伝子座を使って再度証明されている
（Weeks *et al.*, 2001）．染色体数が n＝1 という節足動物はきわめて稀であり，こ
れまでにアリの一種で知られているにすぎない（Imai *et al.*, 1988）．

なお，ハダニ類では雄殺しを誘導する微生物の存在は知られていない．

4.4.5　生殖を操作しない微生物の系統

上述した微生物に感染していても昆虫やハダニ類の生殖に何ら影響を及ぼさ
ない，つまり生殖を操作しない *Wolbachia* と *Cardinium* の系統が知られている
（Hoffmann *et al.*, 1994；Gomi *et al.*, 1997；Gotoh *et al.*, 2003b, 2007a）．長い間，
これらの生殖操作しない系統の存在理由は不明であったが，最近これらの微生物
の単感染や *Wolbachia* と *Spiroplasma* の二重感染がハダニ類の生活史にさまざ
まな影響を及ぼしていることがわかってきている．

ナミハダニ・赤色型は，アサガオとズッキーニでは *Wolbachia* 感染雌が産ん
だ卵の孵化率が非感染雌よりも低下した一方，アサガオとナスでは感染雌の子孫
の性比が非感染雌の性比より雌に偏ることがわかっている（Zele *et al.*, 2018b）．

Wolbachia と *Spiroplasma* に二重感染しているイシイナミハダニを抗生物質
tetracycline で処理した非感染雌をインゲンマメで飼育すると，無処理の個体に
比べて産卵数が有意に減少した．また，トマトで飼育すると感染雌の産卵数が非
感染雌に比べて 26％以上増加した（Zhu *et al.*, 2019）．二重感染雌と非感染雌で
はトマトの植食者への防御物質であるジャスモン酸（jasmonic acid，JA）とサ
リチル酸（salicylic acid，SA）の分泌量に差がなかったものの，これらの遺伝
子発現量は二重感染雌のほうが低く，かつ遊離アミノ酸をより多く消費してい
たので，これが産卵数増加に影響していると考えられている．このように二重感
染しているイシイナミハダニは寄主植物の防御物質を操作している可能性があ
る（Zhu *et al.*, 2020）．さらに *Wolbachia* と *Spiroplasma* に二重感染しているイ
シイナミハダニでは，雄の適応度を増加させることも知られている（Xie *et al.*,
2020）．二重感染している未交尾雌が産んだ卵の孵化率（0.97）は，*Wolbachia*
単感染（0.94）や *Spiroplasma* 単感染（0.92）の孵化率との間に有意な差はなかっ
たが，非感染雌が産んだ卵の孵化率（0.87）よりも有意に高かった．さらに発

育期間は他の 3 系統よりも有意に短縮し，それぞれ 9.71, 9.90, 9.80, 10.13 日であった．*Cardinium* と *Wolbachia* に二重感染しているリンゴハダニ *Panonychus ulmi* では，*Wolbachia* 単感染に比べて雌の発育期間が延長し，産卵数も減少するという負の作用があった（Haghshenas-Gorgabi *et al.*, 2023）．このように，生殖操作をしない微生物は感染個体の生活史にさまざまな影響を及ぼしていることが明らかになりつつある．

　なお，昆虫ではアズキノメイガ *Ostrinia scapulalis* の培養細胞に雌化 *Wolbachia* を移植して雌化にかかわる 2 つの遺伝子が突き止められたこと（Herran *et al.*, 2022），アワノメイガ *O. furnacalis* とカイコガ *Bombyx mori* において *Wolbachia* の雄殺し遺伝子が特定されたこと（Katsuma *et al.*, 2022），ショウジョウバエに共生しているウイルスが雄殺し遺伝子をコードしていること（Kageyama *et al.*, 2023）など，遺伝子レベルでの生殖操作メカニズムの解明が進んでおり，今後ハダニ類におけるこの分野への研究の進展が望まれる．

（後藤哲雄）

🕷 4.5 ● 休　　　　眠 🕷

　ハダニは極寒や酷暑の時期を休眠（diapause）という手段で回避する．休眠中のハダニは内分泌系に支配された特殊な発育（休眠発育，diapause development）を行っており，それらのハダニを好適な環境に戻してもしばらくは通常の活動に戻らない．この点で，低温や飢餓などの直接的な作用による発育停止（quiescence）と休眠は大きく異なる（Tauber *et al.*, 1986）．

　ハダニ科では越冬休眠（hibernal diapause）と越夏休眠（夏眠，aestival diapause）が知られている．越冬休眠はナミハダニ亜科 Tetranychinae とビラハダニ亜科に広くみられるが，越夏休眠はビラハダニ亜科に限られる（Veerman, 1985）．本節ではナミハダニ亜科の越冬休眠（以下，単に休眠という）について概説する．

4.5.1　休眠ステージ

　ビラハダニ亜科の多くの種は卵で休眠するが（Veerman, 1985；Zhang, 2003），ナミハダニ亜科の休眠ステージは種によって異なり，通常は卵か雌成虫のいずれか一方である（表 4.2）．卵休眠の場合は，秋になると雌成虫の体色や行動が変

表4.2　ナミハダニ亜科の休眠ステージと寄主植物の性質（Veerman, 1985；江原・後藤，2009；Saito,
2010をもとに作成）

属[a]	種	ステージ	おもな寄主[b]		備考
クダハダニ属	オウトウ	雌成虫	サクラ	D	
	ミズナラクダ	雌成虫	ミズナラ	D	
ヒラタハダニ属	イトマキヒラタ	雌成虫	ササ	E	
	タイリクヒラタ	卵	アオギリ	D	
アケハダニ属	エノキアケ	雌成虫	エノキ	D	
	クリアケ	雌成虫	クリ	D	
	シナノキアケ	雌成虫	シナノキ	D	
	オオカエデアケ	雌成虫	カエデ	D	
	ヒメカエデアケ	雌成虫	カエデ	D	
	スギナミ	雌成虫	クワ	D	
	カジノキアケ	雌成虫	カジノキ	D	
	ハンノキアケ	雌成虫	ハンノキ	D	
	ウチダアケ	雌成虫	ニレ	D	
	クルミアケ	雌成虫	クルミ	D	
	スミスアケ	卵	イチゴ	E	（芦原，2001）
	コウノアケ	なし	ミカン	E	
	ミヤケアケ	なし	ミカン	E	
ツメハダニ属	カラマツツメ	卵	カラマツ	D	
	クリノツメ	卵	クリ	D	
	ブナカツメ	卵	マテバシイ	E	
	ニョゴツメ	なし	マテバシイ	E	
	マンゴーツメ	なし	マンゴー	E	
	ウスコブツメ	卵	ツツジ	E	
	エゾスギツメ	卵	スギ	E	
	トドマツノ	卵	トドマツ	E	
	スギノ	卵	スギ	E	
ミドリハダニ属	ミドリ	雌成虫・卵	ササ	E	
	ヒメミドリ	卵	ササ	E	
マルハダニ属	クワオオ	卵	クワ	D	
	エルムマル	卵	ニレ	D	
	リンゴ	卵	リンゴ	D	
	ササマル	卵	リリ	E	
	ミカン	なし	ミカン	E	
	モクセイマル	なし	キンモクセイ	E	
マタハダニ属	カツラマタ	卵	カツラ	D	
	サヤマタ	卵	クズ	D	
	ヤナギマタ	卵	ヤナギ	D	
	カシノキマタ	雌成虫・卵	カシ	E	（Ito and Yamanishi, 2019）
	シイノキマタ	なし	シイ	E	冬季は成虫と卵だけになる
	ヒメササマタ	卵	ササ	E	

表 4.2　つづき

属[a]	種	ステージ	おもな寄主[b]	備考
スゴモリハダニ属	タケスゴモリ	雌成虫	タケ	E
	ケナガスゴモリ	雌成虫	ササ	E
	ススキスゴモリ HG 型	雌成虫	ススキ	E
ナミハダニ属	ナミ（黄緑型）	雌成虫	多種	
	ナミ（赤色型）	なし	多種	コラム 2 参照
	ナミハダニモドキ	雌成虫	クズ	D （Suwa and Gotoh, 2006）
	カンザワ	雌成虫	多種	
	アシノワ	なし	多種	成虫休眠の報告もある
	ナンゴクナミ	なし	多種	（Takafuji and Gotoh, 1999）
	ミヤラナミ	なし	多種	（Takafuji and Gotoh, 1999）
	ミツユビナミ	なし	ナス	外来種
ケウスハダニ属	ケウス	雌成虫・卵	ササ	E

和名は「ハダニ」を略した（ナミハダニモドキを除く）.
[a] いくつかの属は単系統ではないことがわかっている（Matsuda *et al*., 2014, 2018）. 簡略化した図は 140 ページ（図 6.4）に掲載.
[b] D：落葉性，E：常緑性.

化する（冬型雌や休眠卵産下雌と呼ばれる）. その雌が産んだ卵は胚発生の途中で発育が停止し，そのまま翌春まで過ごす（Gotoh *et al*., 1994）. また，成虫休眠の場合は，雌成虫の体色や行動が変化し，卵巣の発育が停止した状態で自身が越冬する（Kawakami *et al*., 2009）.

　ナミハダニ亜科の休眠ステージは属レベルでおおむね決まっており，たとえばナミハダニ属やアケハダニ属では成虫休眠の種が多く，マルハダニ属やツメハダニ属では卵休眠の種が多い（表 4.2）. しかし，同じ属のなかでも休眠ステージが他と異なる例が散見され，たとえばアケハダニ属のスミスアケハダニ *Eotetranychus smithii* は卵休眠をする（Takano *et al*., 2017, 2021）. また，ナミハダニ属のなかでも沖縄に生息するナンゴクナミハダニ *Tetranychus gloveri* などは休眠性を示さない（Takafuji and Gotoh, 1999）. ブナ科に寄生するブナカツメハダニ *Oligonychus gotohi* の近縁種群でも，常緑性のマテバシイに寄生するニョゴツメハダニ *Oligonychus amiensis* は休眠性を失っている（Shimazaki *et al*., 2019）.

　複数のステージで越冬する種もある. 北海道のササ群落に生息するミドリハダニ *Sasanychus akitanus* は卵と雌成虫の両方で休眠する（つまり，冬型雌が休眠卵を産んで自身も越冬する）が，近縁種のヒメミドリハダニ *Sasanychus pusillus*

は卵休眠である（Gotoh 1986b, c）．また，ミドリハダニと同所的に生息するケ
ウスハダニ *Yezonychus sapporensis* も卵と雌成虫の両方で越冬し（Saito, 2010），
卵の形状や雌成虫の体色から判断するにおそらくいずれも休眠している．また，
常緑性のアラカシに寄生するカシノキマタハダニ *Schizotetranychus brevisetosus*
は卵の濃赤色などから判断するに卵休眠ではあるが，冬型雌は 11 月以降に越冬
卵を産み始め，2 月には雌と卵だけになり，3 月に至りようやく雌が死亡する（Ito
and Hamada, 2018；Ito and Yamanishi, 2019）．このパターンは，リンゴハダニ
Panonychus ulmi などのように冬が訪れる前に冬型雌が死亡する典型的な卵越冬
のパターンとは大きく異なる．以上のように，休眠ステージに関して系統的な制
約は絶対的なものではなく，また同じ休眠ステージでも越冬パターンは生息環境
に応じて柔軟に進化する．

a.　成虫休眠種の生態

　ナミハダニ（黄緑型，以下同じ）*Tetranychus urticae* などの成虫休眠種の雌
は越冬期になると樹皮や落葉に潜伏して越冬する（Uchida, 1980）．「休眠」とい
う言葉から，冬の間ずっと眠っていることを想像するかもしれないが，繁殖こそ
しないものの多少の歩行や摂食は可能である．また，温暖で冬季に寄主植物が利
用できる環境では，一部の個体が休眠をせずに繁殖を続けるため，すべてのステー
ジが冬季にみられる（So and Takafuji, 1991；Takafuji *et al.*, 1991）．

　休眠雌の体色は種によってオレンジ色，黄色，または赤色となる．たとえば，
ナミハダニの雌は休眠すると鮮やかなオレンジ色になる．これはアスタキサン
チンなどのケトカロテノイドの体内への蓄積によるものである（van der Geest,
1985；Kawaguchi, *et al.*, 2016；Bryon *et al.*, 2017a；Wybouw *et al.*, 2019）．体色
は多くの研究で休眠と非休眠の判別に使われてきたが，その示すところはしば
しばあいまいである．たとえばナミハダニモドキ *Tetranychus pueraricola* では
20℃・10 時間日長（20℃/10 L）の低温短日条件で発育した雌成虫はまず産卵を行っ
てからオレンジ色になり，その後に摂食を停止する（Ito *et al.*, 2013）．すなわ
ち，体色は成虫期の摂食や繁殖の状態を完全には反映していない．むしろ，休眠
誘導には摂食が必要であることがナミハダニで示されている（Kawaguchi *et al.*,
2016）．スゴモリハダニ属のススキスゴモリハダニ HG 型 *Stigmaeopsis miscanthi*
HG form やトモスゴモリハダニ *Stigmaeopsis sabelisi* でも，冬季における野外の
休眠雌は明るいオレンジ色であるが，実験的に低温短日条件（18℃/9 L）で発育
させた雌は繁殖は停止するが着色はしない（Saito *et al.*, 2002, 2005）．すなわち，

雌成虫の繁殖停止と体色の変化は同調しない．

　休眠個体がケトカロテノイドを体内に蓄積する生態的な意義ははっきりしないが，ケトカロテノイドがもつ抗酸化作用と関係しているかもしれない．太陽から照射される紫外線（UV-B）は活性酸素を生み出し，ハダニの細胞に損傷を加える（Murata and Osakabe, 2013；Suzuki *et al.*, 2014）．ナミハダニの休眠個体は林床への UV-B 照射量が増える時期に着色するが，これはケトカロテノイドを蓄積して UV-B の悪影響を和らげるための適応かもしれない（Suzuki *et al.*, 2009）．ナミハダニの非休眠個体と休眠個体はともに UV-B を避けるが，非休眠個体は可視光線を選好し休眠個体ではその選好性が消失するという違いがある（Suzuki *et al.*, 2013）．この結果は，非休眠雌が UV-B が届きにくい寄主葉の裏にとどまり，休眠雌は葉から逸脱して暗所に速やかに移動することをよく説明している．

b.　卵休眠種の生態

　卵休眠種ではリンゴハダニ，クワオオハダニ *Panonychus mori*，クリノツメハダニ *Oligonychus castaneae* など落葉果樹に寄生する害虫種が目立つ（表 4.2）．これらの冬型雌は秋になると移動性が高まり，葉ではなく樹皮に産卵するようになる（Lees, 1953；Shinkaji, 1975；Fujimoto and Takafuji, 1990）．冬型雌が多発すると樹皮や冬芽が休眠卵で覆われてしまうこともある．一般に，休眠卵のほうが夏卵より大きく赤味が濃い（Shinkaji, 1975；Gotoh and Kameyama, 2014；Ito and Yamanishi, 2019）．また，ワックス層が発達して夏卵より硬くなる（Veerman, 1985）．ただし，常緑の寄主を利用するヒメササマタハダニ *Schizotetranychus recki* などの冬型雌は葉面に休眠卵を産み，卵の外見も夏卵と大きな違いはない．また，カシノキマタハダニの冬型雌は濃赤色の卵を葉脈沿いに集中的に産むようになるが，樹皮には決して産みつけない（Ito and Yamanishi, 2019）．

　冬季に寄主が利用できるかどうかはハダニの越冬パターンの進化に大きく影響する．休眠は寒さなどに対する適応と思われがちだが，寄主植物の季節性（phenology）に対する適応でもある．たとえば，落葉樹の上では休眠卵があまりに早く孵化すると幼虫は全滅するし，遅すぎると繁殖のチャンスを失う．寄主の季節性は休眠の誘導条件や深さなどに強い選択圧を及ぼしている．

4.5.2 休眠誘起のシグナル

a. 日 長

　生物が昼の長さ（明期）と夜の長さ（暗期）の変化に応じて示す現象を光周性（photoperiodism）という．一般にハダニの休眠は発育中の日長（daylength，1日のうちの明期の長さ）に応じて誘導される．休眠する個体の割合（休眠率）は日長に対してシグモイド型の曲線を描き，短日になるほど休眠が誘導されやすい（図4.7A, B）．このパターンは，春や夏に発育した個体が繁殖を続け，秋に発育した個体が休眠するハダニの生活環を反映している．休眠率が50％になる日長を臨界日長（critical daylength）と呼び，休眠が起こる時期の目安となる．

　ハダニは一生のうちどのステージで日長を感知するだろうか．成虫休眠をするナミハダニでは，幼若虫における感受性が最も強く成虫期にはほぼ消失する（Parr and Hussey, 1966；Shinkaji, 1975；Veerman, 1977）．なお，ナミハダニ属では休眠を誘導する短日条件で若虫期の発育が遅れることから，休眠誘導と発育が関連していると考えられる（Ito, 2005；Suzuki and Takeda, 2009）．しかし，カンザワハダニ *Tetranychus kanzawai* やススキスゴモリハダニ HG 型，トモスゴモリハダニでは 18℃/15 L で発育させた雌成虫を 18℃/10 L に移すと産卵を停止するため，これらの種では成虫にも日長に対する感受性があることは明らかである（Saito *et al.*, 2005）．このように，同じ属であっても種によって感受期が異なることがわかる．

　また，同じ種でも個体群間で光周反応や臨界日長には違いがある．一般に，臨

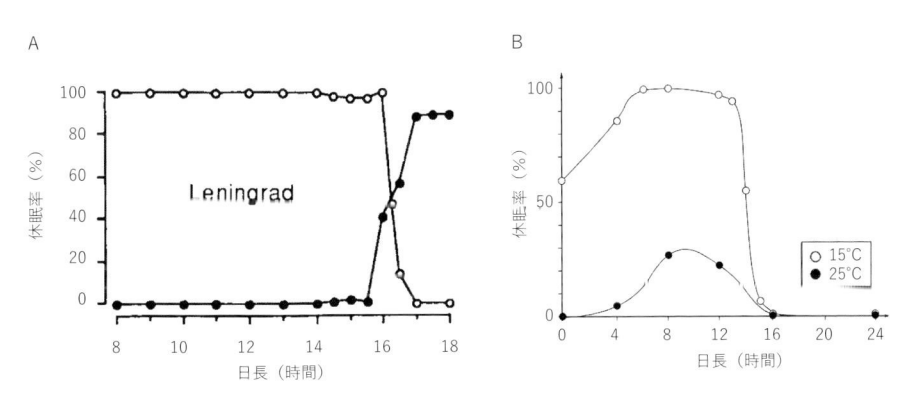

図 4.7　光周反応（A-B）
A：ナミハダニの休眠誘導○と覚醒●（19℃）（Koveos *et al.*, 1993）．B：リンゴハダニの卵休眠（冬型雌の出現率）．15℃ ○，25℃ ●（Lees, 1953）．

界日長は高緯度になるほど，また標高が高いほど長くなる（図4.8）．高緯度で
は気温が低いため，日長が長いうちに休眠誘導しないと冬が訪れる前に幼若虫が
発育を完了できないためである．実際，ナミハダニやカンザワハダニに関して，
本州の個体群の休眠率は沖縄や台湾のものに比べて顕著に高い（Takafuji *et al.*,
2003）．また，冬季に草本寄主が利用できる個体群では一部の成虫が繁殖できる
ため休眠率が低い傾向にある（Takafuji *et al.*, 1991）．また，個体群内でも変異
がある．ナミハダニの個体群から複数の雌を無作為に取り出し，それぞれの子孫

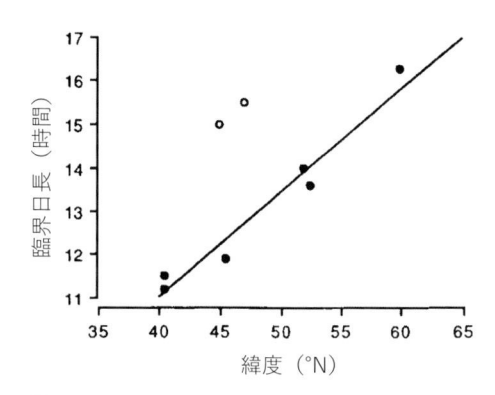

図4.8 ナミハダニにおける緯度と臨界日長の関係
（19℃）（Koveos *et al.*, 1993）

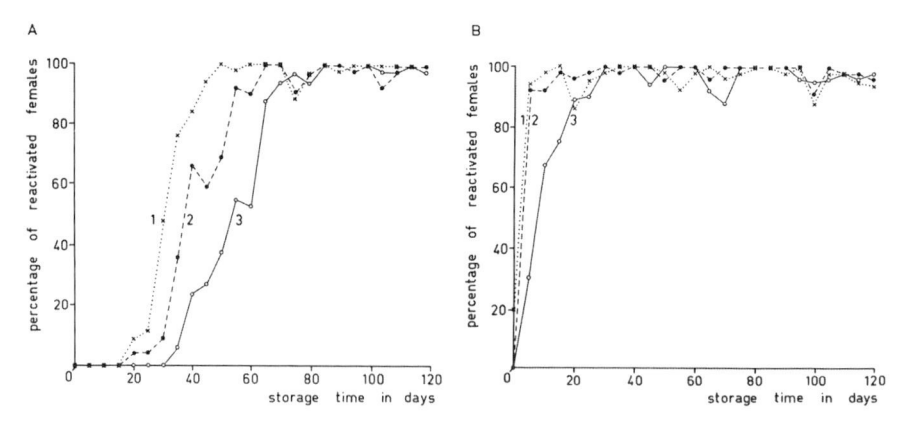

図4.9 ナミハダニにおける，4℃の冷却処理日数（横軸）と冷却後の活動温度（1-3）が休眠覚醒に及ぼ
す影響（Veerman, 1977）
処理条件：（A）10 L，（B）16 L．1：23℃，2：20℃，3：17℃．A，B を見比べると，いずれの温度区でも長
日条件での覚醒が早く，必要な冷却処理も短い．

から近親交配系統を作ったところ, それらの系統は互いに異なる光周反応 (Helle, 1968) や温度に対する反応 (Takafuji *et al.*, 1991；Ito, 2014) を示した. これらの結果は休眠が量的形質であり, 休眠誘導に関与する遺伝子座について個体群内に十分な遺伝的変異が保たれていることを示す.

　ハダニが休眠発育を終えて通常の活動を再開することを休眠覚醒や休眠終結 (diapause termination) と呼ぶ. 休眠覚醒の定義はさまざまであるが (Hodek, 1996), 成虫休眠を行うハダニでは休眠誘導後に産卵を開始した日を指標とすることが多い. 休眠覚醒も誘導と同様に日長に強く影響され, 長日条件では覚醒が早まる (Veerman, 1977；Koveos and Veerman, 1994) (図 4.9). 休眠覚醒に必要な日長は休眠誘導のときと似るようである (図 4.7A). Kroon *et al.* (1998) はオランダのナミハダニ個体群の休眠雌は 12 L を境とした長日条件で一斉に覚醒することから, 休眠誘導と同様な時間を測る仕組み (光周時計) があると述べている.

b. 温　度

　低温は休眠誘導に必要な条件であり, 卵休眠と成虫休眠を問わず高温条件で発育すると休眠が起こりにくい. その程度は種によって異なり, 25℃で成虫休眠が完全に回避されるナミハダニのような種もあれば, 冬型雌の割合が下がるだけのリンゴハダニのような種もある (Lees, 1953；図 4.7B). いずれにせよ, 秋季の温度が高ければ冬の到来を前にさらに世代を重ねる可能性があるため, このような反応は理にかなっている.

　気温は年次変動が大きいので, 季節を正確に知るための手がかりとしては日長に劣る (Danks, 1987). 実際, 低温条件だけで休眠が起こる種は稀である. ノイバラに寄生するスミスアケハダニの卵休眠は母親が 17.5℃以下で発育するだけで誘導され, 20℃以上では休眠が回避される (Gotoh and Kameyama, 2014). また, 発育中の平均温度が重要であり, 高温・低温の温度周期は影響しない (Takano *et al.*, 2021). Matsuda *et al.* (2014, 2018) の系統樹によると, 本種と同じクレードに属する種の多くは成虫休眠であり, しかもこのような温度への感受性は報告されていないことから, 本種は日長への感受性を二次的に失ったと考えられる. 一方, 芦原 (2001) は本種について部分的な日長感受性を報告している. 芦原は, 落葉するブドウでは休眠卵のみが越冬し, 半常緑のキイチゴやオランダイチゴでは卵と雌成虫の両方が越冬することを観察している. このような冬季の寄主の有無が休眠誘導に必要なシグナルの種類に影響しているのかもしれない.

　休眠覚醒にも温度が関係する．寒帯や冷帯の個体群は休眠が深く，休眠覚醒には 0℃付近の冷却処理（chilling treatment）が必要である（図4.9）．冷却処理を長くすると休眠の覚醒は促進される(Veerman, 1985；Ito, 2004)．これらの反応は，一時的に環境が好転しただけの不適当な時期に発育を開始すること（不時発育，untimely development）を避ける効果があるとされている．しかし，一般に温帯の個体群では眠りが浅く，冷却処理をしなくても多くの個体が活動を再開する．静岡のカンザワハダニでは 12 月末には休眠覚醒が完了しており，この時期に採集した雌成虫を 15℃で飼育すると 9 L と 15 L のいずれの日長条件でも 1 週間以内に産卵する．ただし，野外では低温による休止状態にあるため，産卵はそれ以降になる（Mochizuki and Takafuji, 1996）．なお，成虫休眠種の雌成虫は休眠覚醒後も相当の低温耐性を保っており（Cone and Wildman, 1988），通常の寒さでは凍死することはない（4.5.3 項も参照）．このように，温帯では休眠と休止の 2 つのフェーズで越冬が行われており，それらの境界は曖昧であるため，しばしば「休眠」という用語に関する混乱のもととなる．

c.　寄主植物

　同じ低温短日条件でも，質の良い葉（新鮮な葉や好適な寄主植物の葉）でハダニを育成すると休眠率が低下する（図4.10；成虫休眠：Bengston, 1965；Parr and Hussey, 1966；清水・花香，1975；Ito, 2003；Ito and Saito, 2006，卵休眠：Lees, 1953；Shinkaji, 1975）．このような葉の質に応じた表現型可塑性（phenotypic plasticity）は，寄主の質が時間的・空間的に変化する生息環境では特に重要である(Takafuji and Tsuda, 1992；Tsuda *et al.*, 1997)．成虫休眠の場合，質の良い葉では秋に産下された卵の多くが成虫化できるが，質の悪い葉では発育速度の低下や成熟個体の繁殖力の低下を招くため（Wrensch and Young, 1978），このような可塑性が有利なのだろう．なお，日長の場合と異なり，葉の質を感知するステージはほとんど調べられていないが，カンザワハダニでは幼若虫にある(Ito, 2010)．

　1950 年頃までは葉の質が休眠を誘導する主要因であると考えられていた(Veerman, 1985)．しかし，Bondarenko（1950）や Lees（1953）以降の研究から，現在では葉の質は休眠誘導においてマイナーな効果しかもたないとされている．ただし，卵休眠をするリンゴハダニ，クリノツメハダニ，カツラマタハダニ *Schizotetranychus cercidiphylli* などでは長日条件でも劣化した葉の上では冬型雌が生じることから（Gotoh, 1989；Lees, 1953；Shinkaji, 1975），寄主の質だけで

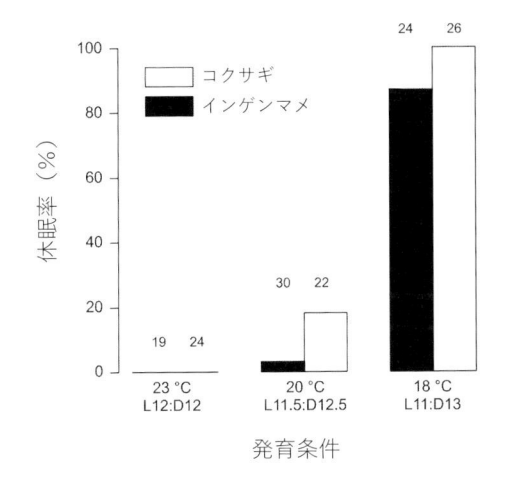

図 4.10　3 つの環境条件におけるカンザワハダニの休眠率
コクサギ *Orixa japonicus* はインゲンマメ *Phaseolus vulgaris* L. より質の
劣る寄主であり，その上では休眠しやすい（Ito and Saito, 2006）.

休眠が誘導される種がさらに発見される可能性がある.

d.　母性効果

　母親が経験した環境条件が次の世代に影響することを母性効果という. なお，
細胞質遺伝の効果のことも母性効果と呼ぶが（Bryon *et al.*, 2017b；Goka and
Takafuji, 1990, 1991），それとは区別する. 卵休眠種では母親が経験するシグナ
ルによって卵（次世代）の休眠・非休眠が決まるため明らかに母性効果があるが
（Mousseau, 1991），成虫休眠種における研究例は少ない. Danilevskii（1965）は
Geyspits（1960）が維持したナミハダニ系統の臨界日長が母親の世代の温度条件
によって変わることを受け，その生態的意義は不明としながらも「ナミハダニの
光周反応がきわめて可塑性にとみ,前世代の環境条件によって影響されることは,
疑う余地のない事実である」と断じている. しかし, Geyspits は親世代を集団で
取り扱ったことから遺伝と環境の効果が十分に分離できなくなっている. Oku *et
al*（2003）はナミハダニとカンザワハダニを使って母親が異なる日長条件や密度
条件を経験した場合の次世代の休眠率を調べ，両種が異なる母性効果を示すこと
を発見した. たとえば，幼若虫期に多くの雌成虫と過ごしたナミハダニの雌は休
眠しやすい娘を産んだが, カンザワハダニではその傾向は見られなかった. この
違いは両種の移動性の違いにあるのかもしれない（Kondo and Takafuji, 1985）.
移動性の低いナミハダニでは，親世代における高密度が次世代の寄主葉の劣化を

知らせるシグナルであると解釈される．一方，他の寄主植物に移動する傾向の強いカンザワハダニでは，親世代の密度はさほど信頼のおけるシグナルではないのかもしれない．

4.5.3 低温耐性

休眠に入ると低温，乾燥，薬剤，飢餓，水没，紫外線，毒などに対する耐性が高まる．各種のストレス耐性についてはきわめて多くの生理学的研究があるため，ここでは低温耐性（耐寒性，cold tolerance）について概説するにとどめる．詳細は Veerman（1985），Khodayari *et al.*（2012，2013），Bryon（2013，2017b）を参照されたい．

一般に休眠個体は非休眠個体より低温耐性が高い（Stenseth, 1965）．低温耐性には2種類あり，体液中に不凍化物質の糖類を高濃度で蓄積することにより凍結を防ぐ凍結回避性と，体液中にペプチド性の氷核物質を含んで凍結を許す耐凍性（凍結耐性）である．ハダニは凍結回避性であると考えられる（Khodayari *et al.*, 2012；Veerman, 1985）．低温耐性の研究では，一定の率で温度を下げていき体液が凍結する温度（過冷却点，super cooling point, SCP）を調べることがある．秋以降，SCP はしばしば−30℃〜−20℃まで低下する（Veerman, 1985）．米国（ワシントン州）のホップ畑に生息するナミハダニでは，秋には非休眠雌でも SCP は約−20℃まで低下し，12月の休眠雌は−40℃付近にまで達する（Cone and Wildman, 1988）．また，休眠雌は0〜5℃の非凍結性の低温をしばらく経験することにより低温耐性をさらに増加させる（Khodayari *et al.*, 2013）．この現象を低温順化（cold acclimation）と呼ぶ．また，ごく短時間の低温への曝露がその後の低温耐性を大幅に増加させる例は多くの節足動物で知られているが（rapid cold hardening, RCH；Danks, 2005），植物ダニでの検証例は少ない（Broufas and Koveos, 2001；Ghazy and Amano, 2014；Li *et al.*, 2023）．

休眠ステージの低温耐性が高いのは確かだが，他の発育ステージにも耐性はある．ナミハダニを実験材料とした Stenseth（1965）の実験では，低温順化の有無にかかわらず幼若虫は−15℃の低温条件を非休眠雌より長く生き延びた．また，SCP は休眠・非休眠の雌成虫と比べて幼若虫や卵のほうがむしろ低かった．Ito and Chae（2018）はケナガスゴモリハダニ *Stigmaeopsis longus* を20℃/9 L 条件で発育させ，それぞれのステージを4℃条件で30日間冷却したところ，静止期の個体はほぼ死亡したが，活動中の第1若虫と第2若虫の生存率はそれぞれ

51％と90％であり，特に後者は成虫雌の99.5％と有意差はなかった．また，休眠性をもたないはずの雄成虫も84％の生存率を示した．したがって，野外の非休眠個体も非凍結の低温条件では生存するチャンスがあると考えられる．

4.5.4　捕食者との関係

　捕食者の存在は，低温や葉の劣化と同様に，秋季のハダニの生存や発育に影響を及ぼす要因である．捕食者という生物的環境に対する休眠の意義は2000年代以降に注目されるようになった．Kroon *et al.*（2004）は，低温短日条件でナミハダニを発育させている葉片にパイライカブリダニ *Typhlodromus pyri* を導入する処理区を設け，カブリダニを導入しない対照区との間で休眠率を比較した．その結果，処理区の休眠率がより高くなることがわかった．また，ハダニだけが定着しているインゲンマメの葉の匂いを嗅いで発育したハダニに比べて，ハダニとカブリダニの両方が定着した（捕食が起きている）葉の匂いを嗅いで発育したハダニのほうが休眠率が高かった（それぞれ24.7±9.8％と40.0％±12.2％；Kroon *et al.* 2008）．もしカブリダニが休眠雌を嫌うのであれば，この反応はハダニの適応戦略といえるだろう．しかし，カブリダニはむしろ休眠雌を好んで食べることがわかっている（Kroon *et al.*, 2005）．したがって，休眠雌が越冬場所へ移動して捕食者に発見されにくくなるといった行動面の変化のほうが重要なのかもしれない．別の研究では，ミヤコカブリダニ *Neoseiulus californicus* は休眠雌を食べると非休眠雌を食べた場合より飢餓に強くなった．休眠雌を食べたカブリダニの体液はグリコーゲンとトリアシルグリセロール（トリグリセリド，トリアシルグリセリド）を高濃度に含むことが知られており（Ghazy *et al.*, 2015）．やはり休眠雌は捕食者にとって質の良い餌であると考えられる．

　Staňková *et al.*（2013）は，ハダニが翌年に残せる子孫の数を最大化するにはいつ休眠するべきかという問題を Lotka-Volterra の捕食被食系モデルを使って検討した．彼らはハダニとカブリダニの個体群動態は両者の間で行われるゲームの結果であると指摘した．彼らの議論は複雑であるが，「ハダニが休眠に入ったらその季節には再び活動しない」や「捕食者の数が多いと休眠誘導は早い時期に始まる」といった検証可能な仮説を提示している．ハダニの休眠と捕食者の間の関係性について今後の研究の発展が期待される．　　　　　　　　　（伊藤　桂）

コラム4　Razumova の概年リズム

　1978 年にソ連の A. P. Razumova 博士が発表した報告によると，20℃恒明条件で維持していたオウトウハダニ *Amphitetranychus viennensis* の一系統について 25℃/12 L 条件における休眠率を 3 年以上にわたり測定したところ，その値は季節的に大きく変動したという（高藤，1986；沼田，1991）（図1）．この結果は，一年の間に休眠しやすい世代が定期的に訪れるという概念リズム（circannual rhythm）の存在を期待させる．しかし，果たして世代をまたぐリズムなど実在するのだろうか．

　博士の結果に疑問点がないわけではない．まず思いつくのは葉の質の変動である．4.5 節で述べたように，ハダニは一般に質の悪い葉で育つと休眠率が上がる．実験に使った葉が秋から冬にかけて劣化したとしたら，その時期に休眠率が上がるのは当然だろう．しかし，日本から研究室を訪れた沼田英治博士に対して Razumova 博士はその効果を明確に否定したという．人工照明で育成した寄主植物を実験に使っているためそうした変動は考えられないという．ただ，現在のような環境条件を精密に調節できる装置はなかっただろうし，インキュベータの温度条件は外気温によって多少は左右されると思うがどうだろうか．

　沼田（1991）は地磁気や電磁波が及ぼす影響について言及している．Razumova 博士の実験室から遠く離れた地点でも同じような位相が認められればこれらの可能性は排除でき，内因性という説が支持されるだろう．彼女はこの点を認識していたものの，政治的情勢からこの実験は実現しなかったという．

　内因性の概年リズムは年一化性（1 年に 1 回羽化が起こる）の昆虫ではよく知られているが，世代をまたぐことは知られていない．たとえば，何世代も休眠もしなかったという情報が受け渡されて休眠が起こるようなことがあれば学術的な

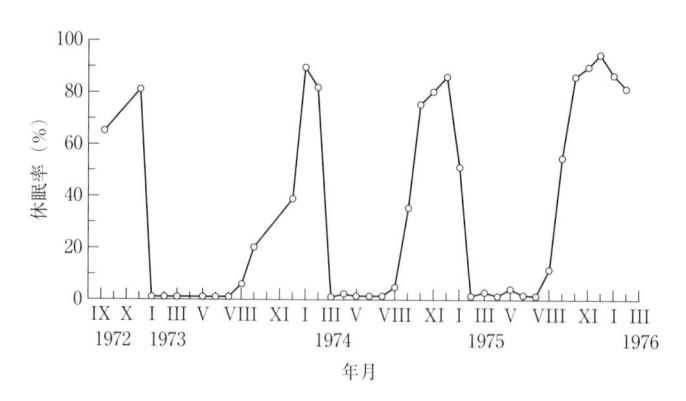

図1　Razumova が報告したオウトウハダニの年周リズム（25℃/12 L：沼田，1991）

大発見である．それだけに彼女らの研究があまり顧みられていないのは惜しい．

　沼田博士によると，Razumova 博士は控えめな女性研究者で，アカデミアで名声を得ることには興味がなかったという．私は最近まで続報を見つけられず，博士が何らかの事情で研究から手を引いたと思い込んでいたのだが，1995 年にナミハダニ属の年周リズムについて報告していることを知った（Razumova, 1995）．博士はこの問題を少なくとも 20 年は追い続けていたのだ．現在，休眠の起こる仕組みは分子レベルで解明されつつある．博士の研究は近い将来，再び注目されるのかもしれない．　　　　　　　　　　　　　　　　　　　（伊藤　桂）

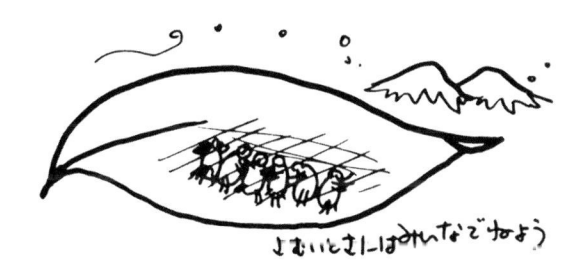

5 生理・生化学

5.1 ● 食性と消化酵素

5.1.1 植物の生体防御への適応と間接効果

　逃げられない植物は防御物質（二次代謝物質）を産生することで，植食者に食べられないように生体防御機構を発達させた．一方で，植食者は解毒機構を進化させることで植物の防御機構を打破してきた．このイタチごっこは，植食者の共進化の過程として知られている．植物の防御物質の解毒には，植食者のシトクロム P450 (cytochrome P450, P450)，グルタチオン *S*-転移酵素 (glutathione *S*-transferase, GST)，加水分解酵素であるカルボキシル／コリンエステラーゼ (carboxyl/cholinesterase, CCE) などが関与していると考えられている．

　アゲハチョウの仲間には，有毒なフラノクマリンを含むセリ科やミカン科に特異的に寄生する種があり，その寄主分化には P450 によるフラノクマリンの無毒化が関与している (Berenbaum, 2002)．ミカンハダニ *Panonychus citri* は，多くのハダニが発育できないカンキツ類（ミカン科）をおもな寄主植物とするが，阻害剤（ピペロニルブトキシド）で P450 を阻害すると，カンキツ葉を食べた個体が死亡してしまう (Takeyama *et al.*, 2006)．同様にトマトを食べているナミハダニ *Tetranychus urticae* の P450 を阻害すると，産卵数が大幅（69〜84％）に減少した例が報告されている (Agrawal *et al.*, 2002)．好適な寄主植物であるナシやインゲンマメで同様の処理をしても影響はないことから，ハダニにおいても寄主植物の防御物質に対抗して解毒酵素が発達し，それが寄主分化に関与している可能性が示唆されている．

　これらの解毒酵素の活性は，寄主植物の種類によって変化し，解毒が必要なときに上昇する（酵素誘導）．これらは生体外異物に対する生物の一般的な防御機

構であり，農薬に対する解毒機構との共通性も指摘される．たとえば，ヨトウガの一種 *Spodoptera frugiperda* ではトウモロコシやササゲを食べたときに，それぞれアルドリンエポキシダーゼ活性（P450 の酵素活性の一種）や GST 活性が上昇することが報告されている（Yu, 1982a, b）．同時に，トウモロコシを食べることでカーバメート剤，有機リン剤，合成ピレスロイド剤，またササゲを食べることで有機リン剤に対する感受性が低下した（Yu, 1982a, b）．広食性のナミハダニでもセリ科やアオイ科などを食べた際に P450 関連酵素や CCE の活性が上昇する（Mullin and Croft, 1983）.

　先にあげた解毒酵素はいずれも多重遺伝子族といわれるもので，ハダニ類のゲノム中にそれぞれ類似した塩基配列をもつ多くの遺伝子が存在する．たとえばきわめて多くの植物を加害するナミハダニでは，ゲノム解析により P450，GST および CCE 遺伝子がそれぞれ 86，31 および 71 個報告された（Grbić *et al.*, 2011）.植物のどの防御物質がハダニ類に作用し，ハダニ類のどの酵素が解毒に関与しているかについては今のところほとんどわかっていない．ナミハダニと同属のカンザワハダニ *Tetranychus kanzawai* では，チャ，アジサイおよびセイヨウキョウチクトウを食べることができる系統とできない系統が種内に存在する（Gomi and Gotoh, 1996, 1997；田島ほか，2007a, b）．これらの植物の防御物質はハダニ類に有効で，食べることができない系統は死亡してしまう．一方，交配実験を通じてチャとアジサイを食べることができるという形質はほぼ単一遺伝子によって支配されており，その遺伝子を導入することにより，食べることができない系統も発育可能になる（Gomi and Gotoh, 1997）．同種であっても遺伝的な変異により利用できる植物が異なる系統はホストレース（host race）と呼ばれる．利用可能な植物が異なる系統間では遺伝的な交流が減少するため，同所的種分化の中間的状態とも考えられている.

　植物の二次代謝物質は植食者に対する防御として働く一方で，それを打破した植食者が自身の天敵である捕食者に対する防御に利用する可能性がある　それができると競争者が少ない寄主植物上で，天敵による脅威を減らすことができ（enemy-free space），自らの増殖に有利になる．たとえばミツユビナミハダニ *Tetranychus evansi* はナス科植物の毒成分であるトマチン（tomatine），クロロゲン酸（chlorogenic acid）およびルチン（rutin）などを蓄積し，それらが捕食者であるカブリダニ類に悪影響を及ぼすと考えられている（de Moraes and McMurtry, 1986；Koller *et al.*, 2007）．強い毒性分として知られる強心配糖

体のオレアンドリン（oleandrin）を含むセイヨウキョウチクトウを食べている
カンザワハダニを土着天敵であるケナガカブリダニ *Neoseiulus womersleyi* が捕
食すると産卵数が通常の 1/10 以下に低下し，発育率や生存率も低下してしまう
（Suzuki *et al.*, 2011）．このため，周辺の植生にいるケナガカブリダニはセイヨウ
キョウチクトウに侵入しにくく，結果としてカンザワハダニは比較的個体数の多
いパッチを形成している．植物の化学的防御の様相は植食者による植物の適応度
への影響の強さと植食者の天敵の有効性によって変化する可能性がある．また，
植物の適応度に大きな影響を及ぼさない植食者にとっては，寄主植物をめぐる植
食者間の種間競争や天敵に対する防御機構としての利用を通じて，悪影響ととも
に恩恵を受けている．　　　　　　　　　　　　　　　　　　　　（刑部正博）

5.1.2　消化酵素

消化（digestion）は，消化管内で実施される細胞外消化（extracellular
digestion）と，ハダニ類のように細胞内に食物を取り込む細胞内消化（intracellular
digestion）に大別される．いずれの消化も，消化酵素（digestive enzyme）の
働きによって進行する．消化酵素の構成はおもに食性によって異なり，その活
性は消化管あるいは消化細胞内の液性に依存している．液性は水素イオン指数
（potential of hydrogen, pH）で表される．たとえば，植食性のチョウ目昆虫の
中腸内は強アルカリ性（pH 8〜12）であり，そこで機能する主要なタンパク質
分解酵素は，セリンプロテアーゼ（serine protease）のトリプシン（trypsin；
EC 3.4.21.4）である（東，1995）．他方，ダニ類の消化酵素に関する研究は，そ
の小さな体サイズが要因となり，解剖学的なアプローチが難しく，これまであ
まり進められてこなかった．しかし，pH 指示薬の経口投与試験がコナダニ類
Acaridae で実施され（Erban and Hubert, 2010），コナダニ類の中腸あるいは
消化細胞内の pH は酸性（pH 4〜6）であることが判明した．また，ナミハダニ
Tetranychus urticae では，糞のアスパルチルプロテアーゼ（aspartyl protease）
活性と，システインプロテアーゼ（cysteine protease）のカテプシン L（cathepsin
L；EC 3.4.22.15）活性は，全身のそれらよりも有意に高いことが報告されて
いる（Santamaría *et al.*, 2015）．さらに，ナミハダニのトランスクリプトーム解
析より，前体部におけるカテプシン L，同じくシステインプロテアーゼのカテ
プシン B（cathepsin B；EC 3.4.22.1）およびアスパラギンエンドペプチダーゼ
（asparaginyl endopeptidase）のレグマイン（legumain；EC 3.4.22.34）をコー

ドする遺伝子の発現量は，全身におけるそれらと比較して有意に低く，つまり，消化器系において，これらタンパク質分解酵素遺伝子の発現が示唆されている（Bensoussan *et al.*, 2018）．アスパラチルプロテアーゼ，カテプシン L，カテプシン B およびレグマインの至適 pH はいずれも酸性領域であり，ナミハダニの中腸あるいは消化細胞内は，コナダニ類と同様に酸性である可能性が高い．

（鈴木丈詞）

5.2 ● 寄主植物の誘導抵抗性と制御機構

5.2.1 エリシター

植物は害虫による物理的な傷害に加え，害虫が分泌するエリシター（elicitor）を細胞レベルで認識することで防御応答を活性化させる．害虫由来のエリシターにはタンパク質・ペプチド，脂肪酸およびオリゴ糖などがあり，害虫種によって異なるエリシターは寄主植物によって選択的に認識される（Arimura, 2021）．たとえば，ヨトウガ幼虫が分泌するボリシチンは脂肪酸-アミノ酸複合体エリシターとしてトウモロコシ，ナス，ダイズの防御応答を高めるが，ササゲやシロイヌナズナには認識されない（Schmelz *et al.*, 2009）．このように，植物は食害時に害虫由来のエリシターを選択的に認識することで，害虫種に対する特異的な防御応答を誘導する．

5.2.2 テトラニン

テトラニン（tetranin；Tet1, Tet2）は，ナミハダニ *Tetranychus urticae* の唾液腺（salivary gland）で発現するナミハダニ属特有のタンパク質群で（図 5.1），植物組織を吸汁加害する際に分泌され，植物の防御応答を誘導するエリシターである．テトラニンが処理されたインゲンマメの葉細胞では，カルシウムイオンの細胞内流入，細胞膜の脱分極（図 5.1）や活性酸素種（reactive oxygen species, ROS）の生産・放出が誘導され，さらに防御遺伝子（*pathogenesis-related* 遺伝子など）が発現誘導されることによってナミハダニに対する抵抗性が高まる（Iida *et al.*, 2019）．異なるテトラニン分子は，インゲンマメ葉の異なる細胞内シグナルを活性化させて防御応答を誘導するため，さまざまな性質をもつテトラニンが寄主植物に分泌されることで，包括的な防御応答が生じるものと考えられる（図 5.2）．一方，テトラニンが処理されたインゲンマメでは，ハダニの捕食性天敵で

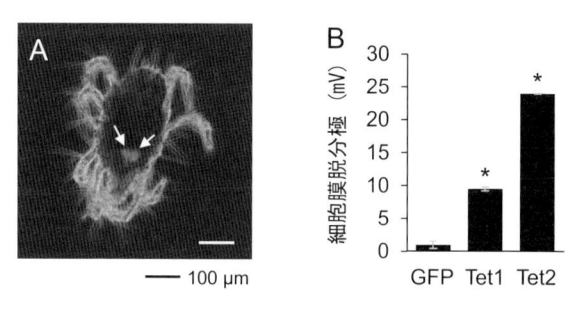

図 5.1　唾液腺タンパク質であるテトラニンのエリシター活性（Iida *et al.*, 2019）
A：ナミハダニの唾液腺（矢印）で特異的に発現するテトラニン（Tet1）．B：Tet1 および Tet2 に応答
したインゲンマメ葉における細胞膜脱分極．アスタリスクは GFP（green fluorescent protein；コントロー
ル）と比べて 5% 水準で有意に異なることを示す．

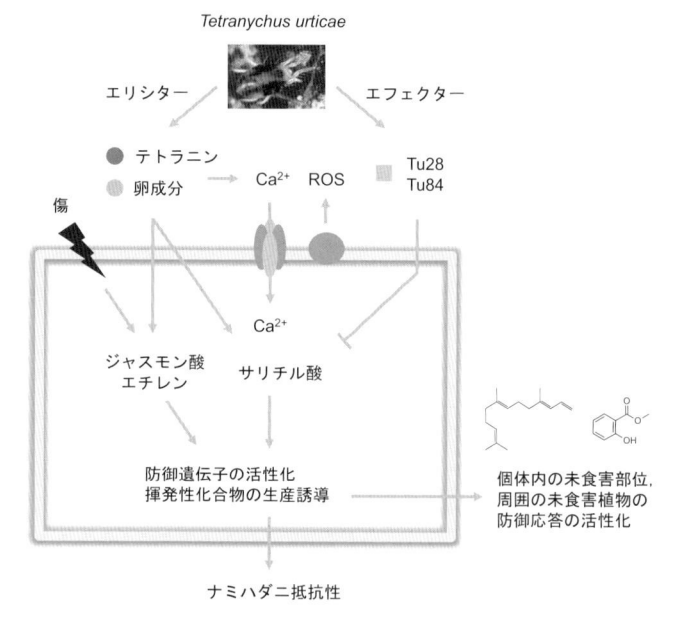

図 5.2　ナミハダニに食害された植物葉細胞における防御応答システムのモデル
矢印は促進，止め矢印は抑制を示す．ROS：reactive oxygen species.

あるカブリダニ種（チリカブリダニ *Phytoseiulus persimilis* など）を誘引する間
接防御が誘導されることから，テトラニンは寄主植物の直接防御と間接防御の両
方を誘導するエリシターであるといえる．さらに，テトラニンはインゲンマメ以
外にもナス等の防御応答も誘導するが，すべての寄主植物の防御応答がテトラニ

ンによって誘導されるわけではない（遠藤ら，未発表）．つまり，テトラニン非感受性植物ではテトラニンとは異なるエリシターが防御応答誘導を担う，もしくはそれらのエリシターがテトラニンと協調的に働くのかもしれない．たとえば，ナミハダニの卵成分もシロイヌナズナの ROS 生産およびジャスモン酸（jasmonic acid）・エチレン（ethylene）応答性遺伝子の発現を制御する（Ojeda-Martinez *et al.*, 2021）．また，ミツユビナミハダニの唾液腺タンパク質である Te16 は，ベンサミアナタバコの ROS 生産，カロース沈着，ジャスモン酸応答性遺伝子の発現を誘導する（Cui *et al.*, 2024）．

5.2.3 エリシター vs. エフェクター

ナミハダニの唾液腺タンパク質のなかには，植物の防御応答を抑制するエフェクター（effector）も含まれる．たとえば，ナミハダニがもつ Tu28 および Tu84 や，ミツユビナミハダニ *Tetranychus evansi* がもつ Te28 および Te84 は，トマトのサリチル酸（salicylic acid）に依存した防御応答を抑制することで，ナミハダニの寄主における適応度を高める（Villarroel *et al.*, 2016）（図 5.2）．ナミハダニに食害された植物ではジャスモン酸およびサリチル酸の生産が誘導され，これらのホルモンに依存したシグナル伝達系によって協調的に寄主植物の防御応答は活性化されるが，その過程でエフェクターはサリチル酸シグナル伝達機構を抑制し，テトラニンはジャスモン酸およびサリチル酸の生合成を活性化する．また，寄主植物（インゲンマメ，ダイズ，トマトおよびトウモロコシ）によってナミハダニの唾液腺タンパク質の発現量は変化することから（Jonckheere *et al.*, 2016），ナミハダニのエリシターおよびエフェクターは，さまざまな寄主植物に適応するための制御因子の一つであるといえる．

5.2.4 間接防御と植物間コミュニケーション

ハダニに食害されたリママメ *Phaseolus lunatus* L. 葉では，ジャスモン酸，サリチル酸およびエチレンに依存したシグナル伝達機構が協調的に働くことで，テルペン類（β-オシメン，ホモテルペン等），みどりの香り（(*Z*)-3-hexenyl acetate）およびサリチル酸メチル（methyl salicylate）といった揮発性化合物の生産が誘導され，カブリダニ類を誘引する（Horiuchi *et al.*, 2001；Shimoda *et al.*, 2002）（5.3 節参照）．また，大気中に放出されたこれらの揮発性の情報化学物質（semiochemical）は，同一個体内の未食害部位や周囲の未食害リママメ個

体に曝されると，防御応答が活性化される．この現象は植物間・植物内コミュニケーションもしくはトーキングプランツともいわれ，個体および個体群レベルでナミハダニの侵食を防ぐための有効な植物の防御戦略として機能する（図5.2）．揮発性化合物にさらされた未食害リママメ葉では，カルシウムイオンの細胞内流入やタンパク質リン酸化を伴った細胞内シグナル伝達系を介して防御遺伝子が活性化されるが（Arimura *et al.*, 2000），これらの揮発性化合物の受容システムの詳細な機序は不明である．　　　　　　　　　　　　　　　　　　（有村源一郎）

🐜 5.3 ● 情 報 化 学 物 質 🐜

　情報のやりとりに化学物質を使っている生物は多い．同種の他個体に情報を伝える化学物質はフェロモン（pheromone），異種間で情報を伝達する物質はアレロケミカル（allelochemical）と呼ばれる．情報化学物質を受容した個体は行動を変化させ，その変化は情報の出し手あるいは受け手の適応度に影響を及ぼす．

　ナミハダニなど多くのハダニでは，雄成虫は成虫化直前の静止期（第3静止期）の雌をガードし，脱皮後にこの雌と交尾する．ナミハダニ *Tetranychus urticae* では，第3静止期の雌の性フェロモンとしてテルペンアルコールであるシトロネロール（citronellol），ファルネソール（farnesol）およびネロリドール（nerolidol）が報告されている（Regev and Cone, 1975, 1976, 1980）．しかし一方で，これらの化合物に対して雄が定着反応を示さないとする報告もある（Royalty *et al.*, 1992）．

　同じナミハダニ属であるナミハダニとミツユビナミハダニ *Tetranychus evansi* であっても，互いの雌の性フェロモンに対する雄の定着反応が異なることが報告されている（Sato and Alba, 2020）．両種の雌の性フェロモン抽出液（第3静止期雌の抽出液）をそれぞれ高濃度で提示すると，ナミハダニの雄は，同種の性フェロモンに強い反応を示す．一方，ミツユビナミハダニの雄は，両種の雌の性フェロモンに同様の反応を示す．この性フェロモンに対する反応の違いが，ミツユビナミハダニの雄はナミハダニの雌と交尾する一方で，ナミハダニの雄はミツユビナミハダニの雌との交尾を好まないという嗜好性の違いの1つの要因と考えられている（Sato and Alba, 2020）．

　ハダニ類と他の生物群との相互作用においても化学物質が重要な役割を果たしている．ハダニに食害された植物葉から放出される揮発性物質に，カブリダニな

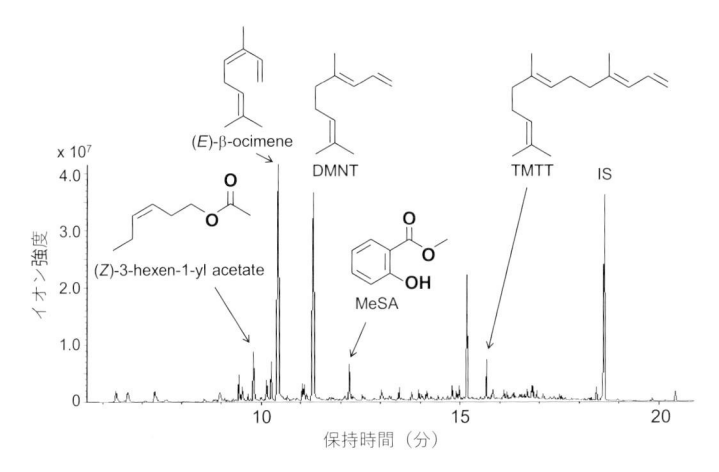

図5.3 ナミハダニに食害されたリママメ葉から放出される揮発性物質
主要な HIPVs の構造式を示す．(Z)-3-hexen-1-yl acetate はみどりの香り，MeSA（サリチル酸メチル）は芳香族化合物，(E)-β-ocimene，DMNT，TMTT はテルペン類である．MeSA：methyl salicylate，DMNT：(E)-4,8-dimethyl-1,3,7-nonatriene，TMTT：(E,E)-4,8,12-trimethyl-1,3,7,11-tridecatetraene，IS：内部標準物質．

どハダニの捕食者が誘引される（Sabelis and Baan, 1983；Vet and Dicke, 1992；Takabayashi, 2022 ほか）．ハダニ類のような植食者の食害により誘導的に植物から放出される揮発性物質は植食者誘導性植物揮発性物質（herbivore-induced plant volatiles, HIPVs）と呼ばれる．HIPVs には，みどりの香り，テルペン類，芳香族化合物などが含まれる（Arimura *et al.*, 2009；Ali *et al.*, 2023）．例として，図5.3にナミハダニ食害リママメ葉から放出される HIPVs を示した．ナミハダニ属 *Tetranychus* のハダニの捕食者であるチリカブリダニ *Phytoseiulus persimilis* はこの HIPVs に誘引される（Ozawa *et al.*, 2000；Horiuchi *et al.*, 2003）．一方，多くの場合，同一植物が生産する HIPVs の成分比は，加害した植食者の種によって特異的であり，ナミハダニとチョウ目のシロイチモジヨトウ *Spordoptera exigua* の幼虫による食害では HIPVs の成分比が異なる（Ozawa *et al.*, 2000；Horiuchi *et al.*, 2003）．食害するハダニの種の違いによっても，同種の植物から放出される HIPVs の成分比が異なる場合がある（Takabayashi *et al.*, 1994）．さらに，ナミハダニが異なる植物種を食害したときにも，植物種間で放出される HIPVs の組成や成分比が異なることが知られている（Takabayashi *et al.*, 1994）．捕食者はこうした HIPVs の組成や成分比の違いを生得的に，あるいは経験から学習して認識することにより，餌にたどり着く確率を高めていると考

えられる.

　一方, ナミハダニ成虫も同種が食害したリママメ葉の HIPVs に反応する. ナミハダニによる被害度の大きい葉の HIPVs をナミハダニが忌避することが報告されている（Horiuchi *et al.*, 2003）. 被害度が大きい葉の場合, 新たに訪れるナミハダニにとって餌資源として不適であるだけでなく, 放出される HIPVs 量も多いので, 未被害葉と比べてチリカブリダニを含むハダニの捕食者に対する相対的な誘引性が高い（Horiuchi *et al.*, 2003）. このように, ナミハダニによる食害で放出される HIPVs は, 同種他個体にとって, 植物の状態や捕食者の存在状況に関する情報となっていると考えられる.

　ハダニが他種生物の存在を接触化学物質により認識していることも報告されている. ナミハダニとカンザワハダニ *Tetranychus kanzawai* は, アミメアリ *Pristomyrmex punctatus* やクロヤマアリ *Formica japonica*, またハスモンヨトウ *Spodoptera litura* やセスジスズメ *Theretra oldenlandiae* などの足跡由来の接触化学物質を避ける. これはアリによる捕食やチョウ目幼虫によるギルド内捕食に対する回避行動と考えられる（Yano *et al.*, 2022；Kinto *et al.*, 2023, コラム6参照）.

　ハダニ類がこうした化学物質をどのように受容しているのかについては, その多くが未解明である. 昆虫の揮発性物質の受容については, 触角の匂い物質受容タンパク質（odorant binding protein, OBP）が匂い物質に結合することにより可溶性になり, 嗅覚受容体（olfactory receptor, OR）まで運ばれると考えられている（Leal, 2012）. ダニ類には昆虫のような触角はないが, 触肢, 鋏角, および第 I 脚跗節が代表的な化学感覚受容器官となっている（Carr and Roe, 2016）. 最近, ナミハダニのゲノム配列情報から, 他の鋏角類とは類似するが, 昆虫のものとはシステインの結合パターンの異なる4つの OBP に加えて, ナミハダニ特有と思われる OBP のファミリーのアミノ酸配列情報が報告された（Zhu *et al.*, 2021）. しかし, ハダニからの OBP タンパク質の検出には至っていない. 今後, ハダニの情報化学物質やその受容機構の解明が期待される.　　　　　　　（小澤理香）

🐛 5.4 ● ホ　ル　モ　ン 🐛

　ハダニ類のホルモン（hormone）に関する研究は, 小さな体サイズが解剖や成分分析の制限要因となり, これまでほとんど進められていなかった. ナミハダニ *Tetranychus urticae* におけるゲノム解読（Grbić *et al.*, 2011）が契機となり, 近

年，特に脱皮や成長を調節するホルモンの生合成経路に関する研究が進められている．

節足動物の体は，外骨格（exoskeleton）で覆われている．外骨格は，真皮細胞（dermal cell）で合成・外分泌物されるクチクラ（cuticle）によって構成され，しなやかで，かつ硬い物性を備える．また，成長の過程で新しい外骨格が形成され，既存のものを脱ぎ捨てる脱皮（molting）が繰り返される．ハダニ類の場合，3回の脱皮を経て成虫に至る．節足動物の脱皮は，ステロイドホルモンのエクジステロイド（ecdysteroid）によっておもに制御されている．エクジステロイドの生合成と生理作用は，節足動物と一部の線形動物に限定される．そのため，殺虫剤の主要標的としてエクジステロイド受容体の研究が進められ，これまでにジアシルヒドラジン系の IGR（insect growth regulator）剤（IRAC コード 18）が複数開発されている（丹羽，2016）．

昆虫では，食餌由来のステロールを出発材料に，脱皮ホルモン活性を示す 20-hydroxyecdysone（20 E）が生合成される．この生合成経路では，シトクロム P450 モノオキシゲナーゼ（CYP）と呼ばれる酵素が関与し，CYP302A1（Disembodied），CYP307A1（Spook），CYP307A2（Spookier），CYP6T3，CYP306A1（Phantom），CYP315A1（Shadow）および CYP314A1（Shade）の 7 種類のエクジステロイド生合成 CYP がこれまでに同定されている（丹羽，2016）．なお，（ ）内の酵素名はキイロショウジョウバエの変異体由来であり，これらをコードする遺伝子は「ハロウィーン遺伝子（Halloween genes）」とも呼称される．なお，CYP6T3 については，エクジステロイド生合成酵素に該当するか否かの議論が続いている（Shimell and O'Connor, 2022）．他方，CYP 以外に，Rieske ドメインをもつ酸化酵素の Neverland や，短鎖型脱水素・還元酵素の Non-molting glossy（Nmg/Shroud）もエクジステロイド生合成酵素として機能することが知られている（Yoshiyama et al., 2006；Niwa et al., 2010）．これらのうち，CYP307A1，CYP307A2，CYP6T3 および Nmg/Shroud の正確な触媒段階は特定されていない（丹羽，2016）．

ナミハダニのゲノムからは，CYP302A1，CYP307A1，CYP315A1，CYP314A1，Neverland および Nmg/Shroud をコードする遺伝子のオルソログが検出されている（Grbić et al., 2011）．一方，CYP307A2，CYP6T3 および CYP306A1 をコードする遺伝子のオルソログが欠如している．このうち，CYP306A1 は C25 位に水酸基を付加し，20 E の生合成には必須の酵素である．他方，CYP18A1 は，

20 E の C26 位に水酸基とカルボニル基を付加して 20-hydroxyecdysonic acid に変換し，脱皮ホルモンを不活化する酵素として知られている（Rewitz *et al.*, 2010；Alarie *et al.*, 2023）．ナミハダニのゲノムでは，CYP18 A1 をコードする遺伝子のオルソログも欠如している．つまり，ナミハダニでは 20 E は生合成されず，ゲノムにある CYP302A1，CYP307A1，CYP315A1，CYP314A1，Neverland および Nmg/Shroud によって 25-deoxy-20-hydroxyecdysone（ponasterone A）が生合成され，脱皮ホルモンとして機能している可能性がある．実際に，HPLC-酵素免疫測定法および液体クロマトグラフィー質量分析法により，ナミハダニの抽出物から ponasterone A が検出されている（Grbić *et al.*, 2011）．

　なお，ponasterone A は，既知のすべてのエクジステロイド受容体に対して高活性のリガンドであり，甲殻類のアオガニ *Callinectes sapidus* でも 20 E と一緒に検出されている（Chung, 2010）．ミカンハダニ *Panonychus citri* およびナミハダニにおけるハロウィーン遺伝子の発現は，活動期で上昇し，静止期で低下するジグザグの変動パターンが報告されている（Li *et al.*, 2017, 2019）．また，ミカンハダニでは，CYP307A1 をコードする遺伝子に対する RNA 干渉（RNAi）によって，脱皮の不全や遅延が生じることや，この RNAi 効果は ponasterone A の経口投与によって消失することから，ponasterone A が脱皮ホルモンとして機能し，その生合成にはハロウィーン遺伝子が関与することが示唆されている（Li *et al.*, 2017）．

　幼若ホルモン（juvenile hormone, JH）は，セスキテルペノイド骨格を有する疎水性ホルモンであり，脱皮ホルモンとともに，昆虫の成長や変態を調節する代表的な内分泌因子でもある．エクジステロイド受容体と同じく，JH 受容体も殺虫剤の主要な標的として研究が進められ，これまでに JH 活性を示す IGR 剤が複数開発されている．JH 受容体のリガンドとして，昆虫では JH-III が用いられる一方，その他の節足動物，たとえば甲殻類では，ファルネセン酸メチル（methyl farnesoate, MF）が用いられる（Miyakawa *et al.*, 2013）．ナミハダニにおいても，MF のエポキシ化を触媒して JH-III を生合成する酵素（CYP15A1）のオルソログはゲノムから検出されないことから，MF が JH として機能している可能性がある．

　JH 生合成は前期と後期の経路に分けられる（篠田ほか，2015）．前期経路では，アセチル CoA を出発物質とし，8 種類の酵素によってファルネシル二リン酸（farnesyl pyrophosphate, FPP）が合成される．まず FPP が脱リン酸化さ

れてファルネソールになる．次に，2段階の酸化により，ファルネソールから
ファルネサールを経てファルネセン酸になる．その後，JH酸メチル基転移酵素
（juvenile hormone acid methyltransferase, JHAMT）によるメチル化によって
MFが合成される（篠田ほか，2015）．昆虫では，さらにCYP15A1により，JH-
IIIが合成される．ナミハダニにおけるJH生合成遺伝子の多くは，ハロウィー
ン遺伝子とは逆に，活動期で低下し，静止期で上昇するジグザグの発現パターン
を示す（Li *et al.*, 2019）．ハダニ類におけるMFの生理機能は実験的には未検証
であるが，ウシエビ *Penaeus monodon* では，MFによる卵巣発達阻害効果が報
告されている（Marsden *et al.*, 2008）．成虫休眠を示すハダニ類においても，生
殖停止にMFが関与している可能性がある（Goto, 2016）．

🪲 5.5 ● 糸 🪲

　ギリシャ神話では，織手のアラクネ（Arachne）が，機織りの女神であるアテ
ネに織物で対抗して逆鱗に触れた結果，糸を紡ぐクモ（spider）に転生させられ
てしまう．このアラクネは，クモを意味する古代ギリシャ語の $\alpha\rho\acute{\alpha}\chi\nu\eta$（arákhnē）
が由来であり，クモガタ綱は Arachnida と称される．ハダニ科 Tetranychidae
のうち，ナミハダニ亜科 Tetranychinae のダニ（以下，ハダニ）は，第2付属
肢である1対の触肢（pedipalp）の跗節先端に位置する出糸突起（spinneret ま
たは terminal eupathidium）から糸を出す．出糸突起も1対であるため，出糸時
は2本の糸がその直後に1本に融合する．ハダニの糸は，巣網の部材以外に，巣
内の掃除，捕食者回避，落下時の命綱，分散（バルーニング）用の遊糸および化
学コミュニケーションなどでの利用が知られている（齋藤，2012）．

　近年，ハダニの糸の物理的特性が調べられている．ナミハダニ *Tetranychus
urticae* の成虫および幼虫が出す糸の直径は，それぞれ54±3 nm および23.3±
0.9 nm である（Grbić *et al.*, 2011）．つまり，ナミハダニはクモ牽引糸の数百分
の1というきわめて細いナノスケールの糸を作ることができる．また，物質の硬
さの指標であるヤング率（Young's modulus）は，カイコ *Bombyx mori*，アメリ
カジョロウグモ *Trichonephila clavipes* およびオオミノガ *Eumeta variegata* の糸
で，それぞれ7，13.5 および28 GPa である（Yoshioka *et al.*, 2019）．ナミハダニ
の糸はナノスケールの直径にもかかわらず，そのヤング率は成虫および幼虫で，
それぞれ24±3 および15±3 GPa であり，丈夫なクモ糸やオオミノガ糸に匹敵

図5.4 ハリエニシダ上に形成されたリンテアリウスハダニの網

する（Grbić *et al.*, 2011）.

　ナミハダニと同属のリンテアリウスハダニ *Tetranychus lintearius* はハリエニシダ *Ulex europaeus* L. のみを宿主とする単食性の植食者である．ニュージーランドでは有害な雑草であるハリエニシダの生物的防除として本種が利用されている（Stone, 1986）．本種の特徴として，ハリエニシダ上で大集団を形成し，天幕状の密網を形成することが知られている（図5.4）．本種の糸の物理的特性はナミハダニのそれと同等であり，糸由来のシルクナノ粒子は培養細胞の細胞質に輸送され，かつ細胞毒性は低いことから医療材料としての利用も注目されている（Lozano-Pérez *et al.*, 2020）.

　ハダニの前体部には1対の出糸腺（spinning gland）があり，その細胞質の粗面小胞体（rough-surfaced endoplasmic reticulum）でシルクタンパク質（フィブロイン）が合成されている（3.11節参照）．ナミハダニのゲノム情報より，セリン含量が高い（27〜39%）17個のフィブロイン様遺伝子が選定された（Grbić *et al.*, 2011）．そのうちの1つ（OrcAE gene ID：tetur01g16320）は mRNA 量が高く，節足動物のフィブロインに特徴的なモジュール型ドメイン構成を示す．より具体的には，N末端およびC末端の荷電ドメインに加え，2つの内部ドメインには β シート（隣り合ったポリペプチド鎖間の水素結合によって形成されるシート状構造）を形成する反復モチーフがあり，この2つの内部ドメインの間には1つのスペーサードメインがある．また，この遺伝子がコードするタンパク質のアミノ酸残基の組成は，セリン27%，グリシン17%，アラニン17%およびアスパラギン17%である．

一方，ミカンハダニ *Panonychus citri* のトランスクリプトーム解析の結果，上述の 17 個のフィブロイン様遺伝子のうち，興味深いことに 2 遺伝子（tetur01g15000 および tetur04g08890）以外の 15 遺伝子は本種のトランスクリプトームアセンブリでは欠損し，フィブロインの最有力候補（tetur01g16320）も保存されていなかった（Arakawa *et al.*, 2021）．なお，ナミハダニと同属のカンザワハダニ *Tetranychus kanzawai* の *de novo* トランスクリプトームアセンブリにおいても，17 個のフィブロイン様遺伝子のうち，4 遺伝子（tetur03g09921, tetur08g00010, tetur21g03310 および tetur238g00010）は保存されていなかった．糸を用いたプロテオーム解析により，ナミハダニおよびミカンハダニ間で共通して検出され，かつナミハダニおよびカンザワハダニ間で配列保存性が高く，さらに 3 種のトランスクリプトームデータから遺伝子発現量も高い 2 つのフィブロイン様遺伝子（tetur07g00160 および tetur29g01360）が見出された（Arakawa *et al.* 2021）．これら遺伝子（tetur07g00160 および tetur29g01360）がコードするタンパク質は，それぞれ 1799 および 526 アミノ酸残基から構成され，それぞれフィブロインの重鎖および軽鎖成分にあたる可能性が示唆されている．また，前者の構造は，ランダムコイル（糸まり構造），α ヘリックス（右巻きのらせん構造）および β シートモチーフが交互に繰り返されるパターンを示し，アミノ酸残基の組成では，セリン，アスパラギンおよびバリンが多い．これら構造の特徴は，クモ糸のうち，獲物を包む際に使われる Aciniform Spidroin，付着物を形成し網の骨組みを固定する際に使われる Pyriform Spidroin および卵のケースとして使われる Cylindrical Spidroin に近い．

しかし，Arakawa *et al.* (2021) によって見出された 2 つのフィブロイン様遺伝子（tetur07g00160 および tetur29g01360）は，いずれのタンパク質もプロテオーム解析で唾液および糞から検出され（Santamaría *et al.*, 2015；Jonckheere *et al.*, 2016），さらに *in situ* hybridization により，いずれの mRNA も出糸腺ではなく，唾液腺（salivary gland）の 1 つである骨側脚頭腺（dorsal podocephalic gland）での局在が確認されている（Jonckheere *et al.*, 2016）．つまり，現状では 2 つのフィブロイン様遺伝子は，糸および唾液双方で機能している可能性がある．また，少なくとも遺伝子発現の場所は唾液腺であるため，これらタンパク質が出糸腺内あるいは体外で糸と混ざる可能性もある．なお，ナミハダニの雄間闘争において，口針（stylet）の先端から粘着性の液滴が分泌され，それが糸になって相手に絡みつく現象が観察されている（齋藤，2012）．この報告は，2 つのフィブロイン

様遺伝子が糸および唾液双方で機能している可能性を支持する.

　他方，ナンキンスゴモリハダニ *Stigmaeopsis nanjingensis* のトランスクリプトームより，昆虫やクモのフィブロインの典型的なモチーフをもつフィブロイン様遺伝子（GenBank accession number：MZ436653）が見出されている（Li *et al.*, 2022）.当該遺伝子がコードするタンパク質は831アミノ酸残基から構成され，このうちグリシン，セリンおよびアラニンが50％以上を占める.また，RNAi法を用いた当該遺伝子の発現抑制により，糸は緩み，その太さも不均一になる.ただし，当該遺伝子の配列は，Grbić *et al.* (2011) および Arakawa *et al.* (2021) が報告したいずれのフィブロイン様遺伝子とも類似性は低い.

　以上より，ハダニのフィブロイン様遺伝子については遺伝学的手法により近年研究が進んでいる一方，情報が整理されていない点も多い.今後は，特にRNAおよびタンパク質レベルでの局在解析や固体NMR法を用いた精密構造解析など，種間比較も含めた研究を進めていく必要がある.　　　　　　　　　（鈴木丈詞）

5.6 ● 農薬作用機構

5.6.1　殺ダニ剤の種類

　昆虫とダニはともに節足動物であるが，前者が六脚亜門昆虫綱 Hexapoda：Insecta に属するのに対して，ダニは鋏角亜門クモガタ綱 Chelicerata：Arachnida に属する.このため，もっている生理システムや遺伝子が昆虫と異なる点も多く，防除に用いられる農薬はダニ専用の薬剤（殺ダニ剤，acaricide）も多い.ところで，「ダニ類」と通称されるが，最近の研究ではダニの単系統性はあまり支持されず，むしろ多系統と考えるのが一般的となっている（青木ほか，2016；島野，2018）.ここで，ハダニ類は胸板ダニ上目 Acariformes の汎ケダニ目 Trombidiformes ケダニ類 Prostigmata に分類される一方，有力天敵であるカブリダニ類は胸穴ダニ上目 Parasitiformes の狭義の胸穴ダニ類 Parasitiformes トゲダニ亜目 Mesostigmata に分類される.体の構造も異なり，したがって生理システムも異なることから，ハダニ類に影響のない（または少ない）殺虫剤や殺菌剤のなかには，カブリダニ類に対して強い毒性を示すものがある.この感受性の違いが，農薬散布による天敵除去に起因するハダニの生態学的誘導多発生(リサージェンス，resurgence）の要因となる（古橋・森本，1989）.逆に言えば，ハダニとカブリダニでは生理機構が異なるため，ハダニに毒性が高い殺ダニ剤がカブ

リダニには低毒性となる可能性も十分にある.

殺虫剤の作用機構は,農薬メーカーの国際的な業界団体である CropLife International の殺虫剤抵抗性対策委員会(Insecticide Resistance Action Committee, IRAC)により,一次作用部位に基づいて 30 以上の主要グループに分けられてコード(IRAC コード:https://irac-online.org/documents/moa-brochure/)が付されている(木村, 2020).多くの殺ダニ剤が開発されてきたが,抵抗性による効果低減などを理由として,農業現場において基幹となる剤は年代とともに大きく変遷してきた(山本・川口, 2023).2021 年に使用量(出荷金額)が多かった殺ダニ剤は,ミトコンドリア電子伝達系阻害剤(IRAC コード 20, 21, 25:54%),グルタミン酸作動性イオンチャネルモジュレータ(IRAC コード 6:20%),アセチル CoA 阻害剤(IRAC コード 23:13%)およびキチン合成酵素関連発育阻害剤(IRAC コード 10:5%)であり,これらで全体の 92% を占める(山本・川口, 2023).この傾向は 2016 年の集計(山本, 2018:合計 94%)から大きく変わっていない.

5.6.2 代謝と活性化

生物に取り込まれた生体外異物(薬物)は,一般的に解毒酵素による代謝にさらされる(図 5.5).この異物代謝の第一段階をおもに担うのがシトクロム P450(cytochrome P450;以下, P450)やエポキシダーゼ(epoxidase)などの加水分解酵素であり,中間代謝物を生成する.第二段階では,グルタチオン *S*-転移酵素(glutathione *S*-transferase)が中間代謝物に還元型グルタチオンを付与して抱合体を形成する(グルタチオン抱合).第二段階で水溶性が増した異物の抱合体を第三段階で排出する.

このような解毒システムは植物の二次代謝物質など自然界に存在する物質から

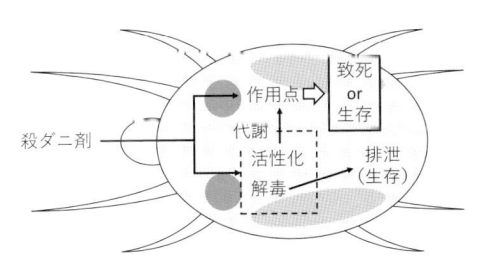

図 5.5 経口または経皮的にハダニに侵入した殺ダニ剤の機能発現と排除に関する模式図

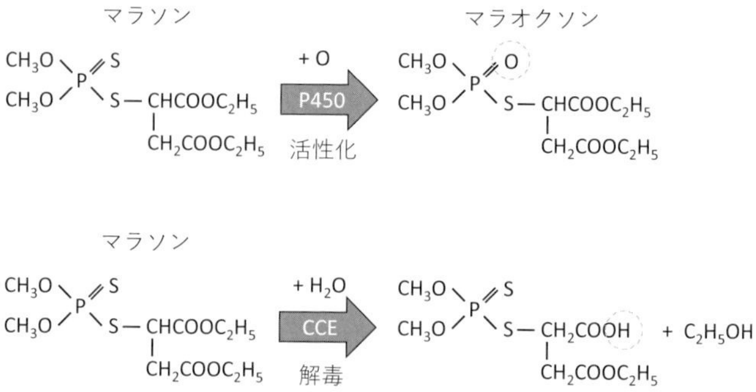

マラソン　　　　　　　　　　　　　　　　　　マラオクソン

$$CH_3O \diagdown \underset{\diagup}{P} \diagup \overset{S}{\diagdown} \quad S-CHCOOC_2H_5 \quad \xrightarrow[\text{活性化}]{\substack{+O \\ \boxed{P450}}} \quad CH_3O \diagdown \underset{\diagup}{P} \diagup \overset{O}{\diagdown} \quad S-CHCOOC_2H_5$$
$$CH_3O \qquad\qquad CH_2COOC_2H_5 \qquad\qquad\qquad CH_3O \qquad\qquad CH_2COOC_2H_5$$

マラソン

$$CH_3O \diagdown \underset{\diagup}{P} \diagup \overset{S}{\diagdown} \quad S-CHCOOC_2H_5 \quad \xrightarrow[\text{解毒}]{\substack{+H_2O \\ \boxed{CCE}}} \quad CH_3O \diagdown \underset{\diagup}{P} \diagup \overset{S}{\diagdown} \quad S-CH_2COOH \quad + \; C_2H_5OH$$
$$CH_3O \qquad\qquad CH_2COOC_2H_5 \qquad\qquad\qquad CH_3O \qquad\qquad CH_2COOC_2H_5$$

図5.6　シトクロム P450 およびカルボキシルエステラーゼ（CCE）による
有機リン剤マラソンへの酸素1原子の組入れと加水分解

の生体防御機構として進化したと考えられ，農薬に対する薬剤抵抗性の要因ともなる．一方，農薬のなかには代謝を通じて活性化され，害虫に対する毒性が顕著に増すものがある．たとえば，有機リン剤（IRAC コード1；アセチルコリンエステラーゼ阻害剤）のマラソン（malathion；殺虫・殺ダニ剤）は P450 のモノオキシゲナーゼ活性によりイオウ（S）1分子が酸素（O）と置き換わったマラオクソン（malaoxon）に変化し（図5.6），毒性が顕著に増大する（Buratti and Testai, 2005；Jeschke, 2015）．マラソンは昆虫やダニには毒性が強いのに対して，哺乳類に対しては低毒性である．これは昆虫やダニでは P450 の働きによってマラオクソンが形成されるのに対して，哺乳類ではカルボキシル／コリンエステラーゼ（carboxyl/cholinesterase, CCE）の働きによって解毒されるためである（図5.6）．しかし，マラソン抵抗性のイエバエ *Musca domestica* やカンザワハダニ *Tetranychus kanzawai* では CCE 活性が増大しており，抵抗性の要因の1つと考えられている（Motoyama *et al.*, 1980；桑原，1984；Kuwahara, 1981, 1982；Zhang *et al.*, 2018）．

　ミトコンドリア電子伝達系阻害剤のうち，複合体 III 阻害剤（IRAC コード20）のビフェナゼート（bifenazate）も殺ダニ活性をもつ成分の前駆体であり，ハダニ体内で加水分解されて毒性を発揮する（Van Leeuwen *et al.*, 2006, 2007）．Van Leeuwen *et al.* (2006) は，ナミハダニ *Tetranychus urticae* のビフェナゼート感受性系統（半数致死濃度 LC_{50} 値＝0.6 mg/L）に加水分解酵素阻害剤 DEF（*S, S, S*-tributyl-phosphorotrithioate）を処理することにより，100 mg/L でもほとんど死ななくなることを観察している．DEF 処理したハダニにおけるビフェ

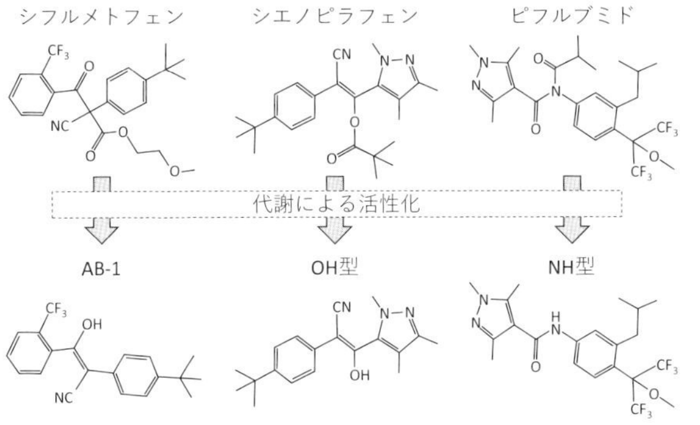

図 5.7 ミトコンドリア電子伝達系複合体 II 阻害剤の活性化（Hayashi *et al.*, 2013 および Nakano *et al.*, 2015 をもとに作図）

ナゼートへの感受性低下は，本来は生体防御機構として機能しているエステラーゼが，ビフェナゼートの毒性発揮に関与している証拠となる．複合体 II 阻害剤（IRAC コード 25）のシフルメトフェン（cyflumetofen），シエノピラフェン（cyenopyrafen）およびピフルブミド（pyflubumide）についても，ハダニの体内で代謝されてそれぞれ活性型の AB-1，OH 型および NH 型になることで高い殺ダニ活性を示す（図 5.7）．

このように，代謝酵素系は本来の生体保護機構として働く一方で，比較的低毒性の前駆体を活性化して毒性を高めるケースも少なくない．もともと毒性の高い薬剤や活性化された薬剤は，作用点に到達してハダニを含めた害虫の生理機能を阻害して死に至らしめる．

5.6.3　作用点と阻害機構

生命活動に必要な酵素やイオンチャネルなどが，農薬のターゲット（作用点）となる．作用点に到達した農薬（あるいはその代謝物）は拮抗阻害やアロステリック阻害をはじめ，さまざまな形で作用点であるタンパク質の機能を阻害あるいは撹乱して害虫や病原菌にダメージを与え，究極的には死滅させる．

最近の研究から，複合体 II 阻害剤は，ユビキノン結合部位（サブユニット B，C，D の境界）に結合することにより，ユビキノンへの電子伝達を阻害すると考えられている．図 5.8 は殺菌剤カルボキシン（carboxin）と複合体 II のドッキングシミュレーションである（Horsefield *et al.*, 2006）．ユビキノンは結合部位でサブユニットの特定のアミノ酸と水素結合をしているが，カルボキシンも作用点

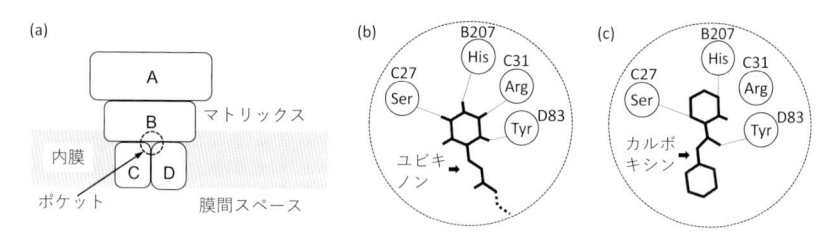

図5.8　ミトコンドリア電子伝達系複合体 II の構造と基質・阻害剤の結合部位（Horsefield *et al.*, 2006 を
もとに作図）

（a）サブユニット（A〜D）の構成とユビキノン結合部位（ポケット）．（b）大腸菌の複合体 II のポケッ
トでユビキノンと結合するアミノ酸（番号はそれぞれのサブユニット内での位置；B207 はサブユニット
B の 207 番目のアミノ酸を示す）．（c）同じポケットでカルボキシン（複合体 II 阻害殺菌剤）とアミノ酸
の結合．Ser：セリン，His：ヒスチジン，Arg：アルギニン，Tyr：チロシン．アミノ酸とユビキノン及
びカルボキシンを結ぶ点線は水素結合を示す

でユビキノンと同様にアミノ酸と水素結合することでユビキノンの結合を妨げて
いる．まったく同じアミノ酸でなくても，周辺のアミノ酸と結合して安定する薬
剤は同様にユビキノンの結合を妨げて還元反応を阻害する．

　しかし，遺伝的変異により結合しているアミノ酸が変わると結合が弱くなった
り，結合できなくなったりする．これが作用点変異による薬剤抵抗性の発現につ
ながる．このような抵抗性の発現（作用点変異）はアロステリック阻害など他の
形態の阻害でも同様と考えられる．また，種間でも塩基配列の相違により，アミ
ノ酸配列が異なる可能性があり，作用点に基づく選択毒性の要因の 1 つになると
考えられる．実際に，ハダニに効果があり，カブリダニに対しては毒性が低い複
合体 II 阻害剤の選択毒性が，作用点のアミノ酸配列の違いに由来することが示
唆されている（Li *et al.*, 2023）．このような知見が今後の薬剤開発に活用される
ことを期待したい．　　　　　　　　　　　　　　　　　　　　（刑部正博）

コラム 5　害虫の生活史から抵抗性管理戦略を考える

　殺虫剤（insecticide）や殺ダニ剤（acaricide）への抵抗性を発達させない害
虫防除を実現するには，薬剤の作用機構や野外における効力の実態を把握したう
えで，対象害虫の遺伝様式や生活史を鑑み，抵抗性の進化を遅らせるような状況
を作る必要がある．孫子にあるところの「彼を知り己を知れば百戦殆（あや）うからず」だ．
　特に注目すべき害虫の生活史形質の 1 つが移動分散である．圃場で殺虫剤や
殺ダニ剤を使えば，抵抗性遺伝子をもつ個体が，もたない個体よりも高確率で生
き残る．つまり防除は否応なしに抵抗性遺伝子の局所的な頻度を高めてしまうの

で，地域全体として抵抗性の進化を遅らせる（遺伝子頻度を低く保つ）には，生存個体やその子孫を生きて圃場から出させてはならない．しかし移動は同時に，剤が使われていない周辺の圃場や野外の寄主植物から感受性遺伝子を供給し，抵抗性発達を遅らせる効果ももつ．つまりわれわれとしては感受性個体の圃場への移入は歓迎だが，抵抗性個体の移出は封じたい（Takahashi *et al.*, 2017）．

　昆虫の場合，おもに雄成虫が交配相手を探して移動するか，あるいは交尾後の雌による産卵場所探索がおもな移動タイミングであるかは，分類群ごとに異なる（Johnson 1969）．いくつかのチョウ目害虫は，雄が活発に交尾相手を探す「移動→交配→産卵」の生活史をもつ．であれば，薬剤防除を生き残った抵抗性個体が産んだ次世代を，圃場から出さずに根絶するには，移動を開始する前の幼虫時期までに追加の防除を行えばよい．そして特定の剤に抵抗性の個体であっても，作用機構の異なる別の剤に対しては感受性の可能性は十分にある．複数剤の「混用」や「（世代内）ローテーション」といった抵抗性管理戦略により，ある剤の施用後に生き残った個体やその子を別の剤で防除し，抵抗性遺伝子を次世代の移動タイミングまで持ち越さない効果を期待できる（Sudo *et al.*, 2018）．

　われらのハダニはどうだろう．成虫は育った場所で交尾し，交尾後の雌だけが環境条件次第で稀に分散する．混用等の戦略を用いても，複数の剤で選抜された個体どうしが交配し，すべての剤に抵抗性遺伝子をもつ最強の子孫が産まれてしまう可能性が高い．このように敵を知るほど八方塞がりに思えてくるのがハダニの抵抗性対策であり，殺ダニ剤だけに頼るアプローチには限界がある．かくして，抵抗性を発達させずに個体群密度を低減しうる手段，すなわち生物的・物理的防除が，抵抗性遅延の観点からも希求されるに至ったのである．　　　　　（須藤正彬）

6 行動・生態

🐝 6.1 ● 集団構造と分散 🐝

6.1.1 ハダニ類の集団構造に影響する要素

ハダニ類は重要な農業害虫を含む．ハダニ類による被害の進行状況を予想したり，効率の良いハダニ類の管理方法を策定したりするためには，ハダニ類がもつ集団構造（population structure）や分散（dispersal）のパターンを理解することが重要である．本節では，ハダニ類の集団構造の特徴，およびハダニ類の分散方法として重要な歩行分散（ambulatory dispersal）と風分散（aerial dispersal）に関する特性について解説する．

何らかの隔離によって分けられた集団の間に遺伝的差異が生じていることを，集団の構造化（population stratification）という．遺伝的差異が生じるということはハーディー・ワインベルグの法則（Hardy–Weinberg principle）から乖離していることを意味するため，ハダニ類の集団構造を理解するには，ハダニ類の特性においてハーディー・ワインベルグの法則の要件に合致しない要素を整理するとわかりやすい．ちなみにハーディー・ワインベルグの法則とは，要件である「突然変異や自然淘汰，および個体の移出入が生じない，十分に大きな有性生殖集団において任意交配が行われる場合」が満たされるならば，世代を重ねても対立遺伝子（allele）や遺伝子型（genotype）の頻度が変化しない，すなわちその集団は進化しないということであり，またそのような状態をハーディー・ワインベルグ平衡（Hardy–Weinberg equilibrium）という．この観点からハダニ類の特性について整理したのが表 6.1 である．

このようにまとめてみると，個体の移出入とは移動分散そのものであるし，ハダニ類のコロニー創設やコロニー内の遺伝構造には単数倍数性が強く関与してい

表 6.1 ハーディー・ワインベルグの法則の要件とそれらに対応するハダニ類の特性

ハーディー・ワインベルグの法則が成り立つ集団	ハダニ類の特性
突然変異が生じない	突然変異が生じる
自然淘汰が働かない	環境によって淘汰圧がかかる遺伝子型や表現型が存在する
個体の移出入がない	移動分散によるコロニー間での個体の移出入あり
十分に大きな集団	雌1個体でもコロニー創設可能（強い創始者効果） 交配集団としてのコロニーサイズは数個体〜数百個体と限定的 ただし、種としての分布はナミハダニのような世界共通種（cosmopolitan species）もみられる
有性生殖	半数倍数性により交配を伴わない次世代生産も行われる
任意交配	しばしば近親交配（inbreeding）が生じる 局所的配偶競争（local mate competition）による性比の偏りが生じる（4.3節） 半数倍数性に起因する社会性の種もみられる（6.5節）

ることがわかる．なお，突然変異と自然淘汰に関する特性はハダニ類に限らずすべての生物種に共通であるため，本節では扱わない．また，局所的配偶競争に関する説明は 4.3 節に，社会性に関する説明は 6.4 節に委ねる．

6.1.2 単数倍数性決定がハダニ類の集団構造に及ぼす影響

ハダニ類の性決定様式は単数倍数性であり，未交尾雌成虫は単数体である未受精卵を雄卵として産むことができる．たとえばケナガスゴモリハダニ *Stigmaeopsis longus* やナミハダニ *Tetranychus urticae* では，息子が成虫になったときに母親である未交尾雌がまだ生存している場合，母子で交尾をすることにより母親は受精卵，すなわち雌卵の産卵を開始できることが確認されている（Saito, 1987；Tuan *et al.*, 2016）．このようにハダニ類では既交尾雌成虫のみならず，未交尾雌成虫であっても，たった 1 個体からコロニーを創設できることになるが，当然この場合コロニー内では近親交配が避けられない．なお，ハダニ類はオス個体が単数体であるため，オス個体における遺伝子発現により致死遺伝子など潜性有害対立遺伝子を個体群から排除する純化淘汰がより強く働く（Atmer, 1991）．その結果，現存する遺伝子プールからはそのような有害対立遺伝子がすでに排除されているため，近交弱勢（inbreeding depression）は生じにくいとされる（Crozier, 1985）．ただし，二倍体の雌でのみ発現する遺伝子はこのメカニズムでは排除されないため，そうした遺伝子に起因する近交弱勢が検出される場

合がある．たとえばSaito *et al.*（2000）は，ススキスゴモリハダニ *Stigmaeopsis miscanthi* を用いて近親交配系統と異系交配系統とで雌の産卵速度を比較したところ，近親交配系統では異系交配系統よりも有意に産卵速度が低かったことを報告している．逆に，生存に有利な突然変異は，雄が単数体となる遺伝子座では（つまりハダニなどの単数倍数体のみならず，ヒトなどの雄ヘテロ型性決定における性染色体上の遺伝子座においても）二倍体となる遺伝子座の場合と比べて理論上速やかに固定される（Hartl, 1972）．

6.1.3　ハダニ類の空間分布パターンと移出入

　移出入とかかわりが強い空間分布のパターンはナミハダニにおいてよく調べられている．ナミハダニの既交尾雌成虫では，資源が不足したり天敵の襲撃を受けたりなど，現在利用しているハビタットの環境が悪化すると分散する個体が現れる．一方，幼虫や若虫，および未交尾雌成虫は歩行により分散が可能なステージではあるものの，環境が極端に悪化しない限り分散せず，コロニーにとどまる傾向が強い．分散を開始した既交尾雌成虫は新たな好適環境にたどり着くと採餌・産卵を開始しコロニーを形成する．こうして形成されたコロニーでは，創始者である既交尾雌成虫個体が保有するゲノム（すなわち，創始者そのもののゲノム，および分散前に行った交尾により獲得した精子に含まれるゲノム）を由来とする子孫個体間の近親交配が繰り返されることとなる．Hinomoto and Takafuji（1994）は，施設栽培のイチゴに発生するナミハダニにおいて，ホスホグルコースイソメラーゼ（phosphoglucose isomerase, PGI）遺伝子座の対立遺伝子頻度を部分集団の規模を小葉から施設全体まで変えて比較することにより集団構造を解析した．その結果，ハーディー・ワインベルグ平衡から逸脱した部分集団の割合は解析したなかで最も小規模である小葉レベルにおいて最小であり，部分集団の規模が大きくなるにつれてその割合は増加傾向だった．また，小葉レベルでは近親交配の度合いを表す近交係数 F_{IS} は最小だったが，集団間の遺伝的な違いを表す固定指数 F_{ST} は最大となった．このことは規模の大きい部分集団が遺伝子頻度の異なる部分集団の集まりであること，すなわち集団の構造化が生じていることを示しており，このようなハーディー・ワインベルグ平衡からの逸脱に関する傾向はワーランド効果（Wahlund effect）と呼ばれる．以上をまとめると，小葉レベルでは創始者効果（founder effect）により限られた遺伝的組成になりがちではあるものの，コロニーが形成されるとそのなかでは任意交配が行われており，

小葉よりも大きいレベルではコロニー間の個体の移出入が限定されているため遺伝的分化が進んでいるものの，施設全体では遺伝的多様性が維持されていることを示している.

なお，ハダニ類の置かれた環境によって集団構造に変化が生じることが知られている. Uesugi *et al.* (2009a, b) は，マイクロサテライト（SSR）を用いてバラの施設栽培，およびリンゴの露地栽培におけるナミハダニの集団構造を解析した. その結果，バラの施設栽培ではナミハダニの移動分散距離はせいぜい 2～3 m と推定されたが，露地栽培のリンゴ園ではナミハダニの移動分散距離は 100 m 以上と推定された. この違いを生む原因として考えられているのは，農薬の使用頻度や天敵との遭遇頻度である. バラ栽培では害虫がわずかにでも発生すると商品価値が著しく減少するため，リンゴ園などよりも高頻度に農薬散布がなされる. その結果，分散することにより農薬の被曝リスクが高まる行動よりも，多少環境が悪化していても農薬がかかりにくい実績（生き残っているということはそこに農薬がかからなかったことを意味するため）を有する元のコロニーにとどまる行動の方が適応的なのかもしれない. また，高頻度の農薬散布により天敵密度も減少していることから，天敵に襲われるリスクの回避（6.2 節を参照）のために分散行動をとる必要性が薄れている可能性もあるだろう. いずれにせよ，環境の違いにより行動に変化がみられるということは，その行動，ここでいう分散行動のしやすさという形質に何かしらのトレードオフが存在する可能性が高いということである.

また，この施設栽培と露地栽培とでナミハダニの移動距離パターンに違いがみられた理由として，分散方法が関与している可能性も考えられる. ナミハダニの自発的な分散には，近傍への分散方法である歩行分散と，遠方への分散方法である風分散が知られるが，これらの分散方法と密接に関与し，かつ施設栽培と露地栽培とで顕著に異なる環境条件に風雨がある. 露地栽培環境において降雨時は植物体も濡れている可能性が高いため，水にトラップされてしまうナミハダニは歩行分散できない，一方，施設栽培では自然降雨はなく，底面灌水などハダニ類の寄生部位に水滴がかからない方法もよく採用されるため，歩行分散が可能なタイミングは露地栽培のものよりもありふれている. また，露地栽培より施設栽培の方がより作物がこみあっている傾向もあるため，別の植物個体へ移動する観点からも，露地栽培よりも施設栽培の方が歩行分散を成功させる機会に恵まれている. 一方，ナミハダニの風分散には栽培施設内であまりみられない風速が必要である.

Osakabe *et al.*（2008）は，3次元モデルを用いた空気力学的シミュレーションによってナミハダニ雌成虫が風分散を行うのに必要な条件を洗い出したところ，若い雌成虫など痩せた個体の体重（5 µg）であっても風速2.0 m/秒以上は必要であることを明らかにした（ちなみに，家庭用扇風機の最大風速で3.5 m/秒程度であり，扇風機から少しでも距離をおくと風下でも風速は激減する）．この風速条件は送風ファンの近傍などといった特殊な箇所を除き，栽培施設の内部ではあまりみられない環境である．一方，野外ではこの程度の風速はありふれたものであり，リンゴ園でみられた長距離移動の痕跡はこうした風分散が寄与したものと考えられる．

　ナミハダニの歩行分散行動特性からみて，分散個体が能動的に他のコロニーへ移入することを示唆する報告もある．Yano（2008）は室内操作実験によってナミハダニ既交尾雌成虫における先行分散個体の影響について検証した．ハダニ類は歩行時に触肢先端の出糸腺から出す糸を歩行跡として残すが，分散するナミハダニ既交尾雌成虫は先行個体が残した糸をたどる傾向が強いことが明らかとなった．またこのとき，追従する個体も糸を歩行跡として残すため，このことが先行個体の歩行跡の効果をさらに増強する．ナミハダニの分散個体はこの習性により，先行個体の創始したコロニーに合流したり，自分の歩行跡をたどることにより同じ場所を徘徊する傾向が強まることで新たなコロニーを創始したりする．つまりこのことは，ナミハダニの分散個体が他のコロニーへ到達する確率は，分散個体がランダムに歩行分散して別のコロニーそのものに偶然たどり着くよりもはるかに高いと考えられる根拠となる．合流行動における適応的意義としては，身を守る要素が乏しい場所に単独でコロニーを創設するよりも，巣網によるバリア効果が期待できる先行個体のコロニーに合流するほうが，天敵による捕食や風雨を回避しやすいことがあげられる．なお，他のコロニーに合流することで近交弱勢を回避している可能性も考えられるが，単数倍数性決定様式によりハダニ類ではもともと多くの遺伝子型において近交弱勢自体が生じにくいため，このことについては前述のとおり性特異的な発現形質などに効果は限定されるだろう（ただし，雌特異的に発現する形質の多くは産卵など適応度に大きくかかわると考えられることから，この「限定される」というのは決してその影響が無視できるという意味ではない）．いずれにせよ，ナミハダニの歩行分散スケールにおいて，先行個体の歩行跡をたどるという行動特性はコロニー間にある遺伝的差異を解消するという意味で，集団構造を均一化へと向かわせる要素の1つと考えられる．

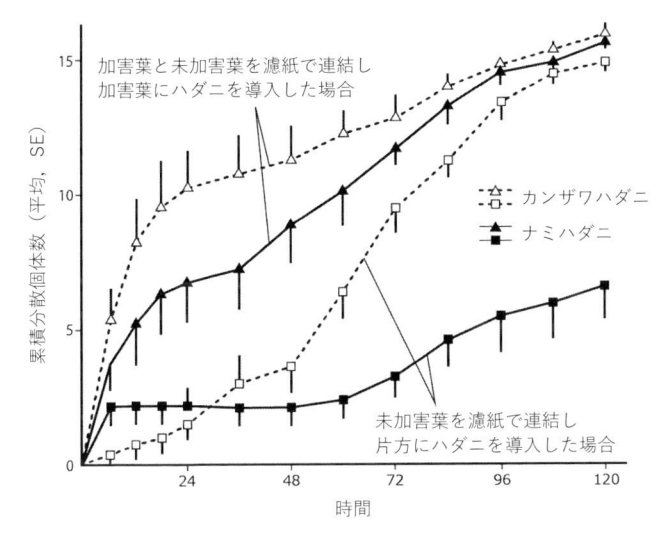

図 6.1 ナミハダニおよびカンザワハダニ雌成虫における葉の質と分散傾向
（Kondo and Takafuji, 1985 を改変）
葉の質が悪化した場合，カンザワハダニはナミハダニよりも分散個体の割
合が高い．

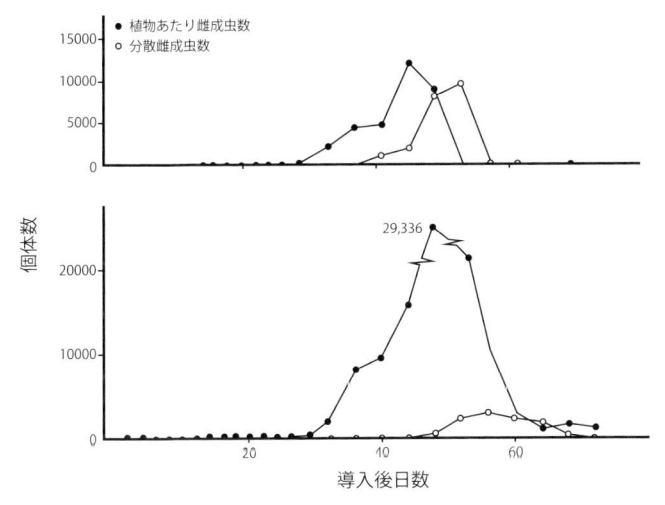

図 6.2 カンザワハダニ（上）とナミハダニ（下）のインゲンマメ上における個
体数および分散個体数の推移（Kondo and Takafuji, 1985 を改変）
ナミハダニはカンザワハダニよりも高密度のコロニーを形成し，分散する個体も
比較的少ない．

　ハダニの種によって，空間分布パターンや分散傾向に違いがみられる．たとえば，近縁種であるナミハダニとカンザワハダニ *Tetranychus kanzawai* は体サイズや寄主範囲，各種生活史パラメーターの値がよく似ているにもかかわらず，それらの分散傾向や資源利用パターンには随分と違いがみられる（Kondo and Takafuji, 1985）．この両者を比べると，カンザワハダニはナミハダニよりも餌資源の悪化に対して強く反応し，より早く分散する（図6.1）．また，ナミハダニはカンザワハダニよりもこみあいに耐性を示し，カンザワハダニの2～3倍も大きいコロニーを形成するなど，餌資源をより効率よく利用する（図6.2）．こうした両種の行動の違いは，両種それぞれの分散形質やこみあいへの耐性にかかってきた淘汰圧が異なるという，それぞれの種が経験した進化的背景の相違に起因するのか，それとも同様の進化的背景をもつにもかかわらずどちらの行動戦略も現段階における部分最適解であることに起因するのかという点で非常に興味深い．

✺ **6.2 ● 天敵と捕食回避** ✺

　捕食-被食相互作用は個体群動態において最も重要な種間相互作用である．そのため，ハダニ類の適応戦略（adaptive strategy）を理解するには，共進化の関係にあるハダニ類の天敵（natural enemy）にも目を向ける必要がある．ハダニ類の天敵には大きく分けて捕食性天敵と寄生性天敵が知られる．寄生性天敵には昆虫病原糸状菌や *Bacillus thuringiensis* などのバクテリアに関する報告があるものの，その種類や生態に関しては依然として不明な点が多い．一方，捕食性天敵については，室内実験レベルから圃場レベルまで多岐にわたる研究活動が繰り広げられてきた．本節ではハダニ類における捕食性天敵のタイプ，およびハダニ類の捕食回避戦略について整理しつつ解説する．なお，ハダニ類の天敵相に関する説明は8.2.3項に委ねる．

6.2.1　捕食行動の種類

　一般に捕食行動は待ち伏せ型と探索型とに分けられる．ハダニ類の待ち伏せ型捕食者（ambush predator）については，ツメダニ科 Cheyletidae の *Cheletomimus wellsina*（= *Hemicheyletia wellsina*）について報告がある．Ray and Hoy（2014）によると本種は待ち伏せ型捕食者であり，成虫などの活動ステー

ジしか捕食しない．ハダニが偶然近くを通過するのをひたすら待つという本種の受動的な捕食行動パターンは生態学的には興味深いものの，ハダニの高密度条件には依存するにもかかわらず（そもそもこのような待ち伏せ型捕食戦略は被食者が低密度の場合には存続できない），根本的にハダニ密度を制御しうる特性ではないため（餌を枯渇させては移動するならば，それはもはや待ち伏せ型ではなく探索型に分類されるべきである），ハダニ類の被害管理の観点からはほとんど注目されていない．

一方，探索型捕食者に関してはハダニ類の密度制御に寄与する種が知られており，また実際に生物農薬として販売されている種もあることからわかるように，生態学的のみならず応用的にもきわめて重要度が高いため，研究も活発に行われている．以降はハダニ類における探索型捕食者について説明する．

6.2.2 捕食性天敵の食性幅

捕食者の特性を理解するうえで，捕食対象種の範囲を意味する食性幅（range of food habits）は重要な要素である．一般に，単独種のみを捕食する単食性（monophagous）および限られた種のみを捕食する狭食性（oligophagous）の種はスペシャリスト（specialist）として，またさまざまな種を捕食する広食性（多食性とも，polyphagous）の種はジェネラリスト（generalist）として分類される．このような分類が必要なのは，スペシャリストとジェネラリストとでは捕食戦略に大きく違いがみられるためである．ハダニ類の捕食者において，スペシャリスト捕食者とジェネラリスト捕食者の特性を整理したのが表6.2である．

ハダニ類の重要な捕食者として知られるカブリダニ類においても，その種によってハダニ類への依存度はかなり異なる．カブリダニ類はその生態的特性および食性幅により，Type I から Type IV までの4種類に分けられている（McMurtry and Croft, 1997）．Type I はハダニ類のなかでも不規則立体網を形成するナミハダニ属 *Tetranychus* のみを餌として依存するスペシャリストであり，チリカブリダニ *Phytoseiulus persimilis* が含まれる *Phytoseiulus* 属が知られている．Type II にはケナガカブリダニ *Neoseiulus womersleyi* などが含まれ，ナミハダニ属を中心としつつも，Type I より広くハダニ科を餌として利用する．Type I および Type II に含まれるスペシャリスト種はナミハダニなどが形成する不規則立体網でも容易に侵入し，内部の個体を捕食することができる．ニセラーゴカブリダニ *Amblyseius eharai* などが含まれる Type III やコウズケカブリダニ

表6.2　ハダニ類におけるスペシャリスト捕食者とジェネラリスト捕食者の特性の比較

	スペシャリスト捕食者	ジェネラリスト捕食者
捕食効率	高い	低い
ハダニ類の不規則立体網への対応	侵入できる	侵入できない
餌資源としてのハダニ類への依存度	高い（ハダニしか利用しない）	低い（ハダニ以外も利用する）
ハダニ密度と捕食者出現時期との関係	ハダニが高密度になってから出現	ハダニが低密度であっても出現
ハダニ類防除における適性	ハダニ多発生状況における即効性を目的とする大量放飼	ハダニ被害を未然に防ぐことを目的とする保全的生物的防除

Euseius sojaensis などが含まれる Type IV はハダニ類以外にもフシダニ類やアザミウマ・コナジラミといった微小昆虫類，および花粉なども餌として利用できるが，Type III よりも Type IV のほうがよりハダニ類への依存の程度が低い．Type III および Type IV に含まれるジェネラリスト種はハダニ類を捕食することはあるものの，ナミハダニなどが形成する不規則立体網に侵入できないため，すでに発達した巣網内部にいるハダニを捕食できない．ただし，ミヤコカブリダニ *Neoseiulus californicus* のように実質的には Type II と Type III とをまたぐような種も存在するため，この分類はあくまで便宜的なものととらえるべきである．また，McMurtry *et al.* (2013) ではこの分類をさらに細分化することを提案するなど，知見の集積に伴いその分類自体も更新されつつある．

　ハダニ類の生物的防除（biological control）が検討された当初は，おもにスペシャリスト捕食者の利用を中心に研究開発が進められてきた．生物的防除には大きく分けて，放飼増強法（augmentation；人為的に天敵を放飼することにより一時的な防除効果を期待する方法），保全的生物的防除法（conservation of natural enemy；環境整備により圃場内外に生息する土着天敵を有効活用する方法），および伝統的生物的防除法（classical biological control；他の地域で確保した外来天敵を圃場に導入し永続的に防除効果を期待する方法）の3つに分けられるが，ハダニ類の被害管理の観点においてスペシャリスト捕食者を用いる場合は放飼増強法がおもに採用される．その理由は，ハダニ類への依存度が高いスペシャリスト捕食者の個体群を維持するには，皮肉な話ではあるが彼らの餌であるハダニ個体群の存在が欠かせないため，圃場でスペシャリスト捕食者を持続的に維持し続けるためには圃場のどこかでハダニ個体群を維持管理して捕食者を増殖

しなければならないというジレンマが生じるからである．特にカブリダニ類においてはその移出入や餌探索方法が歩行によるため，圃場の周辺植生からスペシャリストのカブリダニの十分な移入を期待することが多くの場合において難しい．一方，ダニヒメテントウ類 *Stethorus* spp. やハダニタマバエ *Feltiella acarisuga* など翅を有する天敵昆虫類は飛翔できるため移動能力が高く，ハダニ類の高密度パッチにどこからともなく飛来する．これらの天敵昆虫類は捕食するハダニの量もカブリダニより多く，速やかにハダニ密度を低下させた後，他のハダニ高密度パッチを求めて速やかに圃場から脱出する．このように，ハダニスペシャリストの天敵昆虫類がもつ防除効果自体は高いものの，反面その移動分散能力も高いことから，これら天敵昆虫類の利用に際し，保全的生物的防除法はもとより，たとえ放飼増強法を採用したとしても，その効果を都合よく制御することは大変困難である．また，これらの天敵昆虫類は基本的にハダニが作物上で高密度にならないと出現せず，この場合すでに作物には被害が生じていることが多いため，保全的生物的防除法を用いたハダニスペシャリストの天敵昆虫類による効果は遅延気味である．

そこで近年注目されているのが，ハダニ類の被害管理におけるジェネラリスト捕食者の利用である．たとえば，前述のミヤコカブリダニはチリカブリダニと比べるとハダニの防除効率は劣るものの，ハダニ以外の昆虫や花粉も餌資源として利用可能であるため，ハダニ密度が低い状況ではチリカブリダニよりも定着性が高い．そのため，同じ放飼増強法的に利用しても，ミヤコカブリダニのほうが結果として効果をより期待できる場合も多い．また，ハダニの保全的生物的防除において，土着天敵（native natural enemy）としてもともと下草などに生息するニセラーゴカブリダニやコウズケカブリダニなどを有効活用するための技術開発も進められている．これらのカブリダニ種はハダニ以外の節足動物や花粉を代替餌として作物上に定着することができる．また，ハダニが構築する不規則立体網を突破できないためハダニ多発生状況では防除効果は期待できないが，これらのカブリダニ種は歩行速度が速く餌探索能力に優れるため，ハダニがこの立体網を形成する前であればそのコロニーを壊滅することができる．ただし，これらのカブリダニは共食い（cannibalism）やギルド内捕食（intraguild predation）の傾向も強く，またその程度は種ごとに差があり，種によっては共食いやギルド内捕食傾向が強すぎて生物的防除効果をキャンセルすることもある（Tsuchida *et al.*, 2022）ため，防除効果を期待するためにはそうした影響も考慮する必要がある．

6.2.3　天敵のハダニ類探索

　これまでにあげてきたハダニ類の天敵は，いずれも体長が最大でも数 mm と
いったサイズにとどまる．彼らのサイズからはハダニのパッチを俯瞰的に探索
することは不可能であるにもかかわらず，実際にはハダニが多発生するとどこ
からともなく天敵がやってくる．とりわけ，ハダニ類の重要な天敵であるカブ
リダニ類は視覚をもたないが，ハダニのパッチにたどり着く．これらの事実は，
ハダニ類の天敵は私達がハダニを見つける方法とは異なる何らかの物理的・化
学的方法によってハダニの発生状況を把握していることを示唆するものである．
Sabelis and van de Baan（1983）は Y 字型オルファクトメーターを使った室内
実験により，ナミハダニに加害されたリママメの葉がチリカブリダニを誘引す
ることを明らかにし，Dicke *et al.*（1990）はナミハダニに加害されたリママメか
ら放出される誘引物質を特定した．加害植物の未加害部分からもこれらの誘因
物質が生産・放出されることなどから，このとき植物から放出されるアレロケ
ミカル（allelochemical）はナミハダニが植物を加害することにより植物の組織
内で誘導的に生産されたと考えられ，その総称を植食者誘導性植物揮発性物質
（herbivore-induced plant volatiles, HIPVs）と呼ぶ．

　ハダニの探索の手がかりは HIPVs 以外にも知られている．Shinmen *et al.*
（2010）は，ケナガカブリダニがナミハダニの歩行跡をたどることを報告してい
る．このとき，ナミハダニの吐糸のメタノール抽出物でも同様の効果がみられた
が，メタノールで洗浄したナミハダニの糸などの痕跡は効果を示さなかったこと
から，ケナガカブリダニはナミハダニの糸そのものではなく，糸に含まれる何か
しらの化学物質を手がかりに探索していることになる．

6.2.4　ハダニ類の捕食回避戦略

　天敵と比べハダニ類は歩行速度も遅く，HIPVs や歩行跡によってその存在が
天敵にあらわになるなど，ハダニ類には一見なすすべがないように思われる．し
かし，彼らは彼らなりに捕食を回避するようさまざまな形質を進化させている．
ナミハダニやカンザワハダニはジェネラリスト捕食者でもあるアリ類や，Type
III や Type IV に分類されるジェネラリストのカブリダニ種が突破できない不規
則立体網を形成する．一方，Type I や Type II に分類されるスペシャリストの
カブリダニ種はこの立体網を突破できるが，ハダニはそれらの種に対しても有
効な捕食回避戦略を発達させている．たとえば，ケナガカブリダニの存在を察

知したカンザワハダニ雌成虫のなかには，捕食を回避するために巣網から脱出する個体が現れる（Otsuki and Yano, 2014）．ただし，巣網から出るとアリ類やType III，Type IV に分類されるカブリダニ種といったジェネラリスト捕食者に襲われやすくなるという別のリスクが発生する（Otsuki and Yano, 2014）．ほかにも，ケナガカブリダニによる危険にさらされたカンザワハダニ雌成虫は，産卵する場所を葉面上から立体網上へと変更することにより卵の捕食率を低下させる（Otsuki and Yano, 2017）し，ケナガカブリダニがハダニを捕食するときに放出する匂いにさらされたカンザワハダニ若虫は，葉面上から立体網上に移動して静止期を迎えるようになる（Oku *et al.*, 2003）．なお，立体網上に卵を産みつけたり，静止期を立体網上で過ごしたりするという捕食回避行動も，普段は産卵や脱皮の場所として葉面上を選択していることからみれば，何かしら別のリスクを抱えている可能性が高い．たとえば，立体網上に産みつけられた卵は，風雨により流されやすくなるという別のリスクにさらされる（Okada and Yano, 2021）．こうしたトレードオフにさらされているからこそ，ハダニ類は状況に応じた行動の可塑性（behavioral plasticity）を進化させてきたといえよう．

　天敵に対しハダニが戦いを挑むことにより捕食を回避する場合も報告されている．タケカブリダニ *Typhlodromus bambusae* は亜社会性を営むスゴモリハダニ類の天敵として知られる．タケカブリダニはスゴモリハダニが形成する堅牢な巣網を破壊し，内部の卵や幼虫などを捕食する．しかし，スゴモリハダニ類は種によって程度の差はあれども，両親がタケカブリダニの幼若虫に対し反撃行動を行う（Saitō, 1986a；Mori and Saito, 2004；Saito *et al.*, 2011；Yano *et al.*, 2011）．ケナガスゴモリハダニに関しては，雄が天敵に反撃した際に，逆に天敵を殺して捕食することもある（Saitō, 1986b）．スゴモリハダニ類には激しい雄間闘争がみられる種も含まれるため，一見その形質が派生的に天敵への闘争行動へと向けられたようにみえるかもしれない．しかし，この天敵に向けた闘争行動は雄のみならず雌成虫にもみられるため，これらの闘争行動の進化についてはそのことも考慮した慎重な議論が必要である．

6.2.5　ハダニ類のギルド内捕食者

　先にハダニの天敵間におけるギルド内捕食について述べたが，ハダニにおいてもギルド内捕食から免れることはできない．Shirotsuka and Yano (2012) は，ヤブガラシ *Cayratia japonica* に寄生するカンザワハダニがチョウ目コスズメ

Theretra japonica 幼虫やセスジスズメ幼虫に，またカンキツに寄生するミカンハダニ *Panonychus citri* がナミアゲハ *Papilio xuthus* 幼虫に葉ごと捕食されたことを報告している．これらの現象は，チョウ目幼虫からすれば意図しない偶然の出来事かもしれない．しかしハダニ類からすれば，正真正銘の捕食性天敵から捕食されることと，同じギルドに位置する別の植食者に捕食されてしまうこととは，どちらも適応度にかかわる重要な現象であることに変わりはない．むしろ，同じ餌資源を利用するという意味では同じギルドの他種との遭遇頻度はかなり高いわけであり，また葉ごと捕食されるという意味では巣網による防衛などでは太刀打ちできないため，実際には捕食性天敵に襲われるよりもたちが悪い．ナミハダニやカンザワハダニはチョウ目幼虫の足跡を避ける行動を示し（Kinto *et al.*, 2023），少なくともチョウ目幼虫の足跡のアセトン抽出物に含まれる化学物質がその回避行動を引き起こす（Kinto *et al.*, 2023）という事実も，こうしたギルド内捕食がハダニ類の適応進化に無視できない淘汰圧として影響し続けている何よりの証拠であろう（コラム6も参照）．

（笠井　敦）

コラム6　大害虫のハダニが恐れる芋虫−植食者が自然界の秩序を保つ？

　増殖が速く新しい農薬にすぐに抵抗性をつけるハダニは圃場では猛威を振るうが，自然界では外敵に怯えて細々と暮らしているようだ．体長が10 cmにも及ぶ大食漢のチョウやガの幼虫（以下，芋虫）は，餌葉に体長0.5 mm未満のハダニがいても構わず丸ごと食べてしまう（Shirotsuka and Yano, 2012）．住み処の葉を食われると，ハダニは命を落とすだけでなく，半生をかけて築いた防御網や子孫をすべて失う．そんな大災害を避けるため，ハダニは芋虫との遭遇を防ぐ戦略をもつべきである．

　ハダニの住み処を決めるのは分散ステージの雌成虫である．Kinto *et al.* (2023) は，ナミハダニ *Tetranychus urticae* とカンザワハダニ *Tetranychus kanzawai* の雌成虫が各種芋虫（カイコ，セスジスズメ，ナミアゲハ，ハスモンヨトウ）が植物葉に残す足跡を避けることを発見した（図1）．餌植物が違うために出会う可能性がない芋虫の足跡もハダニは避けた．多種の植物を利用するハダニはさまざまな芋虫に出会う可能性があるので，芋虫全般に共通する因子を避けるのかもしれない．さらに，カイコにガラスの上を歩かせてアセトンで抽出すると，カンザワハダニの雌成虫はその抽出物を避けた．これは，ハダニが植食者の足跡物質を避けることを発見した世界初の事例である（Kinto *et al.*, 2023）．

　ハダニは捕食者であるアリの足跡物質も避ける（Yano *et al.*, 2022）．多くの植

物種を利用できるハダニは，餌に不自由しないようにみえるが，実際は芋虫やアリの足跡に怯えて，餌の利用を大きく制限されているのだろう．これらの物質を特定できれば，天然成分由来で環境にやさしい夢のハダニ忌避剤が実現するかもしれない．芋虫やアリの足跡物質を恐れないハダニは捕食されて淘汰されるので，この忌避剤への抵抗性は発達しないと予測されるからだ．　　　　　　（金藤　栞）

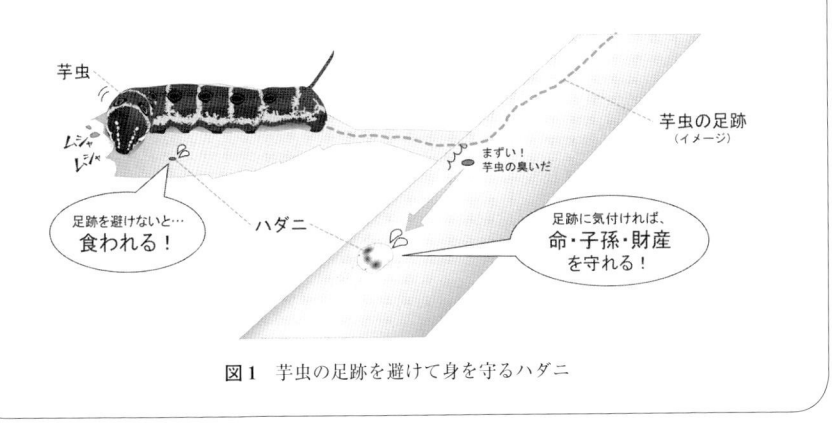

図1　芋虫の足跡を避けて身を守るハダニ

6.3 ● 繁 殖 行 動

　ハダニの多くの種では単数倍数性の性決定機構をもち，雌雄異体で有性生殖を行う．ダニ類の多くは雄が精包（spermatophore）をつくり，鋏角や脚を用いて雌の体内に精包を送り込む，または雌が自ら精包を取り込むことで精子の受け渡しを行う．しかしハダニでは，昆虫と同様に雄が挿入器（aedeagus）をもち，交尾により雌に精子を受け渡す．ハダニの交尾姿勢は独特であり，雄は雌の背後にまわり第I脚で雌の腹部背面をたたき，求愛する．求愛に応じた雌は腹部を持ち上げ，雄は雌の腹部下側に潜り込み，尾端を上方に反らせて挿入器を雌の交尾口（copulatory pore）に挿入する（Potter *et al.*, 1976a, b；Conc, 1985；Sato *et al.*, 2015）

　交尾持続時間は，ナミハダニ属 *Tetranychus* やスゴモリハダニ属 *Stigmaeopsis* では平均して2分40秒から4分50秒程度であり（Potter and Wrensch, 1978；小澤・高藤，1987；Oku, 2008；Sato *et al.*, 2014b, 2015；Kobayashi *et al.*, 2022），マルハダニ属 *Panonychus* では平均して9分から13分程度（Takafuji and Fujimoto, 1985；国本ほか，1991）である．ただし，同じ種や系統であっても，交尾持続時

間はペア間で大きく異なり，その他，経験した交尾回数や前の交尾からの経過時間等，さまざまな要因により異なる．1回の交尾で送り込まれる精子量については不明であるが，ナミハダニ *Tetranychus urticae* では1回の交尾で雌が生涯産む卵をすべて受精させるだけの量を送ることが可能である（Helle, 1967）．また，中断されることなく交尾が正常に終了した場合，雌が引き続き他の雄と交尾しても，卵の受精には最初の雄から渡された精子が優先的に卵の受精に使われることが，ナミハダニの野生型とアルビノ型を使った研究や（Helle, 1967；Potter and Wrensch, 1978），カンザワハダニ *Tetranychus kanzawai* の2系統とDNAマーカーを使った研究（Oku, 2008）で確認されている．しかし，ナミハダニでは1回目の交尾が中断された場合や，交尾相手が精子枯渇気味の雄である場合，2回目の交尾で渡された精子が卵の受精に使われる（Helle, 1967；Potter and Wrensch, 1978；Satoh *et al.*, 2001；Rodrigues *et al.*, 2020；Morita *et al.*, 2020）．2回目の交尾で受け取った精子が受精に使われる割合は，1回目の交尾が開始してから中断されるまでの時間や（Potter and Wrensch, 1978；Morita *et al.*, 2020），中断されてから次の交尾が始まるまでの時間に依存する（Satoh *et al.*, 2001；Morita *et al.*, 2020）．また，Satoh *et al.* (2001) のナミハダニを使った交尾中断実験では，40秒程度の交尾時間が確保されれば卵の受精に問題がみられなかった．そのことから，交尾持続時間には精子の受け渡しだけでなく，雄が子の父性を確実にするための交尾後ガードも含まれていると考えられている（Satoh *et al.*, 2001）．交尾の際，交尾器を抜いた後も同じ雌に対して再度挿入する行動や，長い最初の交尾の後に短い追加交尾を行うことがナミハダニやススキスゴモリハダニ種群 *Stigmaeopsis miscanthi* species group で観察されており（Sato *et al.*, 2015；Kobayashi *et al.*, 2022），これらも交尾後ガードのためと考えられる．

　このように，ハダニの雌は実質1〜数回の交尾で受精卵を生涯にかけて産むことができる．しかし，ハダニの雄は何度でも交尾することができる．ナミハダニでは雄が1日に平均15.5個体の雌を，生涯に平均112.5回交尾し（Morita *et al.*, 2021），68.9個体の雌を受精させることが（Krainacker and Carey, 1989），ミカンハダニ *Panonychus citri* では雄が1日平均9.8個体の雌を受精させることが報告されている（Beavers and Hampton, 1971）．一方，ナミハダニの雄が3時間で5〜25個体もの雌と交尾するものの，卵の受精がみられるのは多くて最初の11個体までであり，それ以降の交尾では受精卵が産まれないことが報告されている（Kobayashi *et al.*, 2022）．そのため，雄は精子が枯渇しても交尾を試み続

けていると考えられる.なぜ精子が枯渇しても交尾し続けるのかは不明であるが,ナミハダニの雄では,精子枯渇しても3時間という短時間で,数個体の雌を受精させうる程度には精子が補充される（Yokoi *et al.*, 2023）.

6.3.1 雄の繁殖戦術

子孫を残すために雌をめぐって雄どうしが戦う行動はさまざまな動物でみられ,ハダニにおいても古くから報告されている（Potter *et al.*, 1976a, b）.ハダニでは,前述のとおり,雌は複数の雄と交尾しても最初の交尾相手から受け取った精子を優先的に卵の受精に使用するため,雄が子孫を残すためには,いかに未交尾雌と交尾するかが重要となる.ハダニでは,雄が第3静止期（脱皮して成虫になる直前のステージ）の雌の上に乗り（マウント行動）,近づいてきた他の雄を攻撃して追い払う行動が頻繁にみられるが,この行動は未交尾雌を確保するための交尾前ガード（precopulatory mate guard）であるとみられている（Potter *et al.*, 1976a, b）.交尾前ガードをしている雄が周囲の雄を追い払う際,しばしばその雄との戦いに発展するが,そこでは口針と第I脚を使った激しい攻撃行動がみられ,その結果,攻撃した側もされた側も致命的な傷を負うこともある（Potter *et al.*, 1976a, b）.第3静止期の雌が脱皮を始めると,マウント中の雄は第I脚で雌の後背部を刺激して脱皮を促し,口器を使って脱皮殻を脱ぐのを手伝う.その結果,ガードされている雌はされていない雌よりも短時間で脱皮を完了させ,雄は即座に交尾に至ることができる（Schausberger *et al.*, 2023）.これがナミハダニで一般的にみられる雄の繁殖行動であるが,一部の系統では,雄とは認識されていないのか,周囲の雄からの攻撃を受けず,自らも攻撃して追い払うこともせずにマウントし続ける雄が見つかっている（Sato *et al.*, 2013a）.周囲の雄から攻撃を受けない至近メカニズムについてはいまだ不明であるが,この行動はスニーキング行動とみなされ,戦いで雌を確保するといった主流の繁殖戦術に対する代替繁殖戦術（alternative reproductive tactics）としてとらえられている.雄の代替繁殖戦術の進化はさまざまな動物でみられ,戦いに勝つ見込みのない雄が少しでも子孫を残すためにとる戦術であるとみられることが多い.しかしナミハダニでは,体が大きく第I脚の長い雄が勝つ傾向にあるものの（Potter *et al.*, 1976a, b；Enders, 1993）,繁殖戦術と体サイズの関係は今のところみられていない（Sato *et al.*, 2013a）.また,雄密度がそこそこ高い状況下で,かつ,若い雄が代替戦術をとる傾向にあることが報告されている（Sato *et al.*, 2014a）.そして,

競争があまりに過度でなければスニーキング戦術をとった雄の方が長生きする傾向にあることが報告されている（Sato *et al.,* 2016b）．ナミハダニの代替繁殖戦術の進化機構としては，若いうちは戦いに使うエネルギーといったコストや戦いにより怪我をするリスクを減らして将来の繁殖を確実にし，生涯の繁殖成功度を最大化するとした説も検討されている（Sato *et al.,* 2016b）．一方，すべての雄が交尾前ガードを行うわけではない．雄の目を逃れて脱皮中，または脱皮済みの雌をひたすら探して歩き回る雄も観察されており，雄はスニーキング戦術のほかにもさまざまな代替戦術をもつと考えられている（Sato *et al.,* 2013a）．

　ハダニでは，一般的に雌をめぐる激しい雄間闘争がみられるが，ススキスゴモリハダニ種群やカシノキマタハダニ *Schizotetranychus brevisetosus* といった一部の造巣型の種では，雄間闘争が殺し合いにまで激化している（Saitō, 1990b；Masuda *et al.,* 2015）．雄どうしの戦いには，ナミハダニと同様に第 I 脚や口針が使われるが，普段植物の吸汁に使われる口針を相手雄に突き刺して，体液を吸汁，すなわち共食いにより競争相手の雄を殺害する．雌をめぐる雄間闘争自体は動物界においてよくみられるが，それが殺し合いにまで激化するのは珍しい．それは，戦いの報酬に対してコストがあまりに大きいため，致死的雄間闘争（lethal male fight）が進化しうる条件が非常に限られるためだと考えられている（Maynard Smith and Price, 1973）．実際，過酷な雄間競争下では直接戦わずに威嚇といった儀式（display）により戦いに勝敗をつけるか，または，前述のような代替繁殖戦術により戦わずに雌を獲得するような行動が，幅広い分類群でみられている．致死的雄間闘争が進化した要因については，共通点として造巣性や極端に雌に歪んだ性比があげられる（Masuda *et al.,* 2015）．性比が雌に歪むと 1 回の戦いにおける報酬が大きくなり，かつ，戦う回数が少なくなりコストも小さくなることから（Murray, 1989；Reinhold, 2003），ハダニの致死的雄間闘争の進化に極端に雌に歪んだ性比が関与している可能性は高い．しかし，ケナガスゴモリハダニ *Stigmaeopsis longus* は，同様に極端に雌に歪んだ性比をもちながらも雄間闘争はごく弱く，致死的ではない（Saitō, 1990b）．また，ケナガスゴモリハダニの近縁種であるススキスゴモリハダニ種群では，一貫して極端に雌に歪んだ性比がみられるものの，雄どうしの殺し合いの頻度には地理的変異がみられる（Saito, 1995；Saito and Sahara, 1999；Sato *et al.,* 2013b）．本種群では，冬の寒さと春先の創巣時に母子交配が起こる確率との関係から集団の平均血縁度にも地理的変異（geographic variation）が期待されている（Saito, 1995；Sato *et al.,* 2013b）．

そのため，スゴモリハダニ属における致死的雄間闘争の進化については，血縁選択説（kin selection）の関与も検討されている．

6.3.2 雌の繁殖戦術

一般的に，雄はできるだけ多くの雌と交尾することで繁殖成功を高めるのに対して，雌は利のある雄を選ぶことで繁殖成功を高める．ハダニでは，上述のとおり，雌は第3静止期という動けないステージに入っている間に雄にガードされ，脱皮後は即座に交尾に至ることから，雄を選ぶ余地はないようにみえる．しかし，ハダニの雌においても，雄を選ぶこと（雌の選好性，female choice）が報告されている．たとえば，ナミハダニでは，雌成虫が非血縁の雄を交尾相手に選ぶ傾向にあることが報告されている（Tien *et al.*, 2011）．ハダニは単数倍数体であるが，雌特有の形質では近交弱勢が観察されている（Helle, 1965；Saito *et al.*, 2000；Perrot-Minnot *et al.*, 2004；Tien *et al.*, 2015）．そのため，この雌の好みは，近親交配を避けるためだと受けとめられている．また，ハダニでは，ボルバキア等の細胞内共生細菌の感染が多数報告されている（4.4節参照）．ボルバキアの宿主生殖操作の1つに細胞質不和合があり，感染していない雌が感染雄と交配した場合，産まれた卵は孵化しないことがある．ナミハダニにおいて，ボルバキアに感染していない雌成虫に雄を選ばせたところ，感染雄よりも非感染雄を交尾相手に選ぶ傾向が観察されており，これは感染雄との交尾により正常な繁殖が阻害されることを避けるための行動と受けとめられている（Vala *et al.*, 2004）．

一方，雌は間接的な方法でも雄を選んでいると考えられている．第3静止期の雌は動くことはできないが，雄を惹きつけるフェロモンを放出する（Cone *et al.*, 1971；Royalty *et al.*, 1992, 1993a, b；Rasmy and Hussein, 1994；Margolies and Collins, 1994；Oku *et al.*, 2015；Rodrigues *et al.*, 2017）．ナミハダニやカンザワハダニでは，交尾前ガードされている雌のほうがガードされていない雌よりも，雄を惹きつけることが報告されている（Oku, 2009；Oku and Shimoda, 2013；Oku *et al.*, 2015）．また，カンザワハダニでは，天敵であるケナガカブリダニと接触経験のある雌はガードされていても雄をあまり惹きつけない（Oku, 2009）．カブリダニはにおいを餌の探索に用いるため，これはカブリダニに見つからないように雌がフェロモンの組成や量を調節した結果だと考えられている．また，ナミハダニにおいて，交尾前ガードされてる雌とされていない雌で，フェロモンのブレンド組成が異なることが報告されている（Oku *et al.*, 2015）．したがって，

雌は放出するフェロモンを変えることにより，雄間競争の激しさを調節し，結果的に雄を選んでいると考えられている（Oku, 2009）．

6.3.3　異種との繁殖

　ハダニでは，異種間であっても交尾が容易にみられ，近縁種間はもちろんのこと，属を越えた間柄でも観察される．たとえば，ミカンハダニとクワオオハダニ *Panonychus mori* はどちらも果樹の害虫であり，かつてはどちらもミカンハダニ（休眠タイプと非休眠タイプ）とされていたほど近縁関係にある（Ehara and Gotoh, 1992）．緯度による多少の棲み分け（habitat isolation）がみられるが，地理的分布は重なっており，寄主範囲も重なっていることから，地域によっては同所的発生がみられる．しかし，共存するのは一時的であり，クワオオハダニはしばしば同所的な場所から排除される（Takafuji and Morimoto, 1983；Takafuji, 1986）．これら 2 種間で雑種は形成されないものの交尾は容易に起こり（Takafuji and Fujimoto, 1985；Osakabe and Komazaki, 1996），クワオオハダニの雄は同種の雌を好むのに対して，ミカンハダニの雄は特に選好性をもたず，異種雌とも同様に交尾する（Takafuji *et al.*, 1997）．また，ナミハダニとミツユビナミハダニ *Tetranychus evansi* は，同じナミハダニ属であるが，それほど近縁ではない．ミツユビナミハダニは南米由来の外来種であり，ヨーロッパの一部ではトマトの害虫としてナミハダニと同所的にみられる（9.1.1 項参照）．スペインの非農耕地では，ナミハダニを含む在来のナミハダニ属のハダニの数は減り，ミツユビナミハダニに取って代わられていることが報告されている（Ferragut *et al.*, 2013）．これら 2 種間でも雑種はできないが，種間で容易に交尾がみられ，しかもナミハダニの雄は同種の雌を好むのに対して，ミツユビナミハダニは異種であるナミハダニの雌を好む（Sato *et al.*, 2014b, 2016b）．また，ナミハダニと *Oligonychus pratensis* は，どちらもトウモロコシとソルガムを加害し，アメリカのグレートプレーンズでは晩夏に同所的発生がみられる．しかし，生育期の後半に，*O. pratensis* はナミハダニに侵入され駆逐されることが多い（Collins and Margolies, 1991）．これら 2 種においても，属が異なるにもかかわらず，種間で交尾が容易に観察され，雌がナミハダニで雄が *O. pratensis* のペアでは同種ペアと同様の長い交尾持続時間が観察されている（Collins and Margolies, 1991）．

　このように，ハダニでは異種間交尾が頻繁にみられるが，その理由の 1 つに，できるだけ多くの雌と交尾することで繁殖成功を高めようとする雄に，交尾の

主導権があることが考えられる．ただし，雄に未交尾雌と既交尾雌を選ばせると，最初に未交尾雌と交尾する傾向にあることから，決して雄は雌の交尾状態を識別できないわけではない（Oku *et al.*, 2005；Oku, 2010）．しかし，種や交尾状態にかかわらず雌にアプローチをして交尾をせまる雄の行動は，雌にとって大きな干渉となる．同種の雄相手であっても，雄による複数回にわたるアプローチや交尾が，産卵数の減少といった雌の繁殖力の低下を引き起こすことが知られている（Oku, 2010；Rodrigues *et al.*, 2020）．ましてや異種雄からのアプローチや交尾は，雌にとって大きな干渉となるであろう．この種間でみられる繁殖干渉（reproductive interference）は，資源をめぐる競争と同様に，種の分布や共存に大きく影響すると考えられている．特に，ハダニのような植食性節足動物では，餌となる植物は豊富にあることから，資源をめぐる競争よりも繁殖干渉のほうが種間の棲み分けの機構として強く働くと期待される（Kuno, 1992）．実際，異種間交尾の例であげたミカンハダニとクワオオハダニ，ナミハダニとミツユビナミハダニ，ナミハダニと *O. pratensis* だけでなく，いくつかのハダニでは近縁種の棲み分けや外来種との入れ替わりを決定づける機構として，繁殖干渉の関与がしばしば検討されている（Sato *et al.*, 2008；Ben-David *et al.*, 2009；Clemente *et al.*, 2018）．

　前述のとおり，ハダニでは種間の生殖的隔離（reproductive isolation）として交尾前隔離（premating barrier）は不完全であることが多い．しかし，交尾してから卵と精子の受精に至るまでのプロセスや（交尾後接合前隔離，postmating, prezygotic barrier），卵の発生や雑種の発育・生存，雑種の妊性（接合後隔離，postzygotic barrier）といった交尾後の段階においては，強い生殖的隔離が観察されている（Takafuji and Fujimoto, 1985；Collins and Margolies, 1991；Navajas *et al.*, 2000；Sato *et al.*, 2014b, 2018；Chae *et al.*, 2015）．生殖的隔離の発達機構については，一般的に，自然選択（natural selection）や遺伝的浮動（genetic drift；個体が無作為に抽出されることにより集団内の遺伝子頻度が変化すること）などにより，集団間で遺伝的差異が蓄積された結果，生殖的隔離が発達するといった副産物的な見方が主流である．ハダニにおいても，遺伝距離（genetic distance；個体間または集団間における遺伝的分化の度合い）と交尾後の生殖的隔離の強さの間に正の相関関係があることが，ススキスゴモリハダニ種群やオウトウハダニで確認されており，この主流の見方が支持されている（Sato *et al.*, 2018, 2021）．一方，ボルバキアといった細胞内共生菌の感染報告が

多いハダニでは，遺伝距離とは関係なしに，これら共生菌の宿主操作による交尾後の生殖的隔離（細胞質不和合）も多数報告されている（Breeuwer, 1997；Vala *et al.*, 2000；Gotoh *et al.*, 2005；Ros and Breeuwer., 2009；Cruz *et al.*, 2021）.

（佐藤幸恵）

コラム7　ハダニにおける危険な情事－病原菌に侵された雌が魅力的？

　ハダニの多くは集団で暮らしている．集団での暮らしには，交尾相手を見つけやすい，植物の虫害抵抗性を御しやすい等々，さまざまなメリットがある．しかし，集団に1個体でも病原体に侵された個体がいると，次々に周囲の個体に感染してしまい，病原体の温床になるというデメリットもある．そのため，コロニーを形成するタイプのハダニは，病気に対する免疫をつけるのはもちろんのこと，感染個体に接触しないといった防御行動をとると思われる．これは繁殖時においても同様であり，集団に感染個体が紛れているならば，雄は感染個体と非感染個体を識別し，非感染の雌に対して求愛するべきである．ましてや繁殖が望めない，どんな菌に侵されているかわからない死体に対して，求愛などするべきではない．しかしナミハダニでは，その予測に反した驚くべき行動が Trandem *et al.* (2015) により報告されている．ハダニに感染する病原菌はいくつか報告されているが，そのなかにハダニカビ *Neozygites floridana* という接合菌がいる．ハダニ類の天敵として有望視されるほど感染力と殺傷力は高い．その菌は宿主の体内で菌糸体として発育し，宿主を殺した後に菌はクチクラを貫通して胞子を生産し，一次分生子と呼ばれる胞子を死体から排出する．これらの分生子は発芽して，毛細管胞子を形成し，通り過ぎた宿主の脚などに付着して新たにダニに感染する．6.3節にあるとおり，雄は第3静止期という動かないステージの雌に対して交尾前ガードをするが，同じく動かない雌の死体は第3静止期雌と区別がつきにくいと思われる．そこで Trandem *et al.* (2015) は，感染して死んだナミハダニの雌個体に対して雄がどのようにふるまうのかを調べた．その結果，一次分生子の生産が始まっていない雌の死体に対して，雄は健康な雌に対するよりも頻繁に接触し，交尾前ガードを行うことがわかった．胞子生産が始まった雌の死体に対しては，流石に見分けがつくのか接触頻度が減り，交尾前ガードをしなくなるようであるが，それでも十分に驚きの行動である．昆虫でも同様の報告があり，たとえばイエバエでは，雄はハエカビの一種 *Entomophthora muscae* に感染して死んだ雌と交尾を試みる行動が観察されている．ハエカビは感染した雌の死体にフェロモン（いわゆる惚れ薬）を放出させることで雄をおびき寄せ，感染の機会を増やしているらしい（Naundrup *et al.*, 2022）．同様の菌による宿主の操作が，ナミハダニとハダニカビの間にもあるのかもしれない．

（佐藤幸恵）

🐞 6.4 ● 生活型と社会性 🐞

　ハダニの種内にはさまざまな形の個体間の相互作用が見られ，その一部は社会的な行動である．また，いくつかの属では，親が子を保護する明らかな亜社会性（subsociality）がみられる．以下では，ハダニの生活様式と社会性について概説する．

6.4.1　巣網のタイプ

　ハダニは植物の葉から大量に吸汁し，さかんに糞や尿（排出物）を出す．それらはハダニにとって有害な菌類の温床となるほか，捕食者の探索の手がかりとなるため，どのように処理するかは重要である．アブラムシの場合は腹部末端から伸長した尾片を経由して排出物（甘露）を遠くに飛ばして処理するが，ハダニは肛門が葉面を向いており，その場に排出せざるをえない．そのような制約のもと，ハダニはさまざまな方法で排出物を処理している．

　Saito（1983）は，ハダニ亜科における糸の利用パターンと排出場所の組み合わせに基づき生活型（life type）の概念を提唱した（図6.3）．ここでは代表的な型を紹介する．詳細は原著論文のほかSaito（1985），齋藤（1996b, 1999），Saito（2010）を参照されたい．

　①非造網（little web, LW）型：糸をまったく出さないタイリクヒラタハダニ *Aponychus firmianae* が典型的である．また，歩行時に糸を出さないイトマキヒラタハダニ *Aponychus corpuzae* やアラカシハダニ *Eurytetranychoides japonicus* は，扁平な卵に網を被せて捕食者から保護する（Chittenden and Saito, 2006）．さらに，歩行時に糸を出し，産んだ卵に糸をかけるミカンハダニ *Panonychus citri* やリンゴハダニ *Panonychus ulmi* などがいる．これら2種の卵には上方に突起があり，産卵を終えた雌成虫はその突起から葉の表面に向けて数本の放射状の糸（ガイロープ）をかける．この糸は捕食回避に役立っている可能性がある（Gerson, 1985）．また，葉毛の先端に産卵するケウスハダニ *Yezonychus sapporensis* もいる．LW型の種は発育ステージにかかわらず葉面の広い範囲を移動して摂食し，その場で排出する．

　②不規則立体網（complicated web, CW）型：不規則な3次元の網を葉面にかけ，その立体構造の内部で群れをなして生活する．LW型と異なり糸による卵

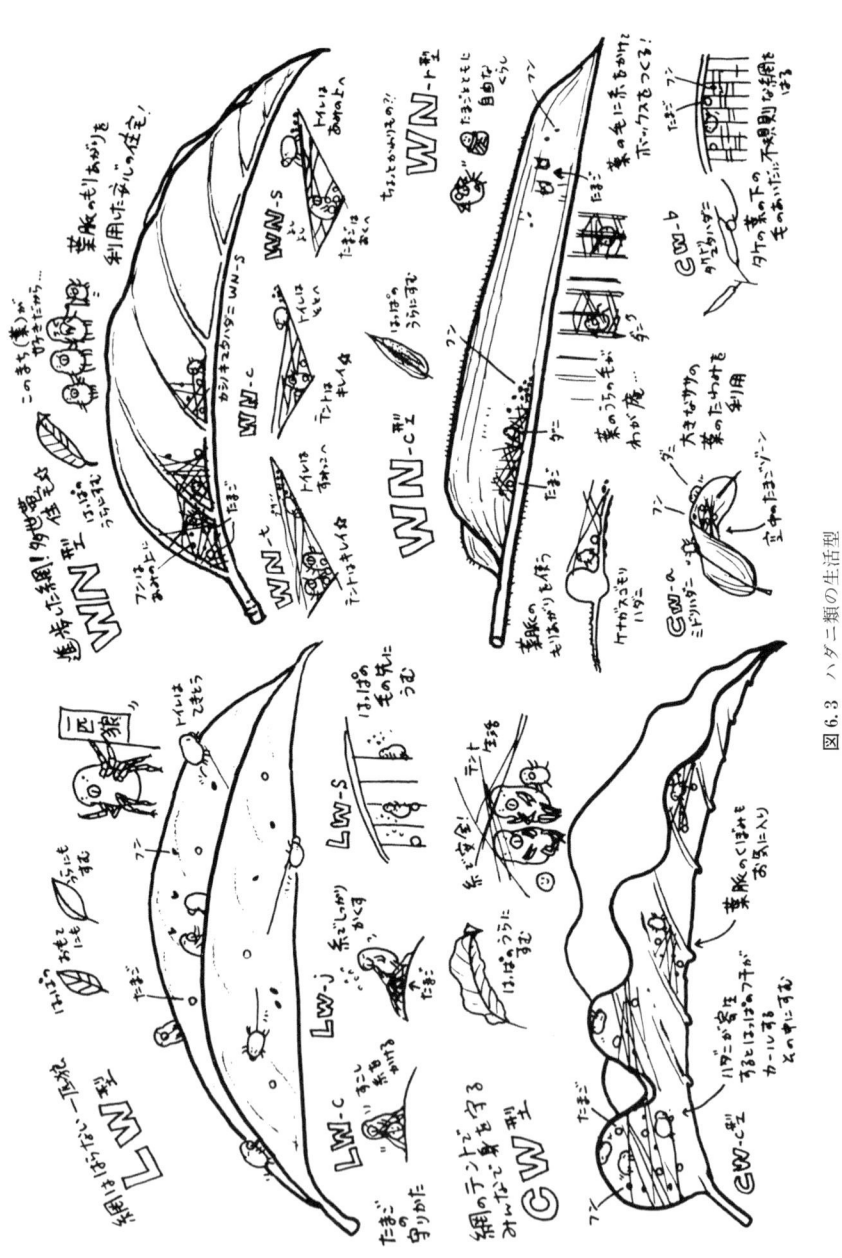

図6.3 ハダニ類の生活型
A：非造網型（LW），B：不規則立体網型（CW），C：造巣型（WN）.

の保護はみられず，また一般に卵は脆弱で壊れやすい．CW 型の代表例はナミハダニ *Tetranychus urticae* やカンザワハダニ *Tetranychus kanzawai* である．それらの網は多くの捕食者の侵入を妨げるが，網を苦にしない捕食者には侵入を許す（6.2 節参照）．葉面または網の上で排出するが，決まった排出場所はない．

　③造巣（web nest, WN）型：葉の表面のくぼみや周縁のカールした部分，および葉脈沿いなどに層状の網を張り，その網を屋根とした巣の中で密な集団を形成する．スゴモリハダニ属 *Stigmaeopsis* の各種が代表的である（齋藤，1999；Saito, 2010；Sakamoto *et al.*, 2017）．本属の巣網は糸で密に織り込まれている．雌成虫は巣網の内側で産卵し，孵化幼虫もそこで成長する．属和名のとおり巣の内部で活動を行い，巣を新設するときや捕食者に襲われたときを除いて巣の外にはあまり出ない．また，大型の巣網をもつ種では新成虫も同じ巣で繁殖し，世代の重複がみられる．種によって決まった場所で排出する．なお，中国に産するナラビスゴモリハダニ *Stigmaeopsis tegmentalis* は毛の密生するタイワンマダケの葉に天幕状の巣網を張るが，側面には網がまったくない．この形状の生態的な意味は不明である（Saito *et al.*, 2016a；齋藤，2018）．

　このほか，カシノキマタハダニ *Schizotetranychus brevisetosus*，シイノキマタハダニ *Schizotetranychus shii* などのマタハダニ属 *Schizotetranychus* の一部，スギナミハダニ *Eotetranychus suginamensis* などのアケハダニ属 *Eotetranychus* の一部などがある．カシノキマタハダニの巣網は粗く，成虫は異なる巣の間を頻繁に移動する．また，葉に物理的な刺激を与えると巣網から多数の個体が脱出し，しばしば別の葉に移動する．このような点でスゴモリハダニ属とは大きく異なる．ヒメササハダニ *Schizotetranychus recki* の雌成虫は自由生活で，産んだ卵のまわりを糸で覆って個別に保護する習性がある（Horita *et al.*, 2004）（図 6.3C）．静止期などもこの巣網を利用することから（齋藤・佐原，2012），本種も WN 型に含まれる．

　ススキスゴモリハダニ HG 型などのスゴモリハダニの一部の種やカシノキマタハダニでは，雄成虫どうしが激しく争って相手を殺し，生き残った 1 個体が巣内の未交尾雌を独占する習性をもつ（Masuda *et al.*, 2015；Saito, 1990a；Saitō, 1990b）．このようなハーレム型の配偶システムがみられるのも WN 型の特徴である．

　ナミハダニ亜科が属するケダニ亜目のなかで，糸を出す種を含む科はタカラダニ科やテングダニ科などが知られているが，住み場所や卵，精包などを保護する

際に一時的に使うにすぎない（Harrison, 1999）．糸を利用して網を作る習性はナミハダニ亜科に特有である．これらの網はハダニが多様な寄主植物での捕食圧や感染圧に適応する過程で進化してきたのだろう（齋藤・佐原，2012）．しかし，生活型がどのような発達段階を経て進化してきたのかという経路はよくわかっていない．Gutierrez and Helle（1985）は葉の上面に生息して糸をほとんど利用しない生活型が祖先的であり，草本に寄生するようになったハダニで糸の本格的な利用が始まり，高度な網を編むようになってハダニの集団生活が始まったと考えた．この過程で糸は捕食回避に使われるのみならず，分散や繁殖行動にも利用されるようになったという．Saito（1983）も同様に，LW 型がササ類や広葉樹で生活するハダニの原始的な形態と考え，さらに齋藤（1996b）はそこから CW 型や WN 型に至る過程で巣網が複雑になる代わりに卵に網をかける行動が消失したと推測している．しかし，rDNA の塩基配列データと RNA シーケンス（RNA-seq）の遺伝子発現データに基づく分子系統樹（Matsuda *et al.*, 2014, 2018）によると，

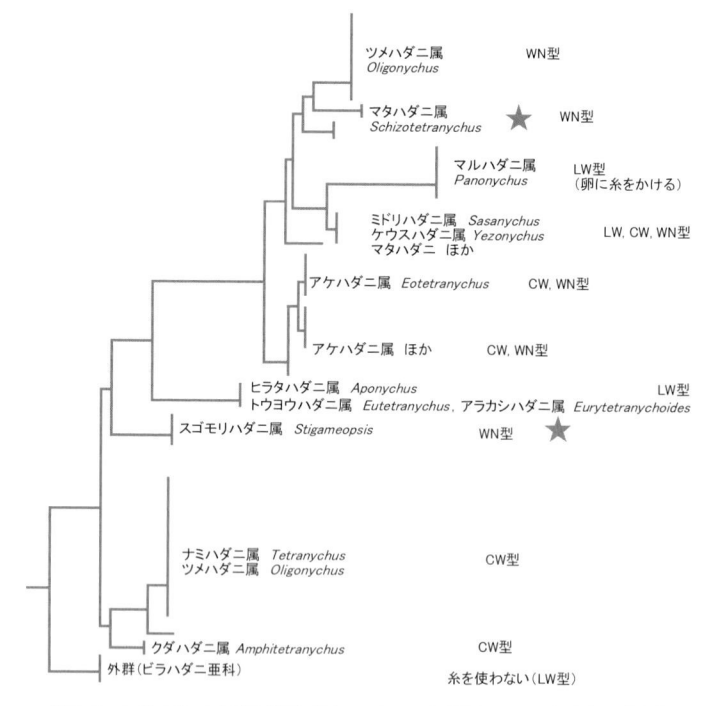

図 6.4 ハダニのベイズ系統樹（Matsuda *et al.*, 2014, Fig.5 をもとに作図）
おもな種の生活型を配置した．星印は捕食者に対して反撃する種を含むクレード．

LW 型のマルハダニ属はむしろ最も派生的な分類群であり，二次的に糸をあまり利用しなくなった可能性がある（図6.4）．また，ヒラタハダニ属 *Aponychus* は LW 型であり，初期に分岐したグループだと考えられてきたが（Gutierrez and Helle, 1985），WN 型のスゴモリハダニ属の後に分岐している（Matsuda *et al.*, 2014, 2018）．系統解析で使用する手法や領域によって樹形が流動することからまだ結論は出せないが，いずれにせよ生活型は単純なものから複雑なものに進化してきたのではなく，獲得と喪失を繰り返してきた可能性がある．生活型を進化させた要因を解明するため，信頼度の高い系統樹の構築と祖先形質の復元が待たれる．

6.4.2　巣網の機能

a.　排出場所

前項で述べたように排出物の処理はハダニの生活にとって重要である．CW 型では排出物を網の上に置く．これらはすぐに乾燥して顆粒状や板状になりハダニの体への付着を防ぐだろう．一方，葉の表面に置かれた排出物は湿潤な状態が続き，居住環境の悪化につながるだろう（Saito, 1985）．ハダニが居住する葉の表面には多種多様な病原菌が存在し（Kikuchi and Tanaka, 2010），特に高湿条件では排出物にこれらの菌が発生することから，居住スペースから外れた特定の場所に排出することは巣の中を衛生に保つ効果があると思われる．WN 型の排出場所に関しては以下のパターンが知られている（図6.3C）．

①巣の出入り口：ササ・タケに寄生するスゴモリハダニ属のタケスゴモリハダニ *Stigmaeopsis celarius*，ケナガスゴモリハダニ *Stigmaeopsis longus*，ススキに寄生するススキスゴモリハダニ種群など．同じ巣に共存しているすべての個体が巣の両側の 1, 2 ヶ所に排出する（Sato and Saito, 2006）．

②巣網の外側（屋根）：アラカシに寄生するカシノキマタハダニやシイに寄生するシイノキマタハダニ，クワに寄生するスギナミハダニなど．個体は一度巣から出て巣網の外側に排出してまた巣内に戻る．

③巣の内側の周縁部（デッドスペース）：ヤナギに寄生するヤナギマタハダニ *Schizotetranychus schizopus*，クズに寄生するサヤマタハダニ *Schizotetranychus lespedezae*，ハンノキに寄生するハンノキアケハダニ *Eotetranychus tiliarium* など．

④巣から離れた場所：ネザサスゴモリハダニ *Stigmaeopsis temporalis* では巣の出入口から離れた場所に排出して巣に戻る（Saito *et al.*, 2016a）．

図 6.5　雌成虫が単網を張る過程で天井に持ち上げ
られた粒子 (Kanazawa *et al.*, 2011)
分泌したばかりのケナガスゴモリハダニの糸には粘
着性があり，葉面の物質を吸着する.

　これらの行動パターンは生息場所である葉面を汚染しないために生じたものと
考えられる．スゴモリハダニ属では，巣網の張り方に種間変異がみられ，その変
異は排出場所や排出物を認識する方法（化学物質や触覚など）と密接に関連して
いる（斎藤，2018；Sato and Saito, 2006；Sato *et al.*, 2003）．これらの事実はい
かに巣内の衛生がハダニにとって重要であるかを示唆するものである．さらに，
巣網を張ること自体が巣内の衛生に役立つことがケナガスゴモリハダニで知られ
ている．Kanazawa *et al.* (2011) は葉面に微小な粒子を散布して，雌成虫にその
上で営巣させた．糸は吐出後 1 時間程度は粘着性を保っており，糸で巣網を張る
過程で粒子は巣網の「天井」に持ち上げられた（図 6.5）．さらに，葉面に粒子
を多く散布するほど網張り行動の回数は増加した．すなわち，本種は糸を使って
生活空間の掃除を積極的に行っていることになる．明らかに，WN 型における排
出場所の選択や糸による掃除は，集合生活の場である巣網の内部を清潔に保つた
めの社会行動の現れである.

b.　対捕食者戦略

　前述のように系統解析により LW 型・CW 型・WN 型の進化の経路はいささ
か混沌としてきたが，それでも何らかの形で親が子を保護する習性が保たれてい
ることに注目したい．前述のように LW 型では雌成虫が自身の卵を糸（網やガ
イロープ）で捕食者から保護する（Chittenden and Saito, 2006；Gerson, 1985）.
また，CW 型や WN 型では雌成虫が網の中に産卵することで間接的に保護して
いる（Saito, 1983）．すなわち，ほとんどの種が亜社会性の原始的な段階にある
とみなせる（齋藤，1992, 1996a）.

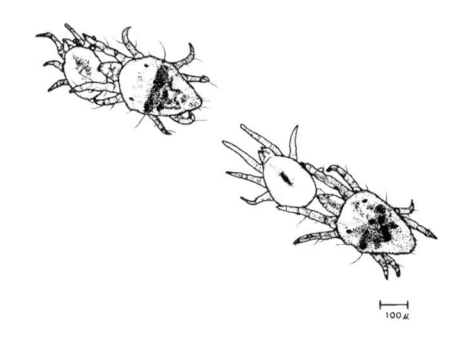

100μ

図 6.6 巣に侵入したタケカブリダニの幼虫に対するケナガス
ゴモリハダニの追跡（右）と捕獲（左）（Saitō, 1986b）

　さらに WN 型のうち大きな巣網をもつ種では，捕食者から逃げるだけではな
く反撃（counterattack）を行う．スゴモリハダニ属の一部では，雄成虫が巣に
侵入したカブリダニに対して追跡し，巣内の周縁部に追い込んで口針で刺し殺す
（Mori and Saito, 2004；Saitō, 1986a, b；Yano *et al.*, 2011）（図 6.6）．また，ナン
キンスゴモリハダニ *Stigmaeopsis nanjingensis* では上記の行動のほか，ひとたび
カブリダニの侵入を経験した成虫は巣口を糸で固めて巣網の外のカブリダニの再
侵入を妨げ，餓死させる（Saito and Zhang, 2017）．これらの種や以下に記すカ
シノキマタハダニでは個体が共同で巣網を構築するだけではなく，捕食者に対す
る攻撃や激しい雄間闘争を示すことから，亜社会性よりも発展した共同的社会性
（cooperative sociality）と考えられる（Saito *et al.*, 2016b）．

　Mori *et al.*（1999）は野外実験で巣網と雌成虫の効果を検証した．彼らはササ
群落のケナガスゴモリハダニの雌成虫が創設している，卵と孵化幼虫を含む巣網
についていくつかの処理を施した．すなわち，①無処理区，②雌成虫を除去する
処理区，③巣網と雌成虫を除去する処理区，および④雌成虫や巣網を除去した後
にタングルフットで囲む（歩行性の捕食者を排除する）処理区である．①④の卵
や幼虫の生存率は 90% 程度であり，②はそれらより有意に低かった（約 50%），
また，③における生存率はわずか 10% 程度だった．すなわち，巣網と雌成虫の
両方が捕食回避に効果的であることが示された．

　このような反撃は比較的巣の大きいタケスゴモリハダニ，トモスゴモリハダニ
Stigmaeopsis sabelisi（かつては *Stigmaeopsis miscanthi* LW form）およびササ
スゴモリハダニ *Stigmaeopsis takahashii* にも共通して認められる（齋藤，2018）．
大きな巣ほど親子間の相互作用が長く続くため，反撃行動が進化したと思われる

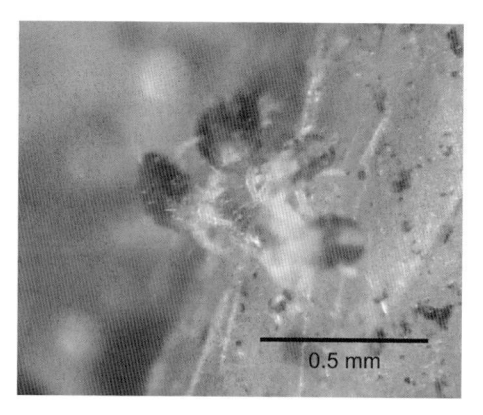

図6.7　巣の外にいるハダニタマバエの幼虫に攻撃す
　　　るカシノキマタハダニ（Ito, 2019）
巣の外で，また幼若虫も攻撃する点はスゴモリハダニ
属と大きく異なる.

（Saito *et al.*, 2016b）．一方，小さい巣を葉面に分散させるヒメスゴモリハダニ
Stigmaeopsis saharai では反撃はみられないが（Mori and Saito, 2004, 2005），こ
れは巣が小さいために捕食者がそもそも侵入しづらく，さらに親子が同居する期
間がきわめて短いことが背景にあるのだろう（齋藤，2018）.

　スゴモリハダニ属における反撃は巣の内部で行われるが，マタハダニ属のカシ
ノキマタハダニは，巣の外部にいるハダニタマバエの幼虫を攻撃して殺す（図
6.7）．また，巣網に侵入して卵を捕食しているアザミウマに対して雌成虫が口針
を刺して巣から追い出す（Ito and Ioku, 2022）．スゴモリハダニ属とカシノキマ
タハダニは系統的に離れているため（図6.4），捕食者に対する反撃行動は明ら
かに収斂したものである．しかし，カシノキマタハダニの反撃は巣の外側でも行
われる点で大きく異なる．スゴモリハダニ属では1枚の寄主葉の上で巣網が拡大
していくのに対し，カシノキマタハダニでは複数の葉の間で群れが移動し，アラ
カシの枝先に大集団が形成される．したがって，葉内および葉間における血縁構
造が両者で異なっていることが予想される．反撃が行われる場所が異なるのはこ
うしたことが背景にあるのかもしれない.

6.4.3　社会性と致死的闘争
　ハダニでは未交尾雌をめぐって雄成虫どうしが争うが，スゴモリハダニ属な

ど WN 型の一部の種ではそれが激しく，しばしば殺し合いに発展する（Saito, 1995；齋藤，2018）．Saito and Sahara（1999）および Saito *et al.*（2002）は，近縁種であるススキスゴモリハダニ HG 型 *Stigmaeopsis miscanthi* HG form とトモスゴモリハダニの雄成虫の攻撃性が異なる原因として雄成虫自身の越冬可能性が重要であることを指摘した．すなわち，雄成虫が越冬できないような寒冷地に住むトモスゴモリハダニでは，春先の巣にいる雄個体はすべて越冬雌成虫の息子であり，同じ巣のメンバー（兄弟姉妹）の間で交配が行われる．その結果，巣のメンバー間の血縁度（relatedness）は高くなる．一方，雄成虫が越冬できるような温暖な土地に住むススキスゴモリハダニ HG 型では，越冬した雄成虫が春先にさまざまな巣を行き来してそこにいる雌成虫と交配するため，巣のメンバー間の血縁度が低くなる．ゲーム理論に基づくモデルでは血縁度が高い集団では闘争性は低くなると予測されており（Maynard-Smith, 1982），ススキスゴモリハダニ HG 型とトモスゴモリハダニで見られる傾向と合っている．しかし，この説は多くの仮定に基づいているため，詳細は齋藤（1996a, 1999）および Sato *et al.*（2013b）に譲る．

カシノキマタハダニでも致死的な雄間闘争がみられる．Masuda *et al.*（2015）は 1×2 cm のアラカシの葉片に 2 個体の雌成虫を導入して 2 日間巣を張らせ，それらの雌成虫を除去した後に 1 個体または 2 個体の雄成虫を導入して 5 日後の死亡率を比較した（異なる時期に採集した個体群ごとに試験した）．1 個体の場合の死亡率は 9%（供試個体数 $n=33$, 反復 1）と 12%（$n=57$, 反復 2）であったが，2 個体の場合には 56%（$n=68$）と 37%（$n=70$）という有意に高い値となり，さらに雄成虫が相手を殺して体液を吸う様子が確認できた（図 6.8）．本種は温暖地に生えるアラカシのスペシャリストであり，気候条件が血縁度や攻撃性に及ぼす影響を調べるには適していないかもしれない．しかし，雄間闘争の激しいススキスゴモリハダニ HG 型が主に標高の低い土地に分布し，闘争のゆるやかなトモスゴモリハダニが標高の高い土地に分布することを考えると（Saito, 1995；Saito and Sahara, 1999），本種でも温暖な気候条件が攻撃性を促す要因となった可能性は十分考えられる．

ところで，ハダニは社会性昆虫のように相手との血縁関係を認識できるのだろうか．Roeder *et al.*（1996）は，近親交配系統と野外系統から得られた雌成虫を組み合わせて異なる血縁度の集団を作り，子孫の性比を調べたところ，血縁度が高いグループでは雌の割合が高くなる傾向があった．Roeder *et al.*（1996）はこ

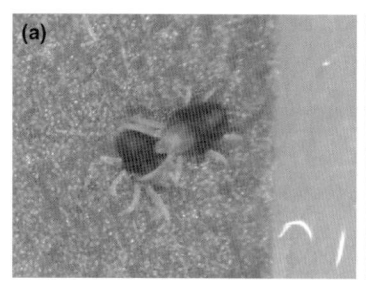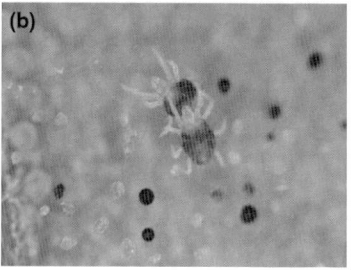

図 6.8　カシノキマタハダニにおける雄間闘争（Masuda *et al.*, 2015）
（a）巣内の雄は侵入してきた雄を捕獲して口針で攻撃する．攻撃された雄は伏せて耐える．（b）防御に失敗し体液を吸われる雄（上）．

の結果を受け，雌成虫はグループ内の血縁度を認識でき，血縁度の高い雄成虫どうしが交尾をめぐって争うことを避けるために子孫の性比を雌に偏らせたと推測している（4.3節の局所的配偶者選択を参照）．また，Bitume *et al.*（2013）は血縁度の異なるナミハダニの集団をフィルムが連続した葉片の一つに置いてその後の移動距離を調べたところ，血縁度の高い集団ほど遠くのパッチに定着する傾向があった．彼らはこの行動が血縁個体どうしの競争を避ける意味があると考えている．これらの研究は血縁認識の可能性を示している．しかし，雄間闘争やその他の社会行動において相手の血縁関係を判別できるという直接的な証拠は得られていない（Saito, 1994）．

　まとめると，網のおもな機能は巣の衛生と捕食回避である．これらの機能を理解するためには，まず集団生活がどのように成り立っているのかを理解することが必要である．重要な要因となるのは，ハダニが集合することによる利益と損失（Yano, 2012；Sato *et al.*, 2016a；Schausberger *et al.*, 2021），そして網の内部での個体間の相互作用と世代の重なり（Saito *et al.*, 2016b）である．実験室内で社会行動を観察しやすいハダニは社会性を知るうえで好適なモデル生物といえる．

（伊藤　桂）

7 遺　　　伝

7.1 ● 染色体と単為生殖

7.1.1 核　　型

　ハダニ類の染色体は細胞分裂時に一次狭窄を形成して紡錘体が結合するセント
ロメア（centromere）をもたず，全体にわたって複数のキネトコア（kinetochore）
をもつホロセントリック染色体（holocentric chromosomes）と考えられている
（Helle and Bolland, 1967；Grbić *et al.*, 2007）．Pijnacker and Ferwerda（1976）
によれば，分裂中期のナミハダニ *Tetranychus urticae*（染色体数：n＝3）の3
本の染色体はギムザ染色によって異なるバンドパターンを示し，長さもそれぞれ
1.3 μm，1.5 μm および 1.7 μm と異なるため，確実に見分けることができる．

7.1.2 染色体数と倍数性

　これまでに調べられているハダニ科 Tetranychidae 136種の染色体数（単数
体：n）は2〜7本で，アリ科（単数倍数性；雌が二倍体（2n）で雄は単数体
（n））で観察されている染色体数が1本という例（Lorite and Palomeque, 2010）
は見つかっていない．3本の種が最も多く45.9%を占め，次いで4本（25.7%），
2本（20.6）であり，これらで90%以上を占める（表7.1）．ビラハダニ亜科
Bryobiinae 18種のなかではnが4本である種の割合が66.7%と最も多い．ナミ
ハダニ亜科 Tetranychinae 118種では，3本が50.8%と最も多く，次いで4本
（29.7%），2本（23.7%）の順である．これらの多くの種では，雄卵からは雌卵（2n）
の半数の染色体（n）が観察され，ハダニ類における単数倍数性の生殖様式が確
認された．
　植物では倍数性によって染色体数が増加する例がしばしばみられる．しかし，

表 7.1　世界のハダニ類 136 種における染色体数

ハダニ科 Tetranychidae	各染色体数（n）の種数						合計
	2	3	4	5	6	7	
ビラハダニ亜科 Bryobiinae	3	2	12	1	0	0	18
ナミハダニ亜科 Tetranychinae	25	60	23	5	4	1	118
合計	28	62	35	6	4	1	136

種数は Helle and Pijnacker（1985）の取りまとめに Bolland and Gotoh（1992），Gutierrez and Bolland（1986），Gutierrez *et al.*（1991），Helle and Takahashi（1985）のデータを追加して算出．

ハダニ科では種数の頻度において最も多いものが 3 本であり，倍数化により増加したのであれば，その倍数に相当する 6 本の種数が多くなるはずであるが，その傾向はみられない（表 7.1）．さらに，染色体が 4 本の *Oligonychus grewiae* と 2 本の *Oligonychus randriamasii* が同じ形態的特徴をもち（Smith Meyer, 1974），6 本の *Tetranychus tumidus* が 3 本のナミハダニと同じ DNA 量を示す（Helle *et al.*, 1983）．これらのことから，ハダニ科における染色体数の増加は単数倍数性によるものではなく，染色体の断片化によるものと考えられている（Helle and Pijnacker, 1985）．

7.1.3　性決定と単為生殖

　性染色体をもたないハダニ科における単為生殖と単数倍数性による性決定様式は，両性をもつ 100 以上の種を対象とした多くの核型分析と交配実験に基づいて検証されている．核型分析が行われた 136 種のなかで 91.9% の種では，受精卵からは二倍体（2n）の雌が発生し，未受精卵からは単数体の雄（n）が発生する産雄単為生殖のみが行われている（表 7.2）．一方，5.9% の種では未交尾雌により産雌単為生殖が行われるが，産まれた雌の染色体数は単数倍数性と同様に 2n である．一般的な単為生殖では，減数分裂を行わない場合や減数分裂した核が融合して複相になる場合などが知られている．しかし，ハダニ類の産雌単為生殖において，どのようにして二倍体の雌卵が算出されるかについては未解明である．

　ハダニ科では産雄単為生殖が多く，ナミハダニ亜科 118 種のなかでは一部でも産雌単為生殖を行う種の割合はわずかに 4.2% で，それ以外はすべて産雄単為生殖である（表 7.2）．一方，ビラハダニ亜科では，18 種のうち 6 種（33.3%）が産雌単為生殖のみにより繁殖を行っており，その割合はナミハダニ亜科に比べて

表7.2 世界のハダニ類136種における生殖様式

ハダニ科 Tetranychidae	各生殖様式の種数[a, b]				合計
	A	T	A/T	T(D)	
ビラハダニ亜科 Bryobiinae	12	6	0	0	18
ナミハダニ亜科 Tetranychinae	113	2	2	1	118
合計	125	8	2	1	136

種数は Helle and Pijnacker（1985）の取りまとめに Bolland and Gotoh（1992），Gutierrez and Bolland（1986），Gutierrez *et al.*（1991），Helle and Takahashi（1985）のデータを追加して算出.
[a] A：雄性産生単為生殖（arrhenotoky），T：雌性産生単為生殖（thelytoky），A/T：雄性産生単為生殖または雌性産生単為生殖．T(D)：雌性産生単為生殖で一部両性産生単為生殖．deuterotoky（D）の可能性あり.
[b] ビラハダニ亜科 *Bryobia* 属6種，*Petrobia* 属3種，*Hystrichonychus* 属および *Schizonobia* 属各2種，*Pseudobryobia* 属，*Tetranycopsis* 属，*Paraplonobia* 属，*Porcupinychus* 属および *Neotrichobia* 属各1種：ナミハダニ亜科 *Oligonychus* 属 32種，*Eotetranychus* 属25種，*Tetranychus* 属23種，*Schizotetranychus* 属8種，*Eutetranychus* 属7種，*Panonychus* 属6種，*Mononychellus* 属5種，*Aponychus* 属，*Eonychus* 属，*Mixonychus* 属および *Neotetranychus* 属各2種，*Anatetranychus* 属，*Duplanychus* 属，*Yezonychus* 属および *Amphitetranychus* 属各1種.

高い．Evans（1992）は，ビラハダニ亜科の産雌単為生殖の種では，ごく稀に雄が発生することがあると述べている．Gutierrez *et al.*（1991）はナミハダニ亜科のキャッサバ害虫である *Mononychellus caribbeanae* の一系統で両性単為生殖の可能性を指摘した（表7.2）．しかし，ハダニ科における両性単為生殖に関する情報は，その後見当たらない．*M. caribbeanae* で観察された雄がわずか1個体であったことからすると，ビラハダニ亜科で観察されているのと同様に，産雌単為生殖でごく稀に発生したものかも知れない．

7.1.4　日本産ハダニ類の染色体と繁殖様式

表7.3には日本産ハダニ類で核型分析が行われているビラハダニ亜科4種とナミハダニ亜科26種の染色体数と生殖様式を示している．ビラハダニ亜科では，染色体数が2本のカタバミハダニ *Petrobia*（*Tetranychina*）*harti* が産雄単為生殖であるが，他の3種は染色体数が4本で産雄単為生殖であり，産雌単為生殖のほうが多い．

ナミハダニ亜科では，農業害虫として重要なミカンハダニ *Panonychus citri* やリンゴハダニ *Panonychus ulmi* を含むマルハダニ属 *Panonychus* 6種とナミハダニやカンザワハダニ *Tetranychus kanzawai* を含むナミハダニ属 *Tetranychus*

表7.3　日本産ハダニ類の染色体数と生殖様式

学名	和名	染色体数 (n)	生殖様式[a]	文献[b]
ビラハダニ亜科 Bryobiinae				
Bryobia praetiosa	クローバービラハダニ	4	T	
Bryobia rubrioculus	ニセクローバービラハダニ	4	T	
Petrobia (*Tetranychina*) *harti*	カタバミハダニ	2	A	
Petrobia latens	ホモノハダニ	4	T	
ナミハダニ亜科 Tetranychinae				
Aponychus corpuzae	イトマキヒラタハダニ	2	A	Helle and Takahashi (1985)
Panonychus ulmi	リンゴハダニ	3	A	
Panonychus citri	ミカンハダニ	3	A	
Panonychus mori	クワオオハダニ	3	A	Bolland and Gotoh (1992)
Panonychus osmanthi	モクセイマルハダニ	3	A	Helle and Takahashi (1985)
Panonychus bambusicola	ササマルハダニ	3	A	Bolland and Gotoh (1992)
Panonychus thelytokus	エルムマルハダニ	3	T	Bolland and Gotoh (1992)
Schizotetranychus schizopus	ヤナギマタハダニ	3	A	
Schizotetranychus recki	ヒメササマタハダニ	3	A	Helle and Takahashi (1985)
Stigmaeopsis celarius	タケスゴモリハダニ	6	A	Helle and Takahashi (1985)
Yezonychus sapporensis	ケウスハダニ	2	A	Helle and Takahashi (1985)
Eotetranychus lewisi	ルイスアケハダニ	2	A	
Eotetranychus uncatus	クルミアケハダニ	3	A	
Eotetranychus tiliarium	ハンノキアケハダニ	4	A	
Eotetranychus smithi	スミスアケハダニ	5	A	
Tetranychus evansi	ミツユビナミハダニ	3	A	
Tetranychus urticae	ナミハダニ	3	A	
Tetranychus kanzawai	カンザワハダニ	3	A	
Tetranychus ludeni	アシノワハダニ	3	A	
Tetranychus neocaledonicus	ナンセイナミハダニ	3	A	
Tetranychus piercei	ミヤラナミハダニ	3	A	
Amphitetranychus viennensis	オウトウハダニ	3	A	
Oligonychus biharensis	シュレイツメハダニ	2	A	
Oligonychus coffeae	マンゴーツメハダニ	3	A	
Oligonychus ununguis	トドマツノハダニ	3	A	
Oligonychus ilicis	チビコブツメハダニ	3	A/T	

[a] A：雄性産生単為生殖 (arrhenotoky), T：雌性産生単為生殖 (thelytoky).
[b] 文献を表示している種以外は Helle and Pijnacker (1985) より転載.

6種の染色体数はいずれも3本である．なお，ナミハダニ属では，世界的には染色体数3本（17種）以外にも4本（5種）および6本（1種）の種が知られている．これら2属では，エルムマルハダニ *Panonychus thelytokus*（産雌単為生殖）を除けば，世界的に調べられたすべての種（29種）が産雄単為生殖である．日本産のナミハダニ亜科では，エルムマルハダニ以外にはチビコブツメハダニ

Oligonychus ilicis の一部で産雌単為生殖が知られているのみである.

ハダニ科においてモデル生物的な存在であるナミハダニについて，Grbić *et al.* (2011) がゲノム情報を 640 個の scaffolds として報告した．その後，これらの scaffolds は点突然変異座位の連鎖関係に基づいて，Wybouw *et al.* (2019) により 3 本の染色体に集約された（7.3.1 項参照）． （刑部正博）

7.2 ● ゲ ノ ム

ゲノム（genome）という用語の登場から 1 世紀が経った．1920 年に Hans Winkler 博士によって「配偶子がもつ染色体のセット」を意味する概念としてドイツ語でゲノム（genom）を提唱した（Winkler, 1920）．これは，遺伝子（gene［独 gen]）と染色体（chromosome［独 chromosom]）を組み合わせた造語であるといわれている．その後，木原均博士は，ゲノムの定義を「正常な発生と正常な機能に不可欠な遺伝子の集合を含む染色体セット」と更新した（Kihara, 1954）．現在では，一般に「生物がもつ遺伝情報の総体」を意味する言葉として用いられている．

まず，ゲノム解析技術の歴史から振り返りたい．Watson and Crick (1953) による DNA 二重らせん構造の発見以降，Kornberg *et al.* (1956) によって DNA ポリメラーゼが単離され，1960 年代には Marshall Nirenberg 博士や Har Gobind Khorana 博士らの研究グループによってコドン表が完成した．1970 年代には Sanger *et al.* (1977) や Maxam and Gilbert (1977) によって DNA 配列決定法が開発された．さらに，1985 年に Kary Mullis 博士により，現在でも DNA 増幅の基盤技術であるポリメラーゼ連鎖反応（polymerase chain reaction, PCR）法が発明された.

1987 年には，Applied Biosystems 社が世界初の自動 DNA シーケンサー ABI 370 を発表し，大規模なゲノム解析の時代に入った．このシーケンサーは，サンガー法に基づいて DNA の塩基配列を決定する．サンガー法では，鋳型 DNA，それと相補的な配列のプライマー，DNA ポリメラーゼ，DNA の基質である dNTP（dATP, dTTP, dGTP および dCTP）と，同じく基質かつ DNA の伸長を止める ddNTP（ddATP, ddTTP, ddGTP および ddCTP）の反応によって，1 塩基ごとの長さが異なる DNA 断片が合成される．次に，これら断片を電気泳動によって分離し，伸長が停止した ddNTP の種類とその断片長から DNA の塩

基配列を決定する. 現在では, 分離と蛍光標識した ddNTP の読み取りの自動化によって, DNA 配列データの取得が簡便になっている. この技術の登場は, 遺伝学や分子生物学の分野において革新的な進展をもたらした. しかし, サンガー法によるゲノム解析には多くの時間と費用を要するため, ゲノムプロジェクトの実施には高いハードルがあった.

一方, 2005 年に Roche (旧 454 Life Sciences) 社が発表した 454 Genome Sequencer 20 (GS20) では, エマルジョン PCR によって DNA 断片を増幅後, Pyrosequencing 法により塩基配列を決定する. 本手法では, 短い DNA 断片の並列解読を基盤としているため, サンガー法よりも高速なゲノム解析が可能になった. 2006 年に Illumina (旧 Solexa) 社が発表した Genome Analyzer では, ブリッジ PCR によって DNA 断片を増幅後, Sequencing by Synthesis 法により塩基配列を決定する. さらに 2006 年設立の旧 Complete Genomics 社が開発した DNA Nanoball (DNB) 技術を基盤とし, 2015 年に MGI Tech は BGISEQ-500 を発表した. これは, 環状にした DNA を鋳型とし, ペアとなる塩基が並ぶことを何周も繰り返すことにより増幅され, 糸まり状の DNB が形成される. そして, cPAS (combinatorial probe anchor synthesis) 技術により塩基配列を決定する. これら短鎖の DNA 配列を解析するショートリードシーケンシング技術の発展は, 高効率かつ低コストなゲノム解読を実現し, 生物学のさまざまな分野でデータ駆動型の発見を促した.

しかし, ほとんどの生物種のゲノムには, 同じ配列が反復する領域 (反復配列) が存在するため, ショートリードシーケンシングのみでは, 正確なゲノム構築は困難であった. そのため, 長鎖の DNA 配列を解析するロングリードシーケンシング技術の開発が求められてきた. そこで, 2010 年代初頭, PacBio 社は Single Molecule Real Time (SMRT) シーケンシング技術を導入した PacBio RS を発表した. この技術では, 単一の DNA 分子からロングリード (English et al. (2012) では平均リード長 0.7~1.7 kbp, 最大リード長 3.8~17 kbp) のシーケンシングができる当時の革新的なプラットフォームであった. また, 2014 年に Oxford Nanopore 社が発表した MinION は, ナノポア (ナノスケールの細孔) を使用して核酸が通過する際の電気的な変化を計測し, 塩基配列を決定する. この技術も, 長鎖の DNA を調製することで, ロングリードシーケンシングが可能になった. これらロングリードシーケンシングは, ショートリードシーケンシングと比較して長い断片を読み取れる利点がある一方, 現状ではコストおよびエラー率が高い

という課題がある．この課題解消のために，ショートリードとロングリードを組み合わせるハイブリッドアセンブリは，両者の利点を活用する手法が開発されている．

さらに，近年ではゲノムの3次元構造を明らかにする技術も開発され，染色体レベルでのゲノム解析が可能になっている．たとえば，染色体立体配座捕捉（high-throughput chromosome conformation capture, Hi-C）法や光学マッピング（optical genome mapping, OGM）が用いられる．Hi-C法は，空間的に近い距離にあるゲノムどうしを連結させ，塩基配列を解読する手法である．これにより，ゲノム内のさまざまな領域間の相互作用を特定し，染色体の近接性や立体構造を明らかにできる．OGMでは，DNAの特定の配列モチーフを蛍光標識し，それをチップ上のフローセルに流す．フローセル内のDNAを電気的に制御し，高解像度カメラにてDNAを画像データに変換する．これら画像データを分子ファイルに変換することでゲノム情報を取得する手法である．これらにより，染色体レベルでのゲノム構造変異や，遺伝子内の特定の繰り返し配列が変異するリピート伸長変異を解析できるようになった．

次に，ゲノム解析の対象となった生物種の歴史を振り返りたい．1995年に世界で初めてインフルエンザ菌 *Haemophilus influenzae* のゲノムが解読された（Fleischmann *et al.*, 1995）．その後，1997年末までに，大腸菌 *Escherichia coli*，枯草菌 *Bacillus subtilis* およびシアノバクテリアなど10種類以上の細菌と出芽酵母のゲノムが解読された．そして，1990年から2003年までに世界各国の協力により約3,000億円以上を投じたヒトゲノム計画が実施され，多数のギャップは残るものの，約30億塩基対のヒトゲノムが解読された．昆虫では，最初にキイロショウジョウバエ *Drosophila melanogaster* のゲノムが解読された（Adams *et al.*, 2000）．キイロショウジョウバエのゲノムサイズは約143 Mb（タンパク質コード遺伝子は約14,000個）とコンパクトであり，さらに遺伝子操作や飼育が容易であり，世代時間は短いといった利点があり，モデル生物として多くの研究に利用されている．

鋏角類では，最初にナミハダニ *Tetranychus urticae* のゲノムが解読された（Grbić *et al.*, 2011）．そのゲノムサイズは約90 Mbと小さく，世代時間は短く，さらに飼育もしやすいため，鋏角類のモデル生物として利用されている．また，ナミハダニは，1,100種以上の植物への寄生が報告されている広食性の特性を活かして，植物との相互作用の研究にも多用されている．ナミハダニのゲノムは，

当初 640 個のスキャフォールド（scaffold）に分けられ，その後，3 本の染色体に統合された（Wybouw *et al.*, 2019；7.3.1 項参照）．ナミハダニのゲノム論文（Grbić *et al.*, 2011）は，2023 年 8 月時点で 1,083 報の引用があり（Google Scholar），ハダニ研究のエポックを画する論文であったといえる．

　ナミハダニのゲノムには，代表的な薬物代謝酵素群であるシトクロム P450（cytochrome P450, CYP），カルボキシル／コリンエステラーゼ（carboxyl/cholinesterase, CCE），グルタチオン *S*-転移酵素（glutathione *S*-transferase, GST）および ABC 輸送体（ATP-binding cassette transporter）をコードする遺伝子が，それぞれ 86, 71, 32 および 43 個ある（Grbić *et al.*, 2011）．これら代表的な薬物代謝酵素は，ナミハダニの広食性や多くの薬剤に対する抵抗性発達の基盤となっている可能性がある．その後，ナミハダニの ABC 輸送体遺伝子ファミリーの再解析により，104 個の遺伝子が同定され，この数は既知の後生動物（Metazoa）のなかでは最多である（Dermauw *et al.*, 2013a；Carmona-Antoñanzas *et al.*, 2015）．ABC 輸送体のうち，2 つの膜貫通型ドメインと 2 つのヌクレオチド結合ドメインをもち，幅広い基質に対する細胞表面での受容体の役割を担う C サブファミリーの拡大は顕著である（Fukuda and Schuetz, 2012）．

　遺伝子の水平伝播（horizontal gene transfer）は，微生物において広範囲に発生し，新たな形質の獲得を誘導することで環境への適応を促進してきた（Ochman *et al.*, 2000）．ナミハダニのゲノムには，微生物由来の遺伝子が 132 個（全遺伝子の 0.7 %）ある（Wybouw *et al.*, 2018）．これら水平伝播遺伝子群は，ナミハダニのさまざまな植物への適応および生理活性の変化への関与が示唆されている．たとえば，細菌由来の *β*-シアノアラニン合成酵素（*β-cyanoalanine synthase*, CAS）遺伝子は，シアン化合物を産生する植物に対するナミハダニの適応に寄与している可能性がある（Wybouw *et al.*, 2012, 2014；Daneshan *et al.*, 2022）．シアン化合物は，植食者に対する代表的な植物防御物質であり，植物組織の破壊により，*β*-グルコシダーゼ（*β*-glucosidase）および *α*-ヒドロキシニトリルリアーゼ（*α*-hydroxynitrile lyase）によってシアン配糖体（cyanogenic glycoside）が分解され，有毒なシアン化水素（HCN）が放出される．ナミハダニの CAS は，HCN およびシステイン（cysteine）から，毒性の低い *β*-シアノアラニン（*β*-cyanoalanine）および硫化水素（H_2S）を生成する．

　また，細菌由来のイントラジオール環開裂ジオキシゲナーゼ（*intradiol ring-cleavage dioxygenase*, IDR-CD）遺伝子は，ナミハダニのゲノムに 17 個あり

(Dermauw *et al.*, 2013b)，おもに中腸および卵で発現が確認されている（Njiru *et al.*, 2022）．これら遺伝子群の発現量は宿主依存的に変動するため，植物防御物質の芳香環を酸化的に開裂し，毒性レベルに達する前に無毒化している可能性がある（Schlachter *et al.*, 2019）．

さらに，真菌由来のカロテノイド生合成遺伝子は，ナミハダニのゲノムに5個あり，休眠に伴う体色変化に関与する（Altincicek *et al.*, 2012；Bryon *et al.*, 2013）．カロテノイドのアスタキサンチン（astaxanthin）は，ナミハダニの眼や休眠時の体の主要な色素である（Veerman, 1970, 1974；Kawaguchi *et al.*, 2016）．アスタキサンチンは，β-カロテン（β-carotene）が酸化されケト基が付加したエキネノン（echinenone）と，エキネノンが水酸化されたフェニコキサンチン（phoenicoxanthin）を経て生成される．ナミハダニのカロテノイドの生合成経路では，リコペン環化酵素／フィトエン合成酵素（lycopene cyclase/ phytoene synthase）およびフィトエン不飽和化酵素（phytoene desaturase）が機能する可能性が示されている（Bryon *et al.*, 2017）．

ミカンハダニ *Panonychus citri* のゲノムには，78 個（全遺伝子の 0.43%）の水平伝播遺伝子がある（Sun *et al.*, 2023）．このうち，UDP-グリコシル転移酵素（UDP-glycosyltransferase, UGT）の遺伝子は 41 個あり，ナミハダニの半数程度である．これは，食性の種間差の要因の1つであると考えられる．また，ミカンハダニの *IDR-CD* 遺伝子や，葉酸代謝およびカロテノイドの代謝に関与する遺伝子の発現抑制により，生存率は低下する（Sun *et al.*, 2023）．

2023 年 8 月時点でダニ類のゲノムは，53 種が NCBI（National Center for Biotechnology Information）に登録されている（リファレンスゲノムのみ）．そのなかでも興味深い点は，ダニ類の間でゲノムサイズが大きく異なることである（32.5～2,756 Mb）．一般的に吸血性のダニのゲノムサイズは大きい傾向がある一方，植食性のダニのそれは小さい（Gregory and Young, 2020）．特に，トマトサビダニ *Aculops lycopersici* は現在報告されている節足動物において最も小さいゲノムサイズ（32.5 Mb）である（Greenhalgh *et al.*, 2020）．これらサイズがばらつく要因として，反復配列およびトランスポゾンの割合が種によって異なることがあげられる（Elliott and Gregory, 2015a, b）．たとえば，マダニ *Ixodes scapularis* では，反復配列およびトランスポゾンがゲノムの 66% を占める（Ullmann *et al.*, 2005）．一方，トマトサビダニのゲノムには，これらがほとんど存在しない．また，トマトサビダニはゲノム内にイントロンの数が極端に少なく

（CDS のイントロン数は 3057 個），タンパク質をコードする遺伝子の約 84% がイントロンをもたない（ナミハダニでは，約 18% の遺伝子がイントロンをもたない）．このようにダニ類のゲノムサイズは多様であるが，いまだ研究は不十分である．これらを明らかにするためには，より大規模なダニ類のゲノム解析を実施する必要がある．ダニ類は陸上動物のなかで 2 番目に大きいグループの鋏角類に属し，節足動物の多様性に関する進化的側面の理解を深めるうえで，そのゲノム情報は重要な研究基盤にもなる．ゲノム解析のハードルも技術発展により，さらに低コストかつ簡便になっているため，今後，ダニ類のゲノム研究の進展は大いに期待できる．　　　　　　　　　　　　　　　　　　　　　（武田直樹・鈴木丈詞）

🐜 7.3 ● 順遺伝学と逆遺伝学 🐜

　遺伝学は，順遺伝学（forward genetics）と逆遺伝学（reverse genetics）に大別される．順遺伝学は，突然変異によって生じた表現型（phenotype）を対象とし，その原因遺伝子を同定する研究である．一方，逆遺伝学は，特定の遺伝子の操作によって変化する表現型を観察し，その遺伝子の機能を解析する研究である．

　ハダニ類は，世代時間が短い，近親交配に強い，微小動物のため集団飼育に必要な空間が小さいなど，遺伝学の材料として適した性質をもっている．多くのハダニ類は産雄単為生殖（arrhenotoky）を行い，受精卵（二倍体）および未受精卵（単数体）は，それぞれ雌および雄になる．このような生殖様式のハダニ類では，雌雄ともに二倍体の生物と比較して，生存に不適な遺伝子頻度は速やかに低下する一方，生存に好適な遺伝子は固定されやすい（刑部，1991）．そのため，大きな人為的淘汰圧である農薬散布により，抵抗性個体群がしばしば発生する．

　1950 年以降，ハダニ類の薬剤抵抗性が問題になり，その「しくみ」の遺伝的基盤に関心が集まった（Helle, 1985）．そして，有機リン剤（organophosphate；IRAC コード 1B）に対する抵抗性を対象とし，遺伝学研究が取り組まれた（Taylor and Smith, 1956；Dittrich, 1961；Helle, 1962）．近年，薬剤抵抗性の原因遺伝子の解明には，DNA マーカーを利用した連鎖解析（Sugimoto *et al.*, 2020；7.3.1 項参照）やゲノム情報（Grbić *et al.*, 2011）を利用した bulked segregant 解析（Van Leeuwen *et al.*, 2012）が進められている．

　他方，形態（morphology）は，薬剤抵抗性よりも可視的な表現型であるた

め，突然変異体のマーカーとしてさまざまな生物種で利用されてきた．たとえば，遺伝学研究のモデル昆虫であるキイロショウジョウバエでは，白眼（Morgan, 1910）や無翅（Sharma, 1973）などが発見されている．翅がないダニの場合，眼と体（眼をもたないダニは体のみ）の色が突然変異体のおもなマーカーであり，ナミハダニ *Tetranychus urticae*，*Tetranychus pacificus*，ナンセイナミハダニ *Tetranychus neocaledonicus* および *Eutetranychus orientalis* では，白眼やアルビノ（albino），その他の体色の突然変異体が報告されている．このうち，ナミハダニでは，アルビノ集団を用いた bulked segregant 解析により，休眠（4.5節参照）に伴う体色変化の原因遺伝子が同定されている（Bryon *et al.*, 2017）．

　さらに近年では，ナミハダニのゲノム情報（Grbić *et al.*, 2011）が公開されたことにより，RNA 干渉（Fire *et al.*, 1998；7.3.2 項参照）およびゲノム編集（Jinek *et al.*, 2012；7.3.3 項参照）などの配列特異的な遺伝子操作の技術開発が進み，逆遺伝学的研究の報告が急増している．　　　　　　　　　　　　　（鈴木丈詞）

7.3.1　染色体地図

　染色体地図は互いに連鎖する遺伝子の相対的な位置関係を示したものである．Sugimoto *et al.*（2020）はマイクロサテライト（SSR）の組換え率をもとにナミハダニ *Tetranychus urticae* の連鎖地図（図 7.1；LG1〜3）を作製した．一方，Wybouw *et al.*（2019）は，640 個の scaffolds に分割されたナミハダニ（n＝3）のゲノムデータ（Grbić *et al.*, 2011）を，各 scaffold における点突然変異の連鎖解析から再構成し，3 本の染色体物理地図（図 7.1；CRM1〜3）の作製に成功した．連鎖地図上の SSR の相対的位置は物理地図上の位置関係とほぼ一致している．これらを用いることにより，交配実験を通じてさまざまな量的形質の表現型に影響を及ぼす連鎖地図上の領域（量的形質遺伝子座；quantitative trait locus, QTL）の予想が可能になった．Sugimoto *et al.*（2020）は，ミトコンドリア電子伝達系複合体 II 阻害剤（IRAC コード 25）のシフルメトフェン（cyflumetofen），シエノピラフェン（cyenopyrafen）およびピフルブミド（pyflubumide）に対する薬剤抵抗性関連遺伝子の QTL 解析に応用し，複合体 II のサブユニット B と C における作用点変異を検出した．

　ナミハダニでは多くの遺伝子が同定されていることから，物理地図上の位置を調べることにより，連鎖関係を知ることができる．一般的に染色体上の位置が遠いほど減数分裂の際に組換えが起こりやすく，逆に距離が近ければ組換えは起こ

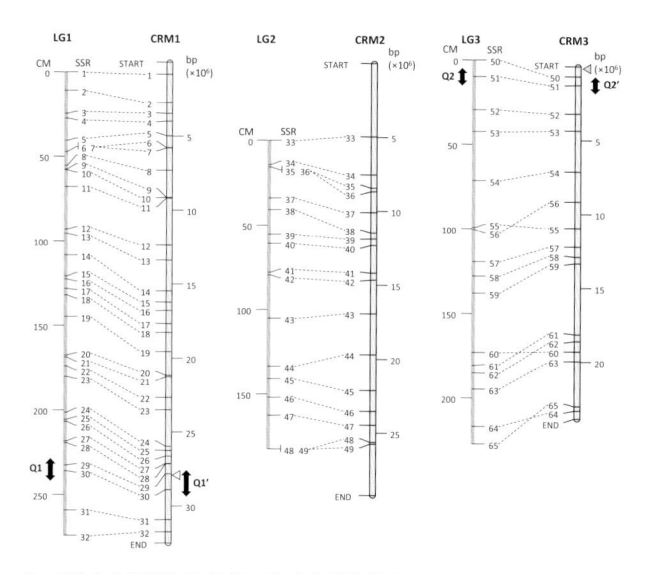

図7.1　ナミハダニの染色体連鎖地図 (LG1〜3) と物理地図 (CRM1〜3) 上のマイクロサテライト (SSR)
　　　　遺伝子座 (1〜65) の相対的位置関係

連鎖地図は Sugimoto *et al.* (2020)，物理地図と解毒酵素の遺伝子座の位置はそれぞれ Wybouw *et al.*
(2019) および Grbić *et al.* (2011) に基づいて作成．Q1 は QTL 解析によって検出されたシフルメトフェ
ンおよびビフルブミド抵抗性関連領域．Q2 はシエノピラフェン抵抗性関連領域．Q1′ と Q2′ はそれぞれ
Q1 と Q2 に対応する物理地図上の領域であり，白と灰色の三角形はそれぞれミトコンドリア電子伝達系
複合体 II のサブユニット B (*SdhB*) とサブユニット C (*SdhC*) の遺伝子座を示す．

　りにくい．したがって，強い淘汰を受ける遺伝子座の近くに存在する遺伝子は，
淘汰と無関係であっても，結果的に淘汰の影響を受ける可能性がある．口絵1に
は薬剤抵抗性に関係が深いとされる解毒酵素，シトクロム P450 (Clan 2)，カル
ボキシルエステラーゼ (CCE) およびグルタチオン *S*-転移酵素 (GST) の物理
地図上の位置を示している．薬剤抵抗性と関連が深いとされるシトクロム P450
の Clan 2 の 38 遺伝子のうち，27 遺伝子が CRM1 に座位していることから，こ
の染色体と薬剤抵抗性との関係が注目される．一方，GST は CRM2 に多く分布し，
CCE は 3 本の染色体上にそれぞれ分布している．
　なお，ゲント大学 (ベルギー) の研究グループでは次世代シーケンサーを用い
た点突然変異の QTL 解析から薬剤抵抗性関連遺伝子を高精度に推測する方法も
確立されている (8.3節参照)．これらはいずれも薬剤抵抗性に限らずさまざま
な表現型の関連遺伝子の推定に用いることができる．今後，生活史や行動などに
関連する QTL 解析が行われるようになれば，「ハダニがどのように環境に適応

してきたか」，さらに多くのことが明らかになっていく可能性がある．最近，ナミハダニについての薬剤抵抗性に加えて，植物の生体防御物質への反応も含めて，解毒酵素系の発現制御機構に関する発現定量的形質遺伝子座解析（eQTL）の成果も報告されており（Ji *et al.*, 2023），今後の研究の発展が期待される．

（刑部正博）

7.3.2　RNA 干渉

RNA 干渉（RNA interference, RNAi）は，二本鎖 RNA（double-strand RNA, dsRNA）が起因となり，相補的な塩基配列をもつメッセンジャー RNA（mRNA）の分解が誘導され，その遺伝子の発現が抑制される現象である．RNAi はセンチュウ類で最初に報告された（Fire *et al.*, 1998）．その後，遺伝子発現を抑制し，loss of function で顕れる表現型からその遺伝子の機能を解析する手法として広範な生物種に用いられている．

RNAi は，細胞自律的 RNAi（cell-autonomous RNAi）と非細胞自律的 RNAi（non-cell-autonomous RNAi）に大別される（Huvenne and Smagghe, 2010）．細胞自律的 RNAi は，dsRNA を導入または発現させた細胞のみで RNAi が生じる現象である．一方，非細胞自律的 RNAi は，dsRNA を導入または発現させた細胞から他の細胞に RNAi が伝播する現象である．非細胞自律的 RNAi が全身に広がる場合は，全身性 RNAi（systemic RNAi）と呼ばれる．また，環境から経口や経皮などで取り込まれた dsRNA によって，非細胞自律的 RNAi が生じる場合は，環境性 RNAi（environmental RNAi, eRNAi）と呼ばれる．eRNAi は，センチュウの一種 *Caenorhabditis elegans*（Tabara *et al.*, 1998）で報告され，ほかに，プラナリア類（Orii *et al.*, 2003），ダニ類（Soares *et al.*, 2005），ヒドラ類（Chera *et al.*, 2006）および昆虫類（Patel *et al.*, 2007）などで報告されている一方，脊椎動物では報告されていない（Whangbo and Hunter, 2008）．

RNAi は誘導経路によっても分けられる．これまでに，siRNA（short interfering RNA），miRNA（microRNA）および piRNA（PIWI-interacting RNA）経路が知られている（Kutter and Svoboda, 2008）．siRNA 経路は，内因性および外因性の dsRNA によって誘導され，抗ウイルス機構で機能する（Shabalina and Koonin, 2008）．miRNA 経路は，自身のゲノム由来の pri-miRNA（primary miRNA）から生成される pre-miRNA（precursor miRNA）によって誘導され，遺伝子発現の調節機構で機能する（Bartel, 2004）．piRNA

経路は，トランスポゾン由来の一本鎖 RNA から生成される 24〜35 nt の piRNA により誘導され，生殖細胞におけるトランスポゾン発現の抑制機構で機能する (Hirakata and Siomi, 2016).

　siRNA 経路および miRNA 経路では，RNase III ファミリーに属するダイサー (Dicer) により，dsRNA および pre-miRNA からそれぞれ 20〜30 nt の siRNA および miRNA が生成される (Ghildiyal and Zamore, 2009). その後，siRNA およ び miRNA はアルゴノート (Argonaute) に取り込まれて一本鎖化し，その他 のタンパク質と RISC (RNA-induced silencing complex) と呼ばれる RNA-タン パク質複合体を形成する (佐々木・泊, 2012). このとき，二本鎖の片方 (ガイド鎖) は RISC に残り，もう片方 (パッセンジャー鎖) は捨てられる. RISC は，ガイ ド鎖と相補的な配列をもつ mRNA と結合し，これを分解する. なお，piRNA 経 路における piRNA の生成は Dicer に依存しない (Kutter and Svoboda, 2008). piRNA は，PIWI タンパク質 (Piwi, Aubergine および Ago3) と RISC を形成し， トランスポゾンの発現を抑制する (泉・泊, 2018).

　ハダニ類のなかでは，ナミハダニ *Tetranychus urticae* の RNAi 機構に関す る研究が進んでいる. ナミハダニのゲノムには，*Dicer* が 2 個，*Drosha* が 1 個，*Pasha* が 2 個，*Loquacious* が 2 個，*Argonaute* が 11 個，*Piwi/Aubergine/ Ago3* が 6 個および *RdRp* が 5 個存在する (Grbić *et al.*, 2011 ; Nganso *et al.*, 2020). *Dicer* には，miRNA および siRNA 生成にそれぞれ関与する *Dicer-1* お よび *Dicer-2* のパラログが確認されている (Nganso *et al.*, 2020). Drosha は， pri-miRNA を pre-miRNA へとプロセッシングする RNase III ファミリーに属 する酵素であり，dsRNA 結合タンパク質の Pasha はその補因子として機能す る (Ghildiyal and Zamore, 2009 ; Carthew and Sontheimer, 2009). Loquacious は，miRNA および siRNA 生成時における Dicer-1 および Dicer-2 との相互作用 因子として機能する (Czech *et al.*, 2008). RdRP は，RNA 依存性 RNA ポリメ ラーゼであり，siRNA の増幅因子として機能する. また，*Argonaute* について も miRNA および siRNA 経路でそれぞれ機能する *Ago1* および *Ago2* のグループ に分けられている (Nganso *et al.*, 2020). *Ago2* については，ゲノムが解読され たダニのほとんどで複数のコピーが確認され，特にナミハダニとミツバチヘギイ タダニ *Varroa destructor* のゲノムには 8 個もある (Nganso *et al.*, 2020). これ は，ダニの抗ウイルス機構における siRNA 経路の重要性を示唆する. 他方，ナ ミハダニのゲノムには，全身性 RNAi に関与する膜タンパク質 *Sid-1* (*systemic*

RNA interference deficient-1；Winston *et al.*, 2007）のホモログは存在しない（Nganso *et al.*, 2020）．一方，エンドサイトーシスを介した全身への dsRNA 拡散を担う *Rsd-3*（*RNAi spreading defective-3*；Imae *et al.*, 2016）や，エンドサイトーシスを介した dsRNA 取り込みを担う *Eater* および *SR-CI*（Saleh *et al.*, 2006；Ulvila *et al.*, 2006）のホモログは存在する（Nganso *et al.*, 2020）．これら遺伝子の存在より，ナミハダニにおける dsRNA 取り込みはエンドサイトーシスに依存すると考えられる．

　dsRNA を認識・切断する Dicer については，放射性同位体をトレーサとして用いた dsRNA 切断活性の *in vitro* 解析系が確立され，その機能解析が進められている．ナミハダニの全タンパク質粗抽出液は，>400 bp の dsRNA に対して高い切断活性をもち，*in vivo* においても >400 bp の dsRNA は RNAi を効果的に誘導する（Bensoussan *et al.*, 2020）．また，ナミハダニ Dicer による生成物は約 18 nt のサイズであることも実験的に示されているが（Bensoussan *et al.*, 2020），Dicer-1 および Dicer-2 のいずれの活性に由来するかは不明である．

　他の節足動物と同様に，ハダニ類においても RNAi は逆遺伝学的手法として有効である．ナミハダニでは，*Distal-less* 遺伝子を標的とした dsRNA の雌成虫への顕微注射により，次世代で pRNAi が誘導され，胚発生における付属肢形成を抑制する（Khila and Grbić, 2007）．また，*eyes absent*（*eya*）遺伝子の pRNAi により，次世代における眼の形成が抑制される（Shibaya and Suzuki, 2018；Wei *et al.*, 2021）（図 7.2）．ただし，pRNAi の効率は低く，*eya* 遺伝子の pRNAi により眼の形成が抑制された次世代は 3.59% である（Wei *et al.*, 2021）．他方，eRNAi による遺伝子機能解析も進められている．たとえば，dsRNA の経口投与により，ナミハダニの *Hox* 遺伝子（*Sex combs reduced, fushi tarazu* および *Antennapedia*）に対する eRNAi が誘導され，第 III・IV 脚の形成が阻害される（Luo *et al.*, 2023）．また，カチオン性デンドリマー（cationic dendrimers）のナノキャリア（ナノサイズの担体）を用いた dsRNA の経皮投与では，ナンキンスゴモリハダニ *Stigmaeopsis nanjingensis* の *Fibroin* 遺伝子の eRNAi が誘導され，糸の形状が変化する（Li *et al.*, 2022）．

　近年，環境から経口や経皮などで取り込まれた dsRNA によって誘導される eRNAi は，RNA 農薬（RNAi-based biopesticide）の作用機構として注目されている（鈴木，2023）．RNA 農薬は，生体分子 dsRNA を有効成分とするため，高い安全性や低い環境負荷が期待でき，さらに配列特異的な作用であるため，究

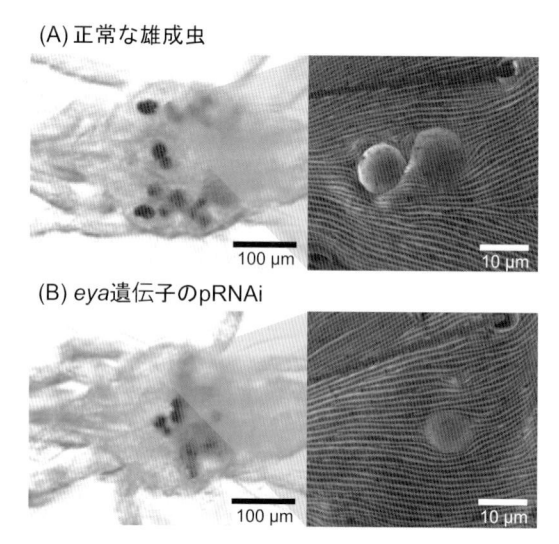

図7.2　ナミハダニにおける *eya* 遺伝子の pRNAi 効果（Shibaya and Suzuki, 2018）
（A）正常な雄成虫（対照区），（B）*eya* 遺伝子を標的とした dsRNA（8 µg/µL）を雌成虫の卵
巣付近に顕微注射し，pRNAi の誘導により眼（後眼のレンズ以外）が消失した次世代の雄成虫．

極的には種レベルでの選択的防除も可能である（Mendelsohn *et al.*, 2020）．ナミ
ハダニに対する RNA 農薬の開発に向けて，これまでに，dsRNA を塗布した葉
片を摂食させる手法，ヘアピン型の dsRNA を発現する遺伝子組換え植物を摂食
させる手法，虫体を dsRNA 溶液に浸漬する手法，葉の構造を模したシート状の
人工給餌装置を用いて dsRNA を摂食させる手法などが開発されてきた（Kwon
et al., 2013；Dubey *et al.*, 2017；Suzuki *et al.*, 2017a, b；Ghazy *et al.*, 2020）．ま
た，防除標的の候補遺伝子のスクリーニングも実施され，致死性の eRNAi を
誘導する *V-ATPase* 遺伝子や *COPE* 遺伝子などが見出されている（Suzuki
et al., 2017b；Niu *et al.*, 2018；Bensoussan *et al.*, 2020）．ミツユビナミハダニ
Tetranychus evansi の *β-actin* 遺伝子に対する dsRNA を発現するトランスプラ
ストミック（transplastomic）トマト上では，ミツユビナミハダニ以外に，イシ
イナミハダニ *Tetranychus truncatus* およびナミハダニ赤色型も生存率の低下が
確認されている（Wu *et al.*, 2023）．このように，高度に保存された配列をもつ遺
伝子に対する dsRNA は，標的種以外にその近縁種の eRNAi も誘導できる可能
性がある．いずれも害虫種の場合は殺虫スペクトルを拡張できる利点になるが，
害虫種以外，特に天敵生物（たとえば，カブリダニ類）に対するオフターゲット

効果は,RNA 農薬を総合的害虫管理体系に組み込むうえで回避する必要がある.ミカンハダニ *Panonychus citri* に対して eRNAi による致死効果があり,かつカブリダニ類へのオフターゲット効果のリスクが低い標的候補として水平伝播遺伝子群が提案されている(Sun *et al.*, 2023).

経口投与した dsRNA は中腸内腔および消化細胞に蓄積し,中腸以外では RNAi 効果は低い(Bensoussan *et al.*, 2022).これより,中腸内腔に接する組織や消化細胞で発現する必須遺伝子は,dsRNA を経口投与する RNA 農薬の有望な標的である.また,Li *et al.*(2022)が報告しているカチオン性デンドリマーのナノキャリアを利用すれば,経皮での eRNAi が期待できるため,中腸以外で発現する遺伝子も標的となる可能性がある.カチオン性デンドリマー以外に,eRNAi 効果を高める dsRNA の担体として,昆虫ではキトサン(chitosan),リポソーム(liposome)および量子ドット(quantum dot)が報告されている(Ma *et al.*, 2022).今後,ハダニ類に対する RNA 農薬の開発に向けて,標的遺伝子の探索やオフターゲット効果を防ぐ dsRNA デザインと並行して,dsRNA の安定化や標的組織および細胞への送達効果の向上に資する安価かつ安全な担体開発も進めていくことが重要である.

7.3.3 ゲノム編集

ゲノム編集は,ゲノム中の部位特異的な DNA 配列の削除,置換および挿入により,遺伝子のノックアウトやノックインを行う技術である.ゲノム編集には,第 1 世代の ZFN(zinc finger nuclease),第 2 世代の TALEN(transcription activator-like effector nuclease),第 3 世代の CRISPR/Cas9(clustered regularly interspaced short palindromic repeats/CRISPR-associated protein 9)などの技術があり,いずれも人工制限酵素や RNA-タンパク質複合体を用いる.

1996 年に報告された ZFN は,ZF(zinc finger)と呼ばれる DNA 結合ドメインと制限酵素 FokI の DNA 切断ドメインが融合した人工ヌクレアーゼである(Kim *et al.*, 1996).ZF は 3 塩基の DNA を認識し,これがタンデムに複数連結した ZFN は 9〜18 塩基の DNA に特異的に結合する.なお,ZFN は二量体を形成して DNA 切断活性を示すため,2 つの ZFN が互いに対向鎖(2 つあわせて 18〜36 塩基の DNA)に結合するように設計する必要がある(Klug, 2010).

2010 年に報告された TALEN は,植物病原菌の *Xanthomonas* 属から発見された TALE(transcription activator-like effector)と FokI の DNA 切断ドメイン

が融合した人工ヌクレアーゼである（Christian *et al.*, 2010）．TALE の DNA 結合ドメイン（34 アミノ酸）のうち，RVD（repeat variable di-residue）と呼ばれる 12 および 13 番目のアミノ酸残基が 1 塩基の DNA を認識する．TALEN では，RVD のパターンが異なる DNA 結合ドメインがタンデムに複数連結し，15〜20 塩基の DNA に特異的に結合する．また，TALEN も ZFN と同様に二量体を形成して DNA 切断活性を示すため，TALEN 対は 30〜40 塩基の DNA を認識する．

　2012 年に報告された CRISPR/Cas9 システムは，真正細菌や古細菌の獲得免疫機構の CRISPR/Cas を基盤とする RNA 誘導型のヌクレアーゼである（Jinek *et al.*, 2012）．開発者の Emmanuelle Charpentie 博士および Jennifer Doudna 博士には，2020 年にノーベル化学賞が贈られている．CRISPR/Cas9 では，相補的に結合する箇所を互いに含む CRISPR RNA（crRNA）および trans-activating crRNA（tracrRNA）と，ヌクレアーゼ活性をもつ化膿性レンサ球菌 *Streptococcus pyogenes* の SpCas9 タンパク質が複合体を形成し，crRNA をガイドとして標的 DNA 配列を切断する．リンカーを介して crRNA および tracrRNA を 1 分子の sgRNA（single-guide RNA）にしても機能するため，sgRNA の利用が一般的である．標的配列の近傍には PAM（proto-spacer adjacent motif）と呼ばれる配列（SpCas9 では NGG）が必要であり，異なる配列の PAM を認識する Cas9 変異体も報告されている（Hu *et al.*, 2018）．

　これらのゲノム編集技術の発展は，形質転換の系が確立されていない生物種における遺伝子改変を可能にした．特に CRISPR/Cas9 システムは，節足動物では最初にモデル昆虫のキイロショウジョウバエやカイコで用いられ，その後は他の昆虫種でもでも利用が進められている（Sun *et al.*, 2017）．ハダニ類では，ナミハダニにおけるカロテノイド生合成を担う *phytoene desaturase*（PDS）遺伝子を標的とし，CRISPR/Cas9 システムによるノックアウトが 2020 年に報告されている（Dermauw *et al.*, 2020）．マイクロインジェクションなどにより，核酸やタンパク質などをハダニ類の初期胚に直接導入する方法は確立されていないため，Dermauw *et al.*（2020）は Cas9-sgRNA 複合体を雌成虫の卵巣付近に注射し，卵母細胞への送達を試みた．その結果，眼および付属肢先端でカロテノイド色素が蓄積されない次世代が確認されたが，そのノックアウト効率は約 0.5% であり，他の節足動物よりも低かった．しかし 2024 年に，分岐型両親媒性ペプチドカプセル（branched amphiphilic peptide capsule）とサポニン（saponin）を用いた CRISPR/Cas9 製剤（SYNCAS）が開発され，ナミハダニの *PDS* 遺伝子

に対するノックアウト効率は，＞20%にまで改善されている（De Rouck *et al.*, 2024）．さらに，SYNCAS を用いたノックインも報告されている．ミトコンドリア電子伝達系複合体IIの阻害剤（METI-II）に対する抵抗性因子であるサブユニット B における H146Q および H258L アミノ酸変異のノックインにより，METI-II 感受性系統は抵抗性を獲得した（İnak *et al.*, 2024）．SYNCAS のような効率的なゲノム編集技術の開発により，ハダニ類における逆遺伝学的研究は新しい時代に突入した． （新井優香・鈴木丈詞）

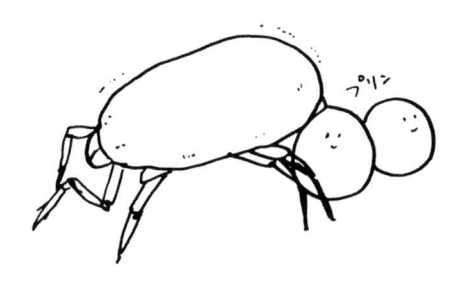

 **8** 農業被害と防除

8.1 ● 野菜・花卉類における被害と防除

8.1.1 野菜・花卉類で問題となるハダニ種と生態

ハダニ類は古くから多くの野菜・花卉類の重要害虫であり，野菜類では，キュウリ，スイカ，メロン，ナス，ピーマン，イチゴ，インゲンマメ，ダイズ，オオバなど，花卉類では，カーネーション，キク，バラなどでの被害報告が目立つ．殺ダニ剤を用いた管理が行われる圃場では，ほとんどの場合ナミハダニ黄緑型 *Tetranychus urticae* Green form とカンザワハダニ *Tetranychus kanzawai* の 2 種が問題となり，防除効果の高い薬剤が少ない前者が特に重要視されることが多い．両種とも高温，乾燥条件で増殖しやすく，露地栽培では 3～11 月頃に，冬期に加温する施設栽培では年間を通じ活動する．おもに葉裏に生息し，集団で不規則立体網を張り寄生する．

なお，作物によってはこれら 2 種以外が発生，加害することもあり，たとえば野菜類では，アシノワハダニ *Tetranychus ludeni*，クローバービラハダニ *Bryobia praetiosa*，ホモノハダニ *Petrobia latens* なども加害種として報告されている（梅谷ほか，2003）．近年の日本における報告事例としては，イヌホオズキやワルナスビなどのナス科雑草でしばしば大発生するミツユビナミハダニ *Tetranychus evansi*（口絵 2a）によるナスやトマトなどの被害（小坪ほか，2004；横山ほか，2021），ホモノハダニによるトンネル栽培ニンジンの被害（兼田ほか，2012）があげられる．

以下の項目ではおもに，主要種であるナミハダニおよびカンザワハダニに焦点を当て解説する．

8.1.2 被害状況

ハダニ類の被害は，活動するステージによる葉の吸汁によって生じる．加害個体が葉の表皮に口針で穴をあけ，葉肉組織細胞の内容物（葉緑体など）を吸収すると，ここに白斑が生じ，さらに加害が進むと葉全体が白化，黄化する（口絵2b）．また，ハダニの密度が高まると，その吐糸が葉縁部に張り巡らされ（口絵2c），糸上で活発な移動が観察されるようになる．このまま放置すると，株が萎縮して最終的に枯死に至る．ハダニ類が増殖しやすい高温，乾燥条件では被害も多くなり，茎葉に直接水が触れない灌水管理を行う施設栽培などでは被害が助長される．露地栽培でも，少雨条件下では増殖しやすく，被害に至る場合がある（國本，2019）．

8.1.3 野菜・花卉類における防除

野菜・花卉類におけるハダニ類の防除では，殺ダニ剤が重要な位置を占める．しかし，特にナミハダニは各種薬剤に対して抵抗性を著しく発達させており（表8.1），基幹殺ダニ剤の変遷は著しい（山本，2020）．一方，カンザワハダニは比較的高い薬剤感受性を維持しているとみられるが，寄主となる野生植物が多く（國本，2019），しばしばこれら植物から圃場の作物への侵入が起きるため，殺ダニ剤に依存した管理では，両種をともに安定的に防除することが困難である．被害の防止や低減の観点では，生物的防除を基幹とし，物理的な手段なども組み合わせた，総合的有害生物管理（IPM）の実践が不可欠である．以下では，野菜類におけるハダニ類のIPMを構成する化学的・生物的・物理的な手段の概要，課題などを述べる．

a. 化学的防除

農薬登録状況に応じて作物ごとに利用可能な薬剤が異なるため，IPMへの殺ダニ剤適用の難易度はさまざまであるが，2023年現在，多くの場面でIPMプログラムに取り入れられている基幹殺ダニ剤は，アセチルCoAカルボキシラーゼ阻害剤（IRACコード23）とミトコンドリア電子伝達系複合体II阻害剤（同25）に含まれる剤，ミルベメクチン（同6），ビフェナゼート（同20），フルキサメタミド（同30），アシノナピル（同33）などである．しかし，地域によっては上記の一部薬剤の効果低下が報告されており（表8.1），適切な抵抗性管理の実践が求められる．

その一環として，近年は抵抗性発達を考慮する必要がない気門封鎖剤の利用が

表8.1 ハダニ類に関する薬剤抵抗性発達報告件数または警戒件数が多い作物（2016年度，農林水産省消費・安全局植物防疫課調査）（白石，2017をもとに作成）

フェーズ	状況	作物名	ハダニ種	おもな対象薬剤（作用機構）[a]	報告件数	報告があった都道府県
III	県下で広域に広がり，対象薬剤の使用については何らかの指導が必要．	イチゴ	ナミ	β-ケトニトリル誘導体，METI剤，アベルメクチン系／ミルベマイシン系，エトキサゾール，ピレスロイド系／ピレトリン系，クロルフェナピル，ビフェナゼート等	40	宮城，福島，群馬，栃木，神奈川，静岡，三重，奈良，山口，愛媛，福岡，佐賀，長崎，大分，宮崎
		キク	ナミ	各種殺ダニ剤	10	福島，栃木，奈良
		カンキツ	ミカン	β-ケトニトリル誘導体，エトキサゾール，テトロン酸およびテトラミン酸誘導体等	9	佐賀，長崎，鹿児島
		ナシ	ナミ	エトキサゾール等	9	千葉，神奈川，奈良，鳥取
II	ある程度の面積規模で薬剤抵抗性の発達がみられており，農家への注意喚起を要する（その程度の広がりで注意喚起を行うべきかは，ケースバイケースであり，防除指導機関の判断による）．	ナシ	ナミ	METI剤，クロルフェナピル，β-ケトニトリル誘導体，エトキサゾール等	19	秋田，埼玉，京都，鳥取，新潟
		イチゴ	ナミ	METI剤，β-ケトニトリル誘導体，アベルメクチン系／ミルベマイシン系等	17	福島，栃木，群馬，埼玉，岐阜，三重，愛知，長崎，熊本
		リンゴ	ナミ	各種殺ダニ剤	10	北海道，青森，岩手，秋田
I	一部の圃場での現象にとどまっている状況．指導者には周知するが，農家への指導の必要性は低い．	イチゴ	ナミ	アセキノシル，アベルメクチン系／ミルベマイシン系等	13	群馬，静岡，滋賀，奈良，山口，長崎
		ナシ	ナミ	β-ケトニトリル誘導体，ビフェナゼート等	9	神奈川，茨城，奈良
0	感受性低下は認められていないものの，モニタリング調査などにより薬剤抵抗性の発達を警戒している場合．	イチゴ	ナミ	アセキノシル，ビフェナゼート等	7	群馬，神奈川，三重
		カンキツ	ミカン	β-ケトニトリル誘導体，カルボキサニリド系，テトロン酸およびテトラミン酸誘導体	7	静岡，広島，長崎
		ナシ	ナミ	アベルメクチン系／ミルベマイシン系等	6	神奈川，岐阜
		リンゴ	ナミ	β-ケトニトリル誘導体，アベルメクチン系／ミルベマイシン系	6	青森，岩手，長野
			リンゴ	β-ケトニトリル誘導体，アベルメクチン系／ミルベマイシン系，エトキサゾール，テトロン酸およびテトラミン酸誘導体，プロパルギット	5	青森

[a] おもな対象農薬名は，原則として複数の県から報告があったものを記載している．

増加している（山本，2020）．気門封鎖剤の多くは食品添加物などを有効成分として商品化されており，ハダニ類を含む害虫を窒息死させることによる防除効果（関根，2016）以外に，殺菌剤としての効果も発揮することが知られている（川島，2020）．また気門封鎖剤には，たとえば脂肪酸グリセリドのように，他の化学合成農薬との混用により，相乗効果を発揮する事例もあるほか，ハダニに忌避効果を示す剤もあることが報告されている（山本，2020）．

b. 生物的防除（放飼増強法）

ハダニ類の薬剤抵抗性管理と防除効果安定化の手段として，野菜類ではおもにイチゴで，製剤としてのチリカブリダニ *Phytoseiulus persimilis* およびミヤコカブリダニ *Neoseiulus californicus*（図 8.1）の利用が進んでいる．また花卉類においてもおもにキク，バラでこれらの利用が試みられ，両種のみで近年の日本における天敵昆虫・ダニ類製剤を用いた放飼増強法（生物農薬的利用）の約6割（出荷金額ベース）を占めている（図 8.2）．ミヤコカブリダニにはボトル製剤とパック製剤があるほか，パック製剤を入れて圃場に設置する天敵保護装置も商品化さ

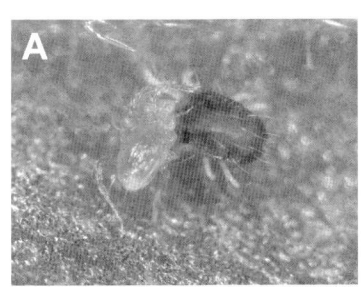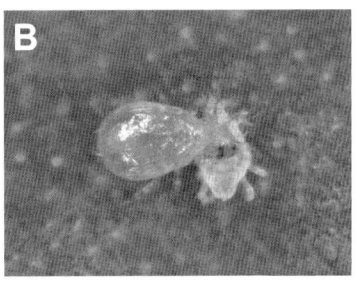

図 8.1 カンザワハダニ（いずれも右側）を捕食するチリカブリダニ（A）およびミヤコカブリダニ（B）

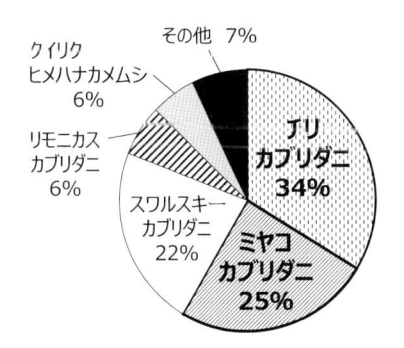

図 8.2 2021 農薬年度における天敵昆虫・ダニ類製剤の出荷金額（合計 1580712 千円）に占める割合（日本植物防疫協会，2022 をもとに作図）

れている（製剤の詳細についてはコラム 8 および 10 を参照）.

　1995 年に日本で初めて放飼増強法用の生物農薬として登録されたチリカブ
リダニは，ナミハダニ属 *Tetranychus* ハダニ類のスペシャリストであり，増
殖性に優れ，捕食能力も高いため，ナミハダニやカンザワハダニなどの密度抑
制に有効であるが，餌となるハダニが低密度の場合には本種の密度も極端に
低下する（浜村，1997）．このため，促成栽培イチゴなどでは当初から本種の
利用技術確立と普及が試みられていたものの，効果が不安定で導入のタイミ
ングが難しく，チリカブリダニ製剤の利用は思うようには進まなかった（関
根，2019）．一方，2003 年に農薬登録されたミヤコカブリダニは，増殖性や捕
食能力ではチリカブリダニに劣るものの（Friese and Gilstrap, 1982），食性の
幅が広く，花粉などを代替餌として利用できるため（Croft *et al.*, 1998），花粉
が豊富な作物の上ではハダニ類の密度が低い状況でも定着性に優れ，長期間
の安定利用が期待できる．このため本種の登録以降には，ハダニ類が未発生ま
たは低密度であることを前提に，栽培初期にミヤコカブリダニを放飼し，ハ
ダニ類の密度増加時にチリカブリダニを放つことによる，より安定的な防除
体系が確立された（柴尾・井奥，2016；柳田，2019）．一方，栽培初期の天敵
放飼前にハダニ類の密度を低水準に管理できないケースでは，チリカブリダ
ニとミヤコカブリダニの同時放飼が試みられ，その有効性が実証された（井
村・米田，2017）．この方法はきわめて単純で栽培管理に取り入れやすいた
め，促成栽培のイチゴでは，これら 2 種の弱点を補い合う形で両種を同時放飼す
る方法が主流になりつつある（草間・山中，2020）．なお，育苗期におけるハダ
ニ類の管理は定植後の防除の成否に大きく影響するが，イチゴの生産現場では他
の作業との兼ね合いで育苗期に十分な対応ができないことも多い．そこで近年は，
育苗期のカブリダニ類放飼による防除の省力化と効率化の取り組みも始まってい
る（草間・山中，2020）．ただし，育苗期に炭疽病の対策として用いる殺菌剤に
はカブリダニ類に悪影響を及ぼすものもあるため，これらの防除を両立できる体
系の確立が必要である．

　施設栽培の花卉類のうち，バラは栽培が複数年にわたり，イチゴに比べて植物
体が大きく，単位面積あたりの葉数が多い．特に，同化専用枝を折り曲げて株の
下位に配置するアーチング仕立てでは，同化専用枝の枝葉に薬液が葉裏に付着し
にくく，薬剤による高いハダニ防除効果を得ることが難しい．このような課題を
背景に行われた圃場試験では，チリカブリダニおよびミヤコカブリダニを 10a あ

たり 20,000 個体および 30,000〜40,000 個体（イチゴ等での最大放飼量の 3.3〜6.7倍），春，夏および秋にそれぞれ放飼したところ，ナミハダニに対する実用的な防除効果が得られた（片山ほか，2016）．なお，バラではアザミウマ類の対策として，スピノサドなどの殺虫剤も用いられる．このような殺虫剤の施用はカブリダニ類の定着の障害となることが懸念されてきたが，アーチング仕立ての圃場におけるチリカブリダニを対象とした調査では，スピノサドの散布による悪影響は認められなかった（上村ほか，2020）．これには薬剤散布量と，アザミウマ類がおもに生息する花を念頭に置いた収穫枝上側からの散布実施が関係しており，特に植物体の大部分を占める同化専用枝などで，チリカブリダニの隠れ家となる葉裏への薬液付着が少ないことが一因と考察されている．本来，植物体への薬液の付着不足は害虫防除効果の低下に直結するが，薬剤の主対象害虫への効果は担保しつつ，生息部位が異なる他の害虫の防除に用いる天敵への影響回避に功を奏することが明らかとなった事例として興味深い．

　キクではナミハダニを対象としてミヤコカブリダニを放飼した試験において，株上で確認されたミヤコカブリダニ／ハダニ比と同じ株の翌週のハダニ数の関係が調査され，前述の比が 0.1 以上の場合にハダニが抑えられる傾向が確認された（山口・森，2019）．しかし，生産現場では難防除病害である白さび病の防除のために頻繁な殺菌剤散布が行われるため，カブリダニ類の密度維持が困難であることが明らかとなっており（草間・山中，2020），病害防除との両立が課題である．

c.　生物的防除（保全的生物的防除法（土着天敵の保護・強化））

　野菜類・花卉類でハダニ類が問題となることが多いのはバラ科などの施設栽培であるため，露地栽培主体の果樹類と比較して土着天敵の発生や利用場面は限られるが，選択性殺虫剤の利用によるこれらの保護・活用も模索されている．イチゴ本圃では，厳寒期にハダニタマバエとみられる捕食性タマバエ類が，春先以降の温暖期にはハダニアザミウマ *Scolothrips takahashii* が（8.2 の口絵 7）それぞれ発生し（関根ほか，2019），後者は育苗圃における活用も模索されている（柳田ほか，2017）．キクではケナガカブリダニ *Neoseiulus womersleyi* をはじめとする土着カブリダニ類が注目されている（国本ほか，2013）．いずれも，選択性殺虫剤の利用によって保護できることが明らかとなっているが，より積極的にハダニ類の防除に活用するためには，これら土着天敵種の増殖や活動性の向上に寄与する天敵温存植物などを探索し利用することが求められる．

d.　物理的防除

　現場で普及している技術として，高濃度二酸化炭素燻蒸処理（以下，CO_2 処理）および紫外線（UV-B；波長280〜315 nm）照射，実用化に近い技術として，蒸熱処理（高山，2017）がある．

　CO_2 処理は，本圃へのハダニ類の持ち込み回避または低減のため，濃度40％以上の CO_2 を充填した空間に苗を一時的に置いて殺虫するものである．ナミハダニ休眠雌成虫は，CO_2 濃度40または60％，温度35℃で24時間処理することにより，処理72時間後には死滅する（土田ほか，2011）．また，活動状態にある雌成虫は25℃では20時間，30，35℃では16時間の処理で補正死虫率が100％に達し，卵は25℃では20時間処理でも死滅しないが，30，35℃では12〜16時間の処理で補正死虫率が100％に達する（小山田・村井，2013）．実用場面を想定し，CO_2 処理の有無，30または35℃，12または24時間処理の条件を組み合わせ，各条件下にイチゴ苗を置いたところ，いずれも処理後の枯れなどの障害や定植後の頂花房開花に対する影響は認められなかった（小山田・村井，2013）．本技術による防除効果は処理温度の影響を受けるため，イチゴの定植時期の夜温が20℃を下回る地域では，加温ヒーターが付属された処理装置が利用されている（関根，2019）．

　UV-Bはナミハダニの卵〜成虫に対して致死効果をもたらす（Ohtsuka and Osakabe, 2009；Suzuki *et al.*, 2009, 2014）．これを応用したのがUV-B照射によるハダニ類の防除である（Osakabe, 2021）．イチゴ栽培などでは当初，うどんこ病の防除法としてUV-B照射が実用化されたが（Kanto *et al.*, 2009），ハダニ類はおもに葉裏に生息するため（Osakabe *et al.*, 2006），防除の成否は葉裏へのUV-B照射量に左右される（田中ほか，2017）．Tanaka *et al.* (2016) は，光源と光反射シートを併用することによるナミハダニの防除効果をイチゴ圃場において検証したところ，本法による密度抑制効果がきわめて高いことが明らかとなった．本法の実用化にあたってはUV-Bの照射による作物への影響（神頭ほか，2011）や照射によってハダニに蓄積されたダメージが可視光（およびUV-A）の照射により修復される「光回復」（Murata *et al.*, 2014；Suzuki *et al.*, 2014）などへの対応が検討され，UV-Bランプと光反射シートの組み合わせによる物理的防除法として確立された（Tanaka *et al.*, 2016）．　　　　　　　　　（大井田寛）

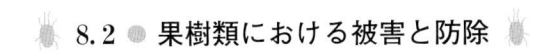 8.2 ● 果樹類における被害と防除

8.2.1　果樹類で問題となるハダニ種と生態

　果樹類においてもハダニ類は重要害虫の地位を占めており，被害が問題になる
樹種もリンゴ，ナシ，オウトウ，モモなどのバラ科落葉果樹類，ブドウ（おもに
施設栽培），カンキツと多岐にわたる．果樹類におけるハダニ被害の特徴としては，
樹種ごとに多様な種が問題となることがあげられる（表 8.2，口絵 3）．

　野菜や花卉の重要害虫であるナミハダニ属のナミハダニ黄緑型 *Tetranychus
urticae*（以下，ナミハダニ）やカンザワハダニ *Tetranychus kanzawai* は果樹で
も多くの樹種で問題となる．おもに葉裏に生息し，集団で不規則立体網を張り寄
生する．果樹だけでなく草本植物も寄主とし，果樹園内では果樹上と園内下草の
両方を生息場所とする．オレンジ色の休眠雌成虫が果樹の樹皮下，落葉，下草で
越冬する（口絵 4）．ただし，西南日本のナミハダニは冬でも休眠せずに下草に
生息する．越冬明けの雌成虫は春期に下草類で増殖し，その後果樹へ移動して，
落葉期まで継続して発生する．

　マルハダニ属 *Panonychus* のリンゴハダニ *Panonychus ulmi*，クワオオハダニ
Panonychus mori，ミカンハダニ *Panonychus citri* は網を張らず，葉裏に多いが
葉表にも生息する．いずれの種も周年果樹上に生息する．リンゴハダニはおも
にリンゴ，クワオオハダニはおもにナシ，モモに寄生する．両種とも休眠卵で越

表 8.2　各樹種で問題となるハダニ類（江原・後藤，2009 に各県での観察例を追加）

	ナミハダニ属 *Tetranychus* 属		マルハダニ属 *Panonychus* 属			クダハダニ属 *Amphi-tetranychus* 属
	ナミハダニ黄緑型	カンザワハダニ	リンゴハダニ	クワオオハダニ	ミカンハダニ	オウトウハダニ
リンゴ	●	○	●	△	△	○
オウトウ	●	○	△			○
ニホンナシ	●	○	△	○	○	○
モモ	●	○	△	○	○	○
ブドウ（施設栽培）	●	●				
カンキツ		○			●	

●：毎年防除が必要．○：ときおり被害あり．△：観察例あり．

冬し，春の展葉期に孵化幼虫が加害を始め，その後秋まで継続的に発生する．秋に雌成虫が枝の分岐部，樹皮のしわ部や芽の基部に休眠卵を産みつける（口絵4）．ミカンハダニはカンキツの主要害虫だが，ナシ，モモなどの落葉果樹でも増殖可能である．冬も休眠せず，カンキツでは周年増殖を続ける．一方で，ナシやモモなどでの発生は近隣のカンキツ園や果樹園防風樹のイヌツゲからの移入個体由来による一時的なもので，休眠性がないため冬季には死滅する．クダハダニ属 *Amphitetranychus* のオウトウハダニ *Amphitetranychus viennensis* はリンゴ，ナシ，モモ，オウトウなどのバラ科落葉果樹に寄生し，減農薬園で発生が多い傾向がある．集合性が非常に強く，密に網を張って葉裏に寄生する．周年果樹上に生息し，朱色の休眠雌成虫が果樹の樹皮下で越冬する．

　ナシなど複数種が寄生する樹種ではさまざまな要因で種構成が変化するが，なかでも薬剤散布体系の影響が大きく，慣行防除園ではナミハダニが優占するのに対し，無農薬園ではオウトウハダニが優占することが示されている（Kishimoto, 2002）．その要因の詳細は明らかになっていないが，それぞれのハダニ種の薬剤感受性の違いといった直接的な影響と，薬剤散布がハダニの天敵相に影響することによる捕食圧の変化といった間接的な影響によると推測されている．

　いずれの種も高温，乾燥条件が増殖に好適であることから，露地栽培では梅雨明け後の盛夏期に密度が急増する傾向にある．また，高温で降雨の影響がない施設栽培では栽培期間を通じて密度が急増する危険性をはらんでいる．

8.2.2　被害状況

　いずれの種も葉の表層に口針を突き刺して細胞内容物を吸汁加害する．被害箇所は白〜黄白色のかすり症状となる．加害が進むとかすり症状が広がって葉全体が白〜黄化し，また落葉果樹では葉焼けといわれる褐変症状となり（口絵5），最終的に落葉する．また，カンキツでは葉だけでなく果実も吸汁加害され，かすり症状となる．なお，直接の加害ではないが，リンゴではナミハダニの休眠雌成虫が果実のくぼみ部分に集合し不快害虫となることもある（口絵6）．

8.2.3　果樹類におけるハダニ防除—天敵類の活用

　果樹類のハダニ防除においても殺ダニ剤による防除が主流であり，多い場合には年に3回以上の散布が必要となる．一方で，果樹類でも薬剤抵抗性の発達は深刻である．防除効果を高め，効果のある殺ダニ剤を少しでも長く使うためには，

圃場に発生するハダニ類の薬剤感受性程度を把握するとともに，作用機構の異なる殺ダニ剤のローテーション散布を行うことにより同系統の殺ダニ剤使用を年1回以下にとどめることが必要である．それでも，現状は効果のある殺ダニ剤のレパートリー不足が常態化して農家は防除に苦慮しており，殺ダニ剤のみに頼ったハダニ防除は困難である．このような状況の中，化学合成農薬使用量を減らした環境保全型防除が強く意識されるようになってきた．本項では天敵類を活用した近年の防除技術の進展について紹介する．

a. 果樹園に生息する土着天敵類

果樹園は一般に植栽面積が広く，また，果樹に加えて下草，防風樹，周辺植生等，土着天敵類が生息できる場所が多く存在する．ハダニのおもな天敵類としてはカブリダニ類と捕食性昆虫類があげられる（口絵7）．

カブリダニ類は生態的特性や食性で4タイプに分類され（TypeI～IV）（McMurtry and Croft, 1997），特に餌としてハダニへの依存度が高いハダニスペシャリスト（TypeI, II）とハダニのほかに花粉などさまざまな餌を利用する広食性のジェネラリスト（TypeIII, IV）に大別される．果樹園ではハダニスペシャリストとしてケナガカブリダニ *Neoseiulus womersleyi*，ミヤコカブリダニ *Neoseiulus californicus* が観察される．これらは果樹上，下草を問わずハダニ密度が高くなった葉に集中して捕食・増殖し，ハダニ密度を速やかに低下させる役割を果たす．一方，ジェネラリストとしてニセラーゴカブリダニ *Amblyseius eharai*，ミチノクカブリダニ *Amblyseius tsugawai*，コウズケカブリダニ *Euseius sojaensis*，およびフツウカブリダニ *Typhlodromus vulgaris* が多く観察される．これらはハダニがごく低密度の時期でも花粉などのさまざまな餌を食べて植物上に常駐し，侵入してくるハダニを捕食することで，ハダニ増加を未然に防ぐ役割を果たしている．このため，果樹園内にこれらジェネラリストを継続的に発生させることがハダニを低密度に維持するうえで重要となる．また，種によって生息場所が異なり，コウズケカブリダニやフツウカブリダニは果樹上，ミチノクカブリダニは下草で多く，ニセラーゴカブリダニは果樹上，下草のいずれでも観察される．このように果樹園では特徴や生息場所が異なる複数のカブリダニ種が存在し，それぞれ特性に応じた役割を果たすことでハダニ類の密度が抑制される．

果樹園では，捕食性昆虫類としてダニヒメテントウ類，ケシハネカクシ類 *Oligota* spp.，ハダニアザミウマ，ハダニタマバエの発生が観察される．これらはカブリダニ類に比べるとハダニ捕食量が多く，また成虫が翅をもつことから移

図 8.3　天敵保護装置を利用したカブリダニ
製剤の設置例（ナシ：ミヤコカブリ
ダニ製剤）

動能力が高く，果樹園外を含めた広い生息範囲をもち，ハダニ多発時に園内に飛
来して急速な密度低下に貢献する（Kishimoto, 2002）．

b.　カブリダニ製剤の利用

　施設栽培など土着カブリダニが少ない栽培条件や，露地栽培でも土着カブリダ
ニ密度が低い時期や状況でハダニ防除効果が期待できない場合には，市販の力
ブリダニ製剤を利用する．果樹類ではミヤコカブリダニやスワルスキーカブリダ
ニ *Amblyseius swiirski* が餌等とともに小分けにされた袋に入っているパック製
剤がおもに利用されている（詳細な登録内容は販売元を参照）．また，パック製
剤を降雨や薬剤散布から保護し，増殖に好適な環境条件を保持することで放飼量
増加を可能とした天敵保護装置バンカーシート®も開発された（Shimoda *et al.*,
2017）．これらを果樹の主幹や枝に設置してハダニ防除に利用する（図 8.3）．

c.　果樹園でカブリダニ類を活用するための技術

(1)　カブリダニ類に影響の小さい病害虫防除

　カブリダニ類を利用したハダニ防除の実用化に向けては，他の病害虫防除と両
立させる必要がある．特に，カブリダニ類は微小で翅がないことから移動能力が
低く，果樹園内の農薬散布の影響を受けやすい．そのため，各種病害虫防除の際
には，カブリダニ類に影響の小さい手段や薬剤を選択する必要がある．

　殺虫剤を用いない防除法としては，リンゴ，ナシ，モモの重要害虫シンクイ
ムシ類やハマキムシ類などに対する合成性フェロモン剤を利用した交信攪乱法
があげられる．また，天敵類に影響の小さい選択性殺虫剤の開発も進められて
いる．カブリダニ類に影響の小さい殺虫剤として IGR 剤，ジアミド剤，BT 剤
などがあげられる（岸本ほか，2018）．カブリダニ類に対する各種農薬の影響

評価の情報も近年充実し，たとえば，日本生物防除協議会（Japan BioControl Association），天敵製剤の販売元や農業系試験研究機関等のウェブサイトに掲載されている．これらの情報を参考にしながら各種病害虫に対する薬剤散布体系を構築する．

(2) カブリダニ類保全に有効な草生管理

果樹園の下草はハダニ類の生息場所とされ，従来は除草剤による清耕栽培や草刈りの徹底により，できるだけ下草を残さない管理法が主流であった（舟山，2018）．しかし，下草類がカブリダニ類の生息場所や餌となる花粉の供給源として重要な役割を果たすことを示した研究例が近年多く蓄積されてきた（舟山，

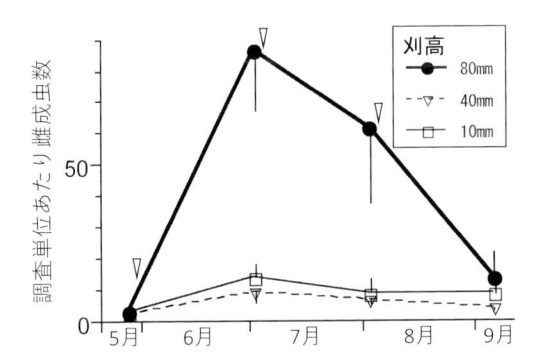

図 8.4 草刈りの刈高の違いがリンゴ園下草でのミチノクカブリダニ発生に及ぼす影響（岩手県盛岡市，2018 年；岸本ほか，2020 をもとに作図）
草刈り直前に各刈高区のシロクローバ群落（約 $2\,\mathrm{m}^2$）を掃除機で 1 分間吸引（本文参照，各区 3 反復，図の縦線は標準誤差），▽：草刈り実施日．

図 8.5 高刈とシロクローバ導入によるリンゴ園での下草管理例（岩手県盛岡市，2017 年）
5 月上旬にシロクローバを播種し（約 $10\,\mathrm{g/m}^2$），約 1 ヶ月おきに刈高 80 mm で草刈りを実施．

2018：増井ほか，2018）．ただし，まったくの無除草で下草が繁茂すると栽培管理作業の障害や他の病害虫類の発生源となり，栽培上は実用的でない．このため，下草管理技術では天敵保全と栽培管理の作業性を兼ね備える必要がある．

　岸本ほか（2020）は，リンゴ園で草刈りの刈高の違いが下草でのカブリダニ類の生息に大きく影響を及ぼすことを示した．乗用草刈機での刈高を10〜80 mmと変えて1ヶ月ごとに草刈りする試験区を設け，下草に生息するカブリダニ類を比較した．草刈り時にある程度下草が残る刈高80 mm区ではナミハダニの捕食者であるミチノクカブリダニの密度が高く推移した（図8.4）．以上の結果から，カブリダニ類を保全する下草管理技術として高刈の有効性が示された．高刈に加えて，草丈の低いシロクローバ等の導入（図8.5）や株元の下草を適度に残す株元草生（中井ほか，2022）も，実用的な天敵保全下草管理技術として有効である．

d.　防除技術の体系化ー〈w天〉（だぶてん）防除体系

　生物的防除技術は単独で栽培現場に導入されるものではなく，さまざまな個別技術を矛盾なく組み合わせたIPM体系を構築することで，初めて実用可能となる．果樹では，「果樹園内の保全的生物的防除法」と「天敵製剤による放飼増強法」といったダブルの天敵利用を基幹とし，それぞれの長所を合理的に活かしたハダニ防除体系「〈w天〉防除体系」が確立された（外山・岸本，2022）．〈w天〉防除体系は，①天敵に配慮した薬剤の選択，②天敵にやさしい草生管理，③補完的なカブリダニ製剤の利用，④協働的な殺ダニ剤の利用といった4つのステップで

図8.6　〈w天〉防除体系4ステップの概念図（農研機構，2021bをもとに作図）

構成されている（図 8.6）．すなわち，カブリダニ類に影響の小さい農薬による病害虫防除体系，およびカブリダニ保全と栽培管理の作業性を両立させた下草管理によって，果樹園内に生息する土着カブリダニ類の活用を図る．一方で，土着カブリダニ類の発生が不十分でハダニ多発が懸念される場合には，カブリダニ製剤の補完的な利用によってハダニ密度抑制を図る．なお，殺ダニ剤は全く使用しないわけではなく，乾燥などのカブリダニ類の生存に不適な気象条件や突発的な病害虫発生による悪影響の大きい農薬散布など，カブリダニの働きが期待できない場合の防除手段として位置づける．本体系によって，殺ダニ剤の使用回数を従来の年間 3〜4 回以上から 1 回以下へと削減可能となった．本体系は，農薬使用量削減と果樹の安定生産を両立した体系としてさまざまな樹種の栽培環境に応じて実用化され，普及が進められている（農研機構，2021a, b, c, 2022）．　（岸本英成）

コラム 8　ハダニ防除に用いる天敵カブリダニ製剤の進歩と新技術開発

　　農業害虫ハダニの捕食性天敵であるカブリダニは，いち早く製剤化され，出荷金額トップの生物農薬の 1 つとして業界を牽引している．カブリダニの使用量は年々増加しており，その背景には製剤の進歩がある．ハダニとその天敵を長らく研究し，近年，新規製剤であるバンカーシート®（以下，バンカーシート）を開発，実用化に携わった者として，製剤の進歩や新技術開発について振り返りたい．最初に登場したボトル製剤は，ボトル内のカブリダニを直接，作物に振りかける方法で，比較的安価で効果も高いが，ハダニ発生時期の見極めが必要なため取り扱いが難しい．次に登場したパック製剤は，パック内で増えたカブリダニが徐々に放出され作物へ移動するもので，一度設置すれば持続的な防除効果が狙える点で取り扱いは楽になったが，風雨や乾燥などの影響でカブリダニが増殖できないと，効果が安定しない．これらの問題を解決し，より簡単・確実に放飼するための新技術がバンカーシートである．なお，バンカーシートは，農林水産省プロジェクト（農食推進事業：26070C）において農研機構が中核となり共同開発され，2017 年から実用化されている．

　　バンカーシートの構造はユニークで，パック製剤を保湿資材やフェルトとともに封筒型の本体に入れて作物にとりつける．耐水紙製の本体がシェルターとなり，保湿資材とフェルトが高湿度の環境と産卵場所をそれぞれ提供するため，カブリダニは農薬や風雨，乾燥から保護され，その放出数もパック製剤の 2〜5 倍は多くなる．一般にカブリダニは「数で働く」タイプの天敵なので，より多くのカブリダニを持続的に放飼できれば安定的防除につながる．ミヤコカブリダニ *Neoseiulus californicus* やスワルスキーカブリダニ *Amblyseius swirskii* のバ

ンカーシートは，イチゴ・ナシなどのナミハダニ *Tetranychus urticae* やカンザ
ワハダニ *Tetranychus kanzawai*，カンキツなどのミカンハダニ *Panonychus citri*
の防除に利用されている．

　実は，バンカーシートは最初からこの構造が考案されたわけではない．初期の
試作品は，1 枚の耐水紙とフェルトをパック製剤に巻きつけただけの単純なもの
で，これが名前の由来（バンカー：増殖，シート：紙）となっている．そこから
さらなる高機能を目指して何度も改良を重ね，現在の構造となった．たとえばカ
ブリダニの増殖が高湿度下で促進される特性は既知の知見だが，これを製剤化へ
最大限，反映させる試行錯誤の結果，保湿資材の追加に至った．こうしたさまざ
まなアイデアが詰まった新技術が実用化され，農業に役立っていることは非常に
嬉しい．また，自身の研究が直接，世の中に役立つという経験が得られた幸運を
嬉しく思う．開発，実用化にかかわった多くの方々に感謝したい．　　（下田武志）

コラム 9　捕食者のカブリダニは病原菌の運び屋としても役に立つ？

　農業の現場では，カブリダニは，ハダニやアザミウマ，コナジラミといった微
小害虫の密度を抑制する捕食者として期待されている．しかし近年では，同じく
害虫の密度抑制に有効な病原菌の運び屋としての役割も期待されている．たと
えば，昆虫病原性糸状菌であるボーベリア・バシアーナ *Beauveria bassiana* は，
寄主範囲が広く，ハダニを含めたさまざまな農業害虫を対象とする生物農薬とし
て販売されている．決して特別なものではなく，土壌の至るところに低密度で存
在するカビであるが，節足動物に感染すると，宿主体内で養分や水分を奪って増
殖し，宿主は死に至ることもある．ボーベリア菌を含む病原体は，宿主に遭遇す
る確率を高めるために，さまざまな拡散方法を進化させてきている．感染個体か
ら非感染個体に直接伝搬するだけでなく，空気や水，土壌などの環境を介するこ
ともあれば，動物を介することもある．カブリダニは餌である害虫を求めて歩き
回るため，この媒介動物として機能すると期待される．しかしその場合，媒介動
物が病原体にやられてしまっては元も子もないため，病原性は宿主に対して高く，
媒介動物に対しては低いことが求められる．そこで Lin *et al.* (2017) は，ボー
ベリア・バシアーナの菌株 ANT-03 の病原性を調べ，害虫であるミカンキイロ
アザミウマ *Frankliniella occidentalis* に対して高いが，その生物的防除資材とし
て使われているスワルスキーカブリダニ *Amblyseius swirskii* に対しては低いこ
とを明らかにした．また，Lin *et al.* (2019) は，スワルスキーカブリダニがボー
ベリア菌をミカンキイロアザミウマのところまで運んでいるか確認するために，
ボーベリア菌の胞子まみれにしたスワルスキーカブリダニをミカンキイロアザミ

ウマ幼虫が寄生しているインゲンマメの植物体上に放した．その結果，カブリダニはグルーミングにより胞子除去を試みるものの，体から完全に除去されず，体に付着した胞子は餌探索時にトリコームなどの植物の微細構造に接触することで植物体上に落とされ，アザミウマ幼虫と胞子の接触機会が高まることが示された．このように，微生物殺虫剤の新たな処理方法としてカブリダニに運ばせる技術が認められれば，今後，両者を併用した害虫防除手法としての実用化につながる可能性がある．そして野外では，ボーベリア菌だけでなくさまざまな昆虫病原性の菌が土壌から見つかっている．自然界では実際に，カブリダニはこれら病原体の運び屋として活躍しているのかもしれない． (佐藤幸恵)

8.3 ● 薬剤抵抗性発達とその管理

8.3.1 個体と集団

薬剤抵抗性とは，通常（感受性）の個体が死亡する濃度の農薬にさらされても死亡せずに生き延びられる個体レベルの能力である．一方，農業上問題となる「薬剤抵抗性の発達」とは，害虫集団において抵抗性をもつ個体の割合が多くを占めるようになった集団レベルの状態ととらえることができる．

害虫個体が薬剤抵抗性を発現する原因として，作用点変異による感受性低下や酵素による解毒作用の増大などの生理的要因があり，これらはDNAの塩基置換や挿入欠失，コピー数の変化などの遺伝的変異に起因する．このような遺伝的変異は，たとえば紫外線や活性酸素によるDNA損傷の修復時や細胞分裂時のDNAの複製エラーなどによって偶然生じ，そのなかで顕著な適応度コストを生じなかったものは自然淘汰されずに子孫に受け継がれる．ゲノム解析で発見される点突然変異（point mutation）の多さからも明らかなように，偶然生じた遺伝的変異は生物のゲノム中に多数保持されている．それらのうちの一部の変異が，たまたま殺ダニ剤の結合力に影響を及ぼすような作用点のアミノ酸置換や解毒酵素遺伝子の過剰発現などを引き起こし，結果的にそれをもつ個体が殺ダニ剤に対して抵抗性になる．

このような抵抗性遺伝子をもつ個体が低頻度で存在する集団に農薬を散布すると，抵抗性遺伝子をもたない個体が淘汰され，抵抗性遺伝子をもつ個体がより多く生き残って子孫を残す．これにより，もともと低かった抵抗性遺伝子の集団中の頻度が高まる．この選抜途中の段階が抵抗性発達の過程であり，最終的に大多

数の個体が抵抗性遺伝子をもつように至った状態が，その集団において薬剤抵抗性が発達した状態である．

8.3.2　薬剤抵抗性遺伝子

近年，ゲノム研究の進展（Grbić *et al.*, 2011）によって，生理メカニズムに関する知見がなくても関連遺伝子のゲノム上の位置が推定可能な bulked segregant 解析法（Van Leeuwen *et al.*, 2012）や，一塩基多型（SNP）やマイクロサテライト（SSR）を利用した QTL（量的形質遺伝子座）解析法（Snoeck *et al.*, 2019；Sugimoto *et al.*, 2020）などが開発された．さらに RNA シーケンス（RNA-seq）や RNA 干渉（RNAi），ゲノム編集（ショウジョウバエへの殺ダニ剤抵抗性変異の導入）などを用いて，候補遺伝子の抵抗性への関与が検証されている．これらにより薬剤抵抗性に関連する多くの作用点変異や解毒酵素遺伝子が解明され，知見が急速に蓄積されている（Van Leeuwen *et al.*, 2010；Van Leeuwen and Dermauw 2016；De Rouck *et al.*, 2023）．

a.　作用点変異

表 8.3 に殺ダニ剤抵抗性の要因として知られるおもな作用点変異を示した．たとえば，キチン合成酵素（CHS1）における 1017 番目のアミノ酸イソロイシン（I）がフェニルアラニン（F）に変化している変異 I1017F をもつナミハダニ *Tetranychus urticae* やミカンハダニ *Panonychus citri* では，キチン合成酵素阻害剤（IRAC 系統 10）であるエトキサゾールに対して LC_{50} 値が＞10000 mg/L となる高度な抵抗性（完全潜性；Uesugi *et al.*, 2002）を発現する（Van Leeuwen *et al.*, 2012；Osakabe *et al.*, 2017；刑部，2019；Tadatsu *et al.*, 2022）．ナミハダニでは，この変異はクロフェンテジンやヘキシチアゾクスに対しても高度抵抗性をもたらす（Demaeght *et al.*, 2014）．

一方，同じ系統の薬剤に対する抵抗性に関連する複数の変異が知られているケースでは，変異と薬剤の組合せによって抵抗性のレベルが異なる．たとえば複合体 II 阻害剤（IRAC 系統 25）の作用点であるコハク酸脱水素酵素（Sdh）におけるナミハダニのアミノ酸置換では，抵抗性を示さない場合（LC_{50}＜20 mg/L）から高度抵抗性（LC_{50}＞10000 mg/L）まで，薬剤との組合せによって影響に違いがみられる（表 8.4）．興味深いことに，B-H258Y はナミハダニをピフルブミドおよびシエノピラフェン抵抗性にする一方，シフルメトフェンの作用点への結合が強まり，逆に感受性を高める効果（負の交差抵抗性）をもつ（Njiru *et al.*,

表 8.3　殺ダニ剤抵抗性の要因として報告されているおもな作用点変異（抵抗性アミノ酸変異）（De Rouck *et al.*, 2023 をもとに作成）

IRAC 系統	作用機構	作用点	種	抵抗性アミノ酸変異[a]	殺ダニ剤[a]
1	アセチルコリンエステラーゼ（AChE）阻害剤	アセチルコリンエステラーゼ	ナミハダニ	G119S, A201S, G328A, F331W/C/Y	DDVP, ピリミホスメチル, クロルピリホス, パラチオン, オメトエート, モノクロトホス
			ミツユビナミハダニ	F331Y/W	クロルピリホス
			カンザワハダニ	F331W	有機リン剤
3	ナトリウムチャネル（VGSC）モジュレーター	電位依存性ナトリウムチャネル	ナミハダニ	L925M, L1024V, F1538I, F1538I + F1534S, F1538I + M918L	ビフェントリン, フェンプロパトリン, フルバリネート
			ミツユビナミハダニ	M918T	ビフェントリン, フェンプロパトリン
			リンゴハダニ	L1024V, F1538I	フェンプロパトリン
			ミカンハダニ	F1538I	フェンプロパトリン
6	グルタミン酸作動性塩素イオンチャネル（GluCl）アロステリックモジュレーター	グルタミン酸作動性塩素イオンチャネル（GluCl）	ナミハダニ	GluCl1 : G314D GluCl2 : 1547bp 挿入 GluCl3 : I321T, G326E, L329F	アバメクチン, ミルベメクチン
10	キチン合成酵素（CHS1）に作用するダニ類成長阻害剤	キチン合成酵素 1（CHS1）	ナミハダニ	I1017F	エトキサゾール, クロフェンテジン, ヘキシチアゾクス
			ミカンハダニ	I1017F	エトキサゾール
12	ミトコンドリア ATP 合成酵素阻害剤	ATP 合成酵素サブユニット C	ナミハダニ	V89A	酸化フェンブタスズ
20	ミトコンドリア電子伝達系複合体 III 阻害剤-Qo サイト	シトクロム *b* (cytb)	ナミハダニ	A133T[**], I136T[**], S141F[**], I260V + N326S, L258F, P262T, G132A（[**]G126S と同時に存在することで抵抗性を発現）	ビフェナゼート, アセキノシル
			ミカンハダニ	A133T（G126S と同時に存在することで抵抗性を発現）	ビフェナゼート
21	ミトコンドリア電子伝達系複合体 I 阻害剤	ミトコンドリア電子伝達系複合体 I（サブユニット PSST）	ナミハダニ	H110R	ピリダベン, テブフェンピラド, フェンピロキシメート
			ミカンハダニ	H110R	フェンピロキシメート
25	ミトコンドリア電子伝達系複合体 II 阻害剤	コハク酸脱水素酵素サブユニット B, C（SdhB, SdhC）	ナミハダニ	SdhB : H258Y/L, I260V/T SdhC : S56L	シフルメトフェン, シエノピラフェン, ピフルブミド

a アミノ酸の番号付けはナミハダニのシーケンスによる. 殺ダニ剤は, 表示した変異の少なくともどれかが抵抗性に関与することが明らかになったものを例として示しており, 抵抗性発現の有無や抵抗性のレベルは変異と薬剤の組合せにより異なる.

表 8.4　ナミハダニにおける Sdh 変異と複合体 II 阻害剤感受性（Sugimoto *et al.*,
2020；Maeoka and Osakabe, 2021；Njuru *et al.*, 2022 をもとに作成）

Sdh 変異[a]	抵抗性レベル[b]		
	ピフルブミド	シエノピラフェン	シフルメトフェン
B-H258Y	R	RR	S
B-I260T	S	RRR	RRR
B-I260V	S	SR	RRR
C-S56L	R	SR	RR
B-I260V + C-S56L	RRR	RRR	RRR

[a] サブユニット-変異（例. サブユニット B における H258Y：B-H258Y）.

[b] S：LC_{50}＜20 mg/L, SR：20〜200 mg/L, R：200〜1000 mg/L, RR：1000〜
10000 mg/L, RRR：＞10000 mg/L.

2022）. B-H258 では，さらに B-H258 L の変異も見つかっている. 分子ドッキン
グ法により，この変異はピフルブミドとシエノピラフェンと B-H258 との水素結
合を無効にして抵抗性を発揮するが，シフルメトフェンは H258 と水素結合を形
成しないため効果に影響を受けないことが示された（İnak *et al.*, 2022）. 表 8.4
の B-I260 と C-S56 は薬剤と直接結合しないが，作用点の構造変化などを通じて
薬剤の結合に影響を及ぼしていると思われる. 複合体 II 阻害剤は天敵であるカ
ブリダニ類に対して毒性が低い（岸本ほか, 2018）. この要因として薬剤の結合
部位におけるアミノ酸配列の違いの影響が指摘されている（Li *et al.*, 2023）. 薬
剤の結合力に影響する作用点の種内・種間変異の情報が，選択性や薬剤抵抗性打
破などを目的とした創農薬に活用されることを期待したい（西ヶ谷ほか, 2023）.
　シトクロム *b* の G126S は複合体 III 阻害剤のビフェナゼートおよびアセキノシ
ル（IRAC 系統 20）抵抗性に関与している. しかし，単独では抵抗性レベルが
低く，A133T, I136T, S141F のいずれかと共存する場合にのみ高度抵抗性を発
現する（Van Leeuwen *et al.*, 2008）. さらに，複合体 I 阻害剤のピリダベン（IRAC
系統 21）や合成ピレスロイド剤（IRAC 系統 3）のビフェントリン，複合体 III
阻害剤（IRAC 系統 20）のビフェナゼートとアセキノシル（シトクロム *b* 変異：
L258F）でも作用点変異単独での抵抗性レベルは低く，解毒酵素との相乗効果に
より高度抵抗性が発現する（Bajda *et al.*, 2017；Riga *et al.*, 2017；De Beer *et al.*,
2022；Itoh *et al.*, 2022；Lu *et al.*, 2023）. 作用点変異の影響を強める解毒酵素の
働きはあまり注目されてこなかったが，今後の解明が望まれる.

b.　解毒機構

　シトクロム P450（P450），カルボキシルエステラーゼ（CCE）およびグルタ

チオン S-転移酵素（GST）は薬剤抵抗性に関与する解毒酵素として古くから知られているが，近年，UDP グリコシル転移酵素（UGT）とオルト開裂酵素（DOG）などでも抵抗性への関与が指摘されている（表8.5）．薬剤抵抗性への解毒酵素の関与は阻害剤を用いた飼育実験により検討できる．解毒酵素阻害剤（例：シトクロム P450 阻害剤のピペロニルブトキシドなど）を散布した葉片と散布していない葉片（対照）上でハダニを飼育し，その後対象薬剤の効果を比較する．このとき，酵素が解毒に関与していれば阻害剤処理によって死亡率が高くなり，で薬剤を活性化していれば死亡率が低下する．しかし，解毒酵素はいずれも多重遺伝子族であり，多くの遺伝子を含んでいるため，RNA-seq による発現比較，発現蛋白の分解活性，RNAi，感受性系統への遺伝子導入実験などを通じて対象薬剤に対する抵抗性に関与している遺伝子を特定する必要がある．表8.5には確認されたもののみを表示している．これらのなかで，*CYP392A16*，*CYP392A11*，*CYP389C16*，*CCE55* は異なる系統の薬剤に対する抵抗性に関与している．

　解毒酵素による抵抗性では，酵素遺伝子の発現量や酵素活性の上昇などがみられる．しかし，薬剤抵抗性に関連するそれら解毒酵素の上昇メカニズムはよくわかっていない．近年，ナミハダニにおいて，シフルメトフェン抵抗性におけるマイクロ RNA（miRNA）による GST 発現制御（Zhang *et al.*, 2018；Feng *et al.*, 2020, 2022）やシトクロム P450 還元酵素（*tetur18g03390*）のピリダベンおよびテブフェンピラド抵抗性への関与（Snoeck *et al.*, 2019）などが報告されている．100 近い剤（有効成分）に対する抵抗性発達が確認されているナミハダニは，農業・衛生害虫のなかで最も多くの殺虫・殺ダニ剤に対して抵抗性を発達させた世界的難防除害虫である．解毒酵素の過剰発現メカニズムならびに作用点変異との相乗効果の系統的解析が進むことにより，複合抵抗性の発現とその制御法の解明が期待される．

8.3.3　薬剤抵抗性発達に影響する遺伝および生態的要因

　ハダニの多くの種では受精卵と未受精卵がともに産卵され，前者が二倍体の雌に，後者は単数体の雄になる（単数倍数性）．未受精卵は，雌成虫が未交尾の場合でも産卵される．このような繁殖様式は産雄単為生殖と呼ばれ，薬剤の散布方法による薬剤抵抗性発達の遅延は理論的に困難とされる（農研機構，2019）．1つの要因として，薬剤抵抗性の遺伝様式にかかわらず，感受性遺伝子をもつ単数体の雄が薬剤散布により速やかに淘汰されることにより，抵抗性遺伝子頻度が上

表 8.5　殺ダニ剤抵抗性の要因として報告されているおもな解毒酵素（De Rouck *et al.*, 2023 をもとに作成）

IRAC 系統	作用機構	殺ダニ剤	種	解毒酵素[a]	遺伝子[b]
3	ナトリウムチャネル（VGSC）モジュレーター	フェンプロパトリン	ナミハダニ	CCE	*CCE55（TCE2），CCE27（CarE6）*
			ミカンハダニ	CCE	*PcE1，PcE7，PcE9*
		ビフェントリン	ナミハダニ	CCE	*CCEinc18*
				UGT	*TuUGT10*
6	グルタミン酸作動性塩素イオンチャネル（GluCl）アロステリックモジュレーター	アバメクチン	ナミハダニ	P450	*CYP392A16*
				UGT	*TuUGT29，TuUGT10，TuUGT11，TuUGT1（UGT201D3）*
				DOG	*TuDOG6（TcID-RCD1）*
		ミルベメクチン	ナミハダニ	UGT	*TuUGT11*
20	ミトコンドリア電子伝達系複合体 III 阻害剤-Qo サイト	ビフェナゼート	ナミハダニ	P450	*CYP392A11*
21	ミトコンドリア電子伝達系複合体 I 阻害剤	ピリダベン	ナミハダニ	P450	*CYP389C16*
		フェンピロキシメート	ナミハダニ	P450	*CYP392A11*
23	アセチル CoA カルボキシラーゼ阻害剤	スピロジクロフェン	ナミハダニ	P450	*CYP392E10*
		スピロメシフェン	ナミハダニ	P450	*CYP392E10*
25	ミトコンドリア電子伝達系複合体 II 阻害剤	シフルメトフェン	ナミハダニ	P450	*CYP389C16*
				CCE	*CCE55（TCE2），CCE50（TcCCE12）***（**遺伝子発現低下）
				GST	*TuGSTd05，TuGSTm02（TcGSTm02），TuGSTm04（TcGSTM4）*
		シエノピラフェン	ナミハダニ	P450	*CYP392A11*
		ピフルブミド	ナミハダニ	P450	*CYP392A16*

[a] CCE：カルボキシルエステラーゼ，P450：シトクロム P450，GST：グルタチオン *S*- 転移酵素，UGT：UDP グリコシル転移酵素，DOG：オルト開裂酵素（Intradiol ring cleavage dioxygenases）.

[b] （　）内はニセナミハダニ *Tetranychus cinnabarinus* として原著論文で報告された遺伝子名.

昇しやすいことが考えられる.

　一般的に，薬剤抵抗性が顕性（優性）遺伝する場合には，潜性（劣性）遺伝する場合に比べて，抵抗性の発達が早いと考えられる．これは，潜性の場合，抵抗性と感受性をヘテロにもつ個体（ハダニでは二倍体の雌のみ）が薬剤散布により死亡するのに対して，顕性では生き残るために薬剤散布後の個体数の回復が早いことによる．薬剤散布（淘汰）後の抵抗性遺伝子頻度は，散布前の頻度が高いほど高くなる．つまり，短時間で抵抗性が蔓延（発達）する．薬剤による淘汰が起こる前には，一般的に抵抗性遺伝子の頻度は低いと考えられる．しかし，体が小さく，飛翔能力がないハダニは葉などを単位とした小さな繁殖集団を形成しており，全体では希少な抵抗性遺伝子であっても局所的には高い頻度で保持されている可能性がある．このことは，薬剤抵抗性の発達初期に畑や施設の一部の作物から，薬剤散布後のハダニの増殖がみられるようになり，次第に全体に薬剤が効かなくなって抵抗性が顕在化することと符合する.

8.3.4　薬剤抵抗性管理

　ハダニは前述の繁殖特性から薬剤淘汰により抵抗性遺伝子頻度が上昇しやすい．一般的にはさらに，雌が成虫化後に最初に行った交尾によって獲得した精子のみが受精に用いられるため，雄成虫は成虫化直前の第3静止期の雌をガードし，脱皮直後に交尾する．また，繁殖して葉上の個体密度が高くなった際には，交尾した雌がおもに分散する．このため，抵抗性頻度が高い葉上で発育した雌は，同じく抵抗性遺伝子をもつ雄と交尾し，分散先で抵抗性の子孫を残す確率が高い．したがって，薬剤散布後に残った抵抗性遺伝子頻度が高い繁殖集団を駆除できれば抵抗性遺伝子の拡散・蔓延を抑制できるかもしれない.

　しかし，現実には，登録薬剤の多くに対してハダニが抵抗性を発達させているため，淘汰された個体を別の薬剤で完全に駆除するのは難しい．ハダニ防除にあたって，有力大敵であるカブリダニ類に対して毒性が低い選択性殺ダニ剤を用いた場合には，生き残ったハダニに対してカブリダニを放飼することで駆除できるかもしれない．しかし，カブリダニの捕食による防除は，捕食速度がハダニの増殖速度を上回った場合にのみ成功する．カブリダニの放飼量には限度があり，放飼前にはハダニの密度を極力低くしておく必要がある．したがって，抵抗性が発達して多くのハダニが生き残る状況下でカブリダニをハダニの防除に用いることは困難であり，推奨されない．この観点からも，抵抗性発達状況の把握が重要で

ある．

　ハダニの薬剤抵抗性発達が著しい施設栽培イチゴでは，苗の炭酸ガス燻蒸による本圃へのハダニの持ち込み抑制（小山田・村井，2014）や紫外線照射による本圃でのハダニ発生抑制技術（田中ほか，2017）が開発されている．増殖が速いハダニの管理には，今後も殺ダニ剤の利用が必要と考えられる．したがって，生物的防除や物理的防除などの代替技術について，個別の防除効果を評価するだけでなく，薬剤抵抗性管理の観点からも評価されることにより，総合的管理体系が確立されることが望まれる．

（刑部正博）

コラム10　ハダニ防除に欠かせないカブリダニ製剤

　害虫防除を目的として用いられる天敵昆虫・ダニ類製剤の出荷額は2021年現在合計約16億円であり，このうちの34％をチリカブリダニ *Phytoseiulus persimilis*，25％をミヤコカブリダニ *Neoseiulus californicus* と，売り上げ上位2種をナミハダニ属ハダニ捕食性のカブリダニが占める（図8.2）．この状況から，現場では，それだけハダニ類による被害や，殺ダニ剤に対する抵抗性発達の問題などが大きいということが想像できよう．まさに，ハダニ類の防除にはカブリダニ製剤が欠かせなくなっている．

　コラム8でも述べられているとおり，カブリダニ製剤は改良が進み，前述の2種のうちミヤコカブリダニ，果樹類でミカンハダニ *Panonychus citri* の防除にも用いられるスワルスキーカブリダニ *Amblyseius swirskii* には，図1のようにボトル製剤とパック製剤があり，後者はしばしば天敵保護装置バンカーシート®と

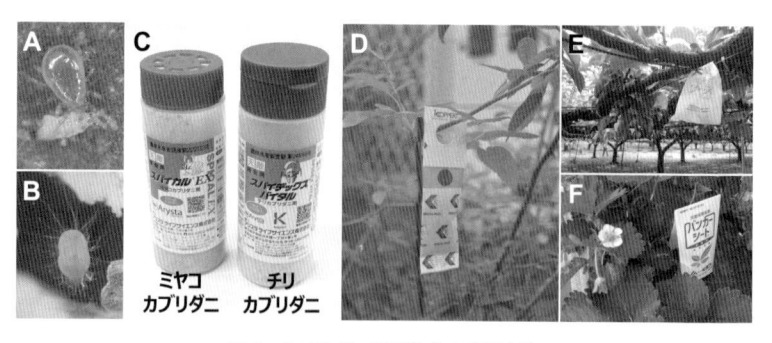

図1　カブリダニ製剤とその利用方法

A：スワルスキーカブリダニ，B：サトウダニ *Carpoglyphus lactis*（スワルスキーカブリダニ剤の餌ダニ），C：ボトル製剤，D：バラの枝に設置したミヤコカブリダニパック製剤（アリスタライフサイエンス（株）原図）（口絵1d），E：ナシ棚に設置したパック製剤（防水カバーをかけて使用），F：イチゴ圃場に設置したバンカーシート®．

も併用される．従来，ミヤコカブリダニ製剤，スワルスキーカブリダニ製剤には，代替餌として作物を加害しない餌ダニを入れた商品があり，これによって輸送中の活性維持やパック製剤設置後の徐放性維持が実現されてきた．最近，チリカブリダニのボトル製剤でも代替餌を入れた商品が登場し（図 1C），輸送中の活性維持が期待できるようになった．現場の状況とコストの兼ね合いを考えながら，農家自身が製剤の選択だけでなく利用方法もさまざまな形で工夫できるようになっている．

（大井田寛）

# 9 外　来　種

✳ 9.1 ● ハダニにおける外来種の事例 ✳

9.1.1　ミツユビナミハダニ *Tetranychus evansi*

　本種は，当初 2001 年に大阪のイヌホオズキから採集された個体に基づいて *Tetranychus takafujii* として新種記載された（Ehara and Ohashi, 2002）．しかし，その後この種に酷似する *Tetranychus evansi* を世界 6 ヶ国から採集して，*T. takafujii* と DNA 塩基配列，生殖和合性および形態に関して詳細な比較検討を行った結果，*T. takafujii* は *T. evansi* の新参異名（シノニム，synonym）であると結論された（Gotoh *et al.*, 2009）．したがって本種は海外から日本への侵入種である．なお，和名の「ミツユビ」は，雄成虫第 II 脚爪間体（各脚の先端部にある歩行器官，ambulacrum）が 3 対の爪からなるという特徴に基づいて名付けられたが，形態変異が大きく，3 対の毛や 1 対の爪で構成される個体も存在する（Gotoh *et al.*, 2009）．

　ミツユビナミハダニは，1960 年にモーリシャス諸島のトマトから採集された個体に基づいて，Baker and Pritchard（1960）によって記載されたが，もともとは南アメリカ起源（Gutierrez and Etienne, 1986；ブラジルが有力）である．本種は，1980 年代中頃から 2010 年頃にかけて欧州やアジア，オセアニアに急激に分布を拡大して，現在は北緯 45 度〜南緯 45 度の 41 ヶ国に分布する（EPPO, 2023）が，農業被害は 2023 年現在アフリカ諸国に限られ（Azandeme-Hounmalon *et al.*, 2022），もはや欧州では問題になっていない（George D. Broufas（ギリシャ），Francisco Ferragut（スペイン），Alain Migeon（フランス），Pedro Naves（ポルトガル），Sauro Simoni（イタリア），各私信）．日本でも北緯 36 度以南に本種の生息が認められているが（図 9.1），被害の報告はない．その原因は，農薬の

頻繁な散布で本種が同時防除されている（Gotoh and Kaidzuka, 2022 ほか）か，南米に分布する有力な天敵 *Phytoseiulus longipes* の捕食作用（Angelo Pallini, 私信）などによると考えられているが，詳細は不明である．

現在農業現場で広く使われているハダニの生物農薬であるミヤコカブリダニ *Neoseiulus californicus* やチリカブリダニ *Phytoseiulus persimilis* は本種を餌にすると発育速度や生存率，捕食量，増殖率がナミハダニ *Tetranychus urticae* を餌にしたときに比べて著しく低下し（Escudero and Ferragut, 2005），ミツユビナミハダニ個体群を抑制できない（Moraes and McMurtry, 1985；Escudero and Ferragut, 2005；Furtado *et al.*, 2007；Koller *et al.*, 2007）．しかし，欧州の天敵昆虫販売会社では本種の防除に有効なブラジル産の *P. longipes* の大量増殖に成功したが，上市を見送っている．

本種の主要な寄主植物はトマトやナス，イヌホオズキなどのナス科植物であるが，ほかにキク科やマメ科など34科131種の植物に寄生できる広食性のハダニである（Migeon and Dorkeld, 2023）．本種には同種他個体が寄生している葉に強く誘引されるという特性があり（Sarmento, 2011），ひとたび発生するとその被害は甚大となる．たとえばジンバブエでは90％以上の減収になる作物もある（Saunyana and Knapp, 2003；Furtado *et al.*, 2007）．この原因は，植物が植食者への防御物質として生産するプロテアーゼインヒビター（タンパク質分解酵素阻害物質）の生産がミツユビナミハダニの寄生によって無加害葉の1/3程度まで抑制され，加害葉への産卵数が無加害葉の2倍にもなるといった自種の増殖を促すように本種が植物の葉の質を操作しているからである（Sarmento, 2011）．加えて，トマトの植食者への防御物質であるジャスモン酸とサリチル酸の遺伝子発現量は本種の加害葉と無加害葉の間に差がないものの，ナミハダニによる加害葉と比べて1/6〜1/4程度に抑制されていること（Sarmento *et al.*, 2011）も増殖率の増加に関与している．

ミツユビナミハダニはミトコンドリア DNA の COI 領域の塩基配列によって，大きく2つのグループに分けられる．グループ I はブラジルとフランス系統，グループ II は日本，ケニヤ，カナリア諸島，スペインそして台湾系統である（Gotoh *et al.*, 2009）．その後調査系統数を追加しても，本種が原産地（ブラジル＋フランス）と侵入国との2つのグループに分かれることは変わらなかった（Knegt *et al.*, 2020）．この2つのグループ内交配ではいずれも生殖的に和合するが，グループ間交配では F2 世代に強い生殖不和合性がみられ，孵化率が7％以下になった

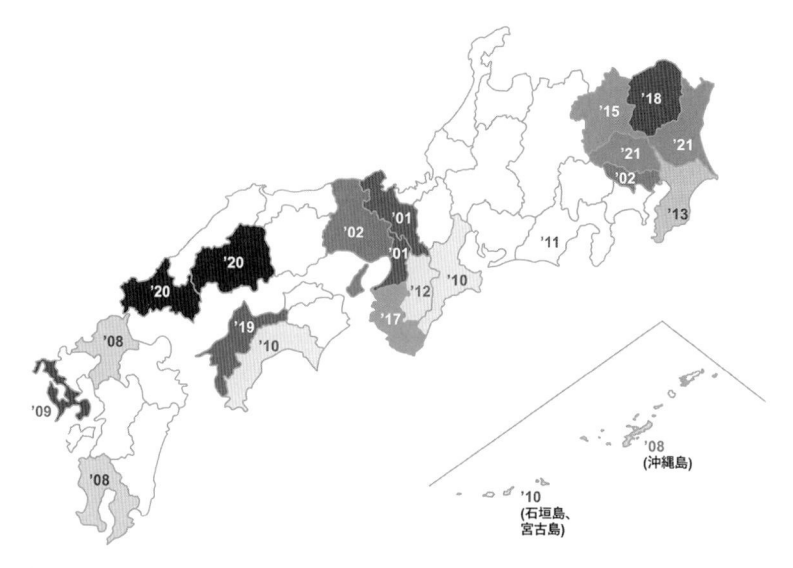

図 9.1 日本における農作物と雑草からの採集記録に基づくミツユビナミハダニの分布
（後藤哲雄原図）
地図内の '01（2001 年）から '21（2021 年）は最初に採集された年を示す（2023 年 8 月現在）.

ものの，F3 世代では 30% 以上まで回復した（Gotoh *et al*., 2009）. これは，ナミ
ハダニの黄緑型と赤色型間の生殖不和合性の現象に酷似する（Sugasawa *et al*.,
2002）.

　世界 7 ヶ国から採集したミツユビナミハダニ系統における卵から成虫までの発
育期間，産卵期間，成虫寿命，総産卵数および内的自然増加率（r）などの各種
生活史パラメータは温度の影響を強く受けて変異したが，これらの値に系統間差
はなかった（Gotoh *et al*., 2010）. また発育零点（t_0，11.6〜12.0℃）と内的最適
発育温度（T_Φ，22.5〜22.7℃）にも 7 系統間に差はなかったので，まだ各侵入
地の気候に十分に適応していないと推定される.　　　　　　　　　　（後藤哲雄）

9.1.2　スゴモリハダニ属 *Stigmaeopsis*

　スゴモリハダニ属 *Stigmaeopsis* は現在までに 15 種が記載されており，そのな
かで 8 種がタケ亜科，7 種がイネ科ススキ属の植物に寄生する. これらの植物の
分布が東南アジアを主とするアジアであるため，スゴモリハダニ属の原産地は
基本的にこれらの地域と考えられる（齋藤，2018；Saito *et al*., 2018, 2019）. 現
在，タケ亜科植物は，観賞用として，自生しない地域も含む世界各地に移植され

ている。そして近年，持ち込まれて増やされたタケ亜科植物やその他植物上で，かつて分布が確認されていなかった種類のハダニが相次いで見つかっている。たとえば，ケナガスゴモリハダニ *Stigmaeopsis longus* は北米で（Pratt and Croft, 2000），タケスゴモリハダニ *Stigmaeopsis celarius* は北米（Banks and Banks, 1917；McGregor, 1950），オーストラリア（Gutierrez and Schicha, 1983），英国（Ostoja-Starzewski, 2000），フランスとベルギー（Auger and Migeon, 2007），イラン（Arbabi *et al.*, 2009），ルーマニア（Gutue *et al.*, 2012）で，ナンキンスゴモリハダニ *Stigmaeopsis nanjingensis* はイタリア（Pellizzari and Duso, 2009），ハンガリー（Kontschán and Ripka, 2017），スペイン（Ares, 2020），ポルトガル（Naves *et al.*, 2021）で見つかっている。また，分布が報告されているだけでなく，局所的な大発生も確認されている。スゴモリハダニ属のおもな天敵として，タケカブリダニ *Typhlodromus bambusae* が報告されているが，タケカブリダニが生息しない地域では，いかに本種に代わるカブリダニを使って制御するかが検討されている（Pratt and Croft, 2000；Kiss *et al.*, 2017）。なお，スゴモリハダニ属はすべての種において，糸を規則的に張ってトンネル状の巣をつくり，そこで集団で暮らす生態をもつ（6.4節参照）。そのため，葉の表からみると食痕が目立ち，葉の裏側には巣網があることから比較的見つけやすい（図9.2）。しかし，タケ亜科植物にはスゴモリハダニ属以外にもさまざまなハダニが寄生しており，そういったハダニはスゴモリハダニ属に比べて目立たない。そのため，

図9.2　スゴモリハダニ類に加害されたネザサ
葉の主脈や縁沿いに見られる白い模様は，スゴモリハダニ類の食痕である。
細胞内の物質をすべて吸い取るので，食べた部分が白く見える。

現在も知らないところで分布拡大している可能性がある．実際，スゴモリハダニ属の後を追うような形で，イトマキヒラタハダニ *Aponychus corpuzae* はスロベニア（Seljak, 2015）や南フランス（Auger *et al.*, 2023）で，タケトリマタハダニ *Schizotetranychus bambusae* はハンガリー（Kontschán *et al.*, 2014）で見つかっている．

（佐藤幸恵）

9.2 ● 植物防疫法と侵入を警戒するハダニ類

9.2.1　植物検疫の概要

a.　植物防疫法

わが国では植物防疫法に基づき，農林水産省植物防疫所が植物検疫を行っている．本法は「輸出入植物及び国内植物を検疫し，並びに植物に有害な動植物の発生を予防し，これを駆除し，及びそのまん延を防止し，もって農業生産の安全及び助長を図ること」を目的としている．

b.　国際的な枠組み

わが国を含む世界各国は，国際連合食料農業機関（FAO）のもとで成立した国際植物防疫条約（IPPC）および本条約に基づき制定されている植物検疫措置に関する国際基準（ISPM）を踏まえ植物検疫を行っている．

c.　植物検疫の体制

植物防疫所は，2024年時点で全国に5本所，16支所，34出張所が配置されており，約1000人の植物防疫官が以下の植物検疫業務を行っている．

（1）輸入検疫

海外から日本向けに発送される植物等は，寄生する検疫有害動植物のリスクに応じ，輸入を禁止するもの，輸入にあたって輸出国の政府機関が発行する検査証明書を添付し，輸入検査を受ける必要があるものに分けられ，そのなかには輸出国における特別な検疫措置を求めるものがある．また，輸入検査は目視に加え，種子伝染性糸状菌を検出するためのブロッター法，植物寄生性線虫を検出するためのベルマン法等の精密検査等が必要になる場合がある．

（2）輸出検疫

日本から海外向けに輸出される植物等は，輸出先国の植物検疫規則に適合していることについての輸出検査が行われる．輸出検査は目視に加え，栽培地検査や精密検査が求められることもある．

(3) 国内検疫

南西諸島や小笠原諸島の一部のみに分布する重要病害虫の分布拡大を防ぐため，寄主植物等の移動を規制している．また，都道府県や植物防疫所が侵入調査を行い，侵入警戒有害動植物の早期発見に努めている．

d. 科学的な取り組み

植物防疫所では，海外で発生している病害虫や国内の一部地域に侵入した病害虫を対象に，検査手法，消毒技術，防除法の開発等の調査研究に取り組んでいる．また，それらの病害虫に関する情報を収集し，分析することによりリスクを評価するとともに，侵入を防ぐための適切なリスク管理措置を検討している．

9.2.2 侵入を警戒するハダニ類

ここでは，検疫有害動植物に指定されている種のうち，ハダニ科 Tetranychidae およびヒメハダニ科 Tenuipalpidae の各1種を紹介する．なお，生きた検疫有害動植物，土または土の付着する植物，およびこれらの容器包装は輸入禁止品であり，これら生きたハダニ類等を試験研究等に用いるために輸入しようとする者は事前に農林水産大臣の許可を得る必要がある．

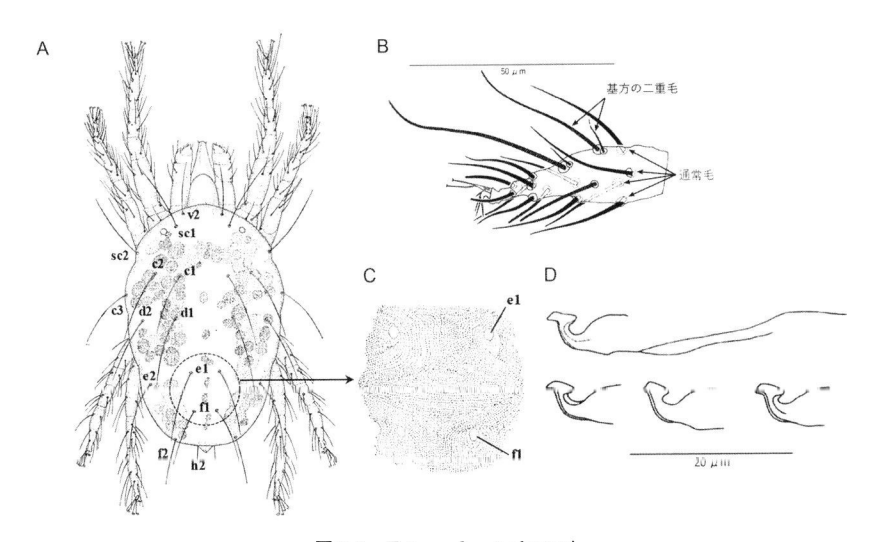

図 9.3 *Tetranychus turkestani*

A：雌成虫背面．B：雌成虫第Ⅰ脚跗節．C：雌成虫後体部背面後部（e1 と f1 の間）の皮膚条線．D：雄成虫挿入器（A, C：Cagle, 1956 を改変．B, D：Seeman and Beard, 2011 を著作権者の許可を得て転載・改変 ©Magnolia Press）．毛の記号は Lindquist（1985）の方式を用いた．

Tetranychus turkestani（**Ugarov and Nikolskii**）（口絵8，図9.3）

英名：Strawberry spider mite（Jeppson *et al.*, 1975）

分布：中国，インド，パキスタン，中東，ロシア，欧州，アフリカ北部，南アフリカ，北米，中米，ニュージーランド（Migeon and Dorkeld, 2024）.

形態：[**雌成虫**] 体長0.54 mm内外；体は楕円形（図9.3A）；夏型雌は淡黄緑色から緑色（真﨑ほか，1991）（口絵8，図9.3A）. 第Ⅰ脚跗節の基方の二重毛の基部側に4本の通常毛をもつ（図9.3B）；第3背中後体毛間（e1-e1）と第4背中後体毛間（f1-f1）の皮膚条線は縦走，第3背中後体毛（e1）・第4背中後体毛(f1)間では横走し，ダイヤモンド形となる(Seeman and Beard, 2011)（図9.3C）.
[**雄成虫**] 体長0.42 mm内外；体は細長いひし形状で淡黄色（口絵8B）（真﨑ほか，1991）. 挿入器の拡張部は大きく，前角は丸みを帯び，後角は鈍く尖り，背縁は平らで後方が角張る（図9.3D）；本種の挿入器拡張部の後角は，頸部と同程度の幅であるのに対し，日本既発生種のナミハダニ黄緑型 *Tetranychus urticae* では頸部の幅より短い（図2.14L 参照）ことから両種を識別できる（Seeman and Beard, 2011）.

寄主植物：オランダイチゴ，インゲンマメ，ダイズ，キュウリ，ナス，カボチャ，ニンジン，ラッカセイ，リンゴ，モモ，ナシ等（Migeon and Dorkeld, 2024）.

生態と被害：年間8～16世代；橙色の休眠雌成虫で越冬する；個体群密度が高

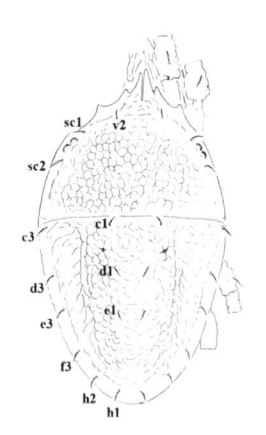

図9.4　*Brevipalpus chilensis* 雌成虫背面（Jeppson *et al.*, 1975を著作権者の許可を得て転載・改変©University of California Press）
v2, sc1, sc2：前胴体背毛，c1, d1, e1：背中後体毛，*c3, d3, e3, f3, h1, h2：背側後体毛. *c3は肩毛とも呼ばれ，背側後体毛に含めない文献もあるので注意を要する. 毛の記号は Lindquist（1985）の方式を用いた.

まると落葉を引き起こし，植物体は間もなく枯死する（Jeppson *et al.*, 1975）.

輸入検疫での発見事例：ブルガリア産バラ属苗，デンマーク産キヅタ属苗，米国産カボチャ属生果実等から発見されている（農林水産省植物防疫所，2024）.

***Brevipalpus chilensis* Baker**（口絵 9，図 9.4）

英名：Chilean false red mite（Jeppson *et al.*, 1975）

分布：チリ（Mesa *et al.*, 2009）.

形態：［**雌成虫**］体長 0.33 mm 内外（Baker, 1949）. 体は赤色で扁平（口絵 9A）. 前胴体部背面中央および後体部背面中央に明瞭な網目状構造がある（図 9.4）；背側後体毛は肩毛（c3）を含め 6 対（図 9.4）；第 II 脚跗節先端のソレニジオンは 1 本（口絵 9B）；日本既発生種のブドウヒメハダニでは，背側後体毛が肩毛を含め 7 対ある（図 2.16C）ことから本種と識別できる（Baker, 1949）.

寄主植物：ブドウ，カンキツ類，キウイフルーツ，カキ，チェリモヤ等（CABI, 2024）.

生態と被害：年間 3～6 世代；雌成虫が寄主植物の樹皮下等で越冬する；吸汁により葉が暗赤色に変色して落葉するとともに新葉が小さくなる（Jeppson *et al.*, 1975）.

輸入検疫での発見事例：チリ産カンキツ類，ブドウ属，キウイフルーツ，イチジク生果実から発見されている（農林水産省植物防疫所，2024）.　　　（有本　誠）

10 実　験　法

🐞 10.1 ● 採集法と飼育法 🐞

10.1.1 採　集　法

　繁殖時期におけるハダニの捕獲は容易であり，食痕のある寄生葉を枝ごと切り取ってチャック付きのポリエチレン袋に入れ，ハダニが逃亡しないように密閉すればよい．ただし，葉に食痕があってもハダニがいないことがあるので，採集時にハダニが寄生していることをルーペを使って確認しておくとよい．採集したハダニはすみやかに室内で飼育することが望ましい．すぐに処理できない場合は，葉からの蒸散により袋の内部が結露するのを防ぐため，重ねたペーパータオルで葉を包んで15℃程度の低温条件で密閉保存しておく．しかし，寄生葉には捕食者もいることが多いため，あくまで一時的な処置である．

　落葉樹に寄生する種では，秋口に誘殺バンド（麻袋など）を幹に巻きつけておくと初冬には休眠成虫や卵を多数得ることができる（4.5節参照）．また，卵休眠種の場合，冬芽や樹皮を丹念に探せば多くの越冬卵を得られる．

10.1.2 飼　育　法

　野外や温室から採集したハダニをそのまま実験に使う場面は限られており，室内で増殖したハダニを用いるのが普通である．ハダニの人工飼料は未完成であるため生葉を餌として使用するが，異なる系統や種の混入（contamination）には気をつける．また，温度や湿度はハダニの生活史や行動に大きな影響を及ぼすため，飼育や実験の際にはデータロガーを使って適正範囲であることを確かめておく．以下，リーフディスク法を中心に説明する．他の方法の詳細は Helle and Overmeer（1985）や後藤（1996）に掲載されている．

10.1.3 リーフディスク法（リーフカルチャー法）

寄主植物の切除葉を用いた，簡便で広く使われている飼育法である．内径9〜15 cm の飼育容器に厚さ1 cm のウレタンスポンジを入れ，その上に適当な厚さの脱脂綿をのせる（スポンジは容器のサイズに合うように業者にカットしてもらうとよい）．それらを十分な量の水で浸し，スポンジが浮き上がらないように空気をよく追い出す．脱脂綿の上に切除した葉をのせ，軽く押さえて葉と脱脂綿の間の空気をよく追い出し，葉面にハダニを導入する（図10.1A）．次世代が出現したら葉片の一部を切り出して新しい葉の上に置く．カビの発生を抑えるため，葉片は数日後に除去するのが望ましい．

葉のまわりをティッシュペーパーやキムワイプで覆う場合とそのまま使用する場合がある．インゲンマメなどの柔らかい葉では覆わなくても十分であるが，ミカンなどの硬い葉は湾曲して脱脂綿との間に隙間ができ，葉が劣化したりハダニが溺れたりするため葉のまわりを覆う．

リーフディスク法はハダニを実体顕微鏡で観察しやすい点ですぐれている．また，カミソリで切り出した葉片を使えば個別飼育や少数個体の飼育が簡単に行える（図10.1B）．この使い勝手の良さから薬剤感受性の試験でもよく使われている（10.6節参照）．その反面，原則として毎日給水する手間がある．水やりを怠るとハダニの脱走が起こり，周囲の系統に混入するため注意が必要である．これを防ぐには，同じ系統のリーフディスクをまとめて水を張ったバットに置くとよいが（綿玉法を参照），インキュベータ内の湿度が高くなりやすい．

湿度条件には注意を払う必要がある．冬季における低湿度条件ではリーフ

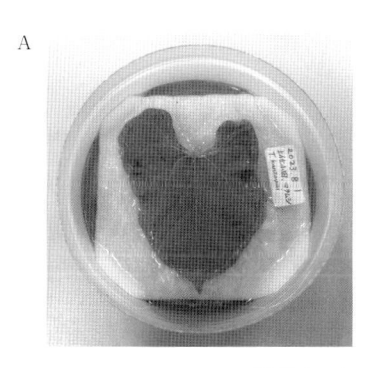 

図 10.1 リーフディスク法
A：インゲンマメの初生葉を用いたリーフディスク．キムワイプの切れ端で葉の縁を覆っている(マメのような柔らかい葉では必須ではない)．B：個別飼育．採集地点や日付などを記入したラベルを一緒に入れる．

ディスクからの蒸散がさかんになり，葉面の温度がかなり低下する（Saito and Suzuki, 1987）．そのため，温度に敏感な実験を行う場合は，通気性のある蓋をして湿度を適切な範囲に保つ必要がある．逆に梅雨時には湿気がたまりやすく，産卵・発育に影響を及ぼすだけでなく，排出物が乾きにくくなってカビが生えやすくなる．

　なお，以上のような円形の容器を用いた飼育装置をリーフディスクと呼ぶが，研究分野によってはコルクポーラーなどで丸く切り出した葉片を指すこともあるので注意したい．

10.1.4　寒天ゲル法

　水と粉末の寒天を 0.5〜3.0%（w/v%）となるように三角フラスコ等に入れる．電子レンジで突沸に注意して加熱溶解し，流水中でフラスコを回しながら冷ます．抗菌性のある色素を微量加え，均一になるように混合する（色素は染色性が強いため皮膚や衣服への付着に注意する）．この溶液を飼育容器に 1 cm 程度の深さになるように流し込み，表面に薄い膜が張る温度（約40℃）になったら切り葉をのせる．寒天が固まったらハダニの脱出を防ぐために水を浅く張る．

　この方法はカンキツなどの硬い葉には有効であるが，薄い葉では高温障害が起きて劣化しやすい．ハダニの逃亡を防ぐ能力は低い反面，リーフディスク法では溺れやすい捕食者も飼育できる．また，試験したい化合物をゲルに溶かすことも可能である．

　従来は色素にクリスタルバイオレットが使われてきたが，最近では発がん性が指摘されているため別の色素を使用することが望ましい．また，色素を加えてもカビの発生を完全に防ぐことはできない．

10.1.5　マンジャーセル法

　もとはアザミウマの飼育のために開発された方法である．硬い葉に寄生するハダニや移動性の高いビラハダニ亜科 Bryobiinae のハダニの飼育に使われる．厚さ 5〜10 mm の透明アクリル板（50×100 mm）に直径 35 mm の丸い穴をあけ，湿らせた濾紙に乗せた寄主葉の表面に密着させる．これらを 2 枚のガラス板かアクリル板でサンドイッチ状に挟み，クリップやゴムバンドでとめて完成である（図10.2）．この穴にハダニを導入すれば内部で発育や繁殖を行うわけである．もちろん，葉面とケージの間に隙間がある場合はアラビアゴムやロウなどで完全にふさ

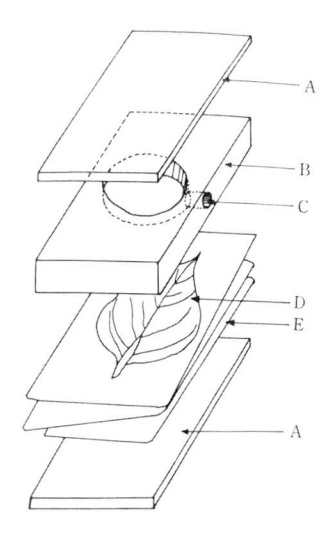

図 10.2 マンジャーセル法（後藤，1996）
A：ガラス板，B：アクリル板，C：プランクトン
ネットを貼った通気孔，D：葉，E：湿った濾紙．

いでおくことが必要である．この方法の魅力は鉢植えの葉に直接とりつけて使えることであろう．この方法の短所は高湿になりやすいことであるが，穴の側面に小孔をあけてプランクトンネットを張ると多少は改善できる．長所はハダニを完全に隔離できることである．しかし，ハダニよりはむしろカブリダニなどの捕食者の飼育実験に利用されることが多い．類似の方法として，プランクトンネットを張った小型のケージを寄主葉にとりつけるリーフケージ法がある（後藤，1996）．

10.1.6 ポット植物法

ポットに植えた植物でハダニを大量に飼育する方法である．水を張った鉢皿に植物を植えたポットを置き，葉の上にハダニを放飼する．長期間維持する場合は，メッシュを張ったケージに入れて捕食者の混入を防ぐ．この方法はハダニが逃亡しやすいため，他の系統に混入しないように気をつける．この方法は実体顕微鏡での観察には不向きであるが，捕食者の餌として利用するハダニの増殖や，野外での捕食者の誘引や捕獲には有効である．

10.1.7 綿玉法（めんだまほう）

リーフディスク法と原理は同じである．水を張ったバットに直径 10 cm 程度の脱脂綿を丸めた玉を敷き詰めて濡らし，それぞれの玉に葉を密着させる．給水頻度が少なくてすみ，系統の隔離には最適だが，実体顕微鏡での観察には不向き

である．また，大量の綿を消費し，硬い葉には使えない．　　　　　　（伊藤　桂）

🐜 10.2 ● 標 本 作 成 法 🐜

　ハダニ類などの植物ダニの同定を行うためには，ホイヤー氏液を用いてスライド標本を作成する必要がある．ここでは生きている個体の作成法を述べる（後藤，2023）．ホイヤー氏液の作り方は，Gutierrez（1985）や天野・後藤（2009）を参照されたい．

10.2.1　雌成虫（背面）

　• スライドガラスはキムワイプで拭いてきれいにした後，スライドガラスガイド（図 10.3）を下に敷いて 5 cm 径のガラスシャーレ上に置く．その後ガイドの交点に有柄針でホイヤー氏液（通常の硬さのやわらかい液）を 1〜2 滴落とし，この有柄針でハダニのカルチャーまたは採集した葉から雌成虫を 1 個体とってホイヤー氏液に入れる．

　• 実体顕微鏡下で，前体部を上に向けて虫体をスライドガラスの底に沈めた後，脚を伸ばすなどして体を整える．胴背毛が抜けることがあるので，むやみに背面に触らないように注意する．

　• スライドガラスを手元に持ってきて時計回りに 90° 回転させ，後体部側から慎重にカバーガラスを被せる．このときに気泡が入ってしまっても，気泡はホットプレートで加熱している間にカバーガラス外に出る場合がほとんどである．スライドガラスガイドにカバーガラスを描いておけば，それを目印にしてカバーガラスの位置を決めることができる．

　• 被せたらすぐに実体顕微鏡下でガイドに沿って虫体が中央になるようにホイ

図 10.3　厚紙製のスライドガラスガイド（76×26 mm；後藤
　　　　　哲雄原図）

ヤー氏液を使っていない別の有柄針でカバーガラスを動かしながら，虫体の位置を整える（赤い眼点を目印にして体の位置を確認する）．脚が体側に曲がっていた場合は，手早くガイドを外してスライドガラスを持ち上げてライターで1〜2秒加熱する．3回までが限度で，それでも脚が伸びない場合はもう伸びない．

- ホイヤー氏液がカバーガラス全体に回ったら，位相差顕微鏡で観察したときに前体部が上を向くように右側に採集記録などを記したラベルを貼る．検鏡時はスライド標本のラベルが左側にくるようにセットする．

- ラベルを貼り終えたらスライドガラスを裏返して，顕微鏡観察の際に虫体を容易に見つけられるように細い油性ペンで雌成虫を囲う．

- スライドガラスは，45〜50℃に設定したホットプレートに10〜20日間のせて乾燥させる．

- 雄成虫の背面のスライド標本もこの方法に準じて作成する．

10.2.2 雄成虫（真横）

- スライドガラスガイドにのせたスライドガラスの中央に有柄針で硬いホイヤー氏液を1〜2滴落とす．硬いホイヤー氏液は，軟かい液から水分を飛ばして作るが，硬さは各自で調整する（数週間から2ヶ月）．要はカバーガラスがスライドガラスに達する前に，虫体を動かすことができる時間を作ればよいのである．

- ホイヤー氏液をとるのに使った有柄針でハダニのカルチャーまたは採集した葉から雄成虫を1個体とり，ホイヤー氏液に入れる．

- 実体顕微鏡下で虫体を横にして前体部を左側に向け，脚を手前にして虫体をホイヤー氏液に沈めた後，左右の眼点または第 IV 脚腿節が重なるようにして体を真横にする．

- スライドガラスを手元に持ってきて前体部の方からカバーガラスを被せる．

- カバーガラスを被せると虫体が真横からずれるので，ホイヤー氏液を使っていない有柄針でカバーガラスを細かく動かして真横にする

- スライドガラスガイドを外して，ライターで1〜2秒加熱する．この操作で再びハダニが真横からずれるので，有柄針で真横に戻して，またライターで1−2秒加熱する．この操作を数回繰り返すと，体が黒色に変色し，脚が透明になる．この状態になれば，虫体が真横に固定されている．

- 虫体の脚が透明になったら，右側に採集記録などを記したラベルを貼る．これで位相差顕微鏡で観察したときに，前体部が左側，脚が下側に向くようになる．

- ラベルを貼ったら，スライドガラスを裏返して細い油性ペンで雄成虫を囲う．
- スライドガラスはホットプレートで 10〜20 日間乾燥させる．
- ホットプレートにスライドガラスをのせた翌日に観察して，カバーガラス全体がホイヤー氏液で満たされていない場合は，やわらかいホイヤー氏液を補充してカバーガラス全体をホイヤー氏液で満たす．
- 雌成虫の真横のスライド標本もこの方法に準じて作成する．

10.2.3　カバーガラスのシール（封入）

　十分に乾燥させたスライド標本は，空気が入らないようにカバーガラスの周りをシールする．透明なマニキュアでもよいが，数年から 20 年程度で空気が入って観察できなくなるので，ソーンのセメント（Thorne's cement（Thorne, 1935），Glyceel（Bates, 1997）とも呼ばれる）の使用を勧める．ただし，一時的な作成でよい場合はマニキュアで十分である．ソーンのセメントを使用する場合は必ずドラフト内で行い，シールしたスライド標本もドラフト内で乾燥させる．1 日以上乾燥させて 2 回塗りが基本である． （後藤哲雄）

🪲 10.3 ● SEM 標本作成法 🪲

10.3.1　走査型電子顕微鏡観察

a.　さまざまな走査型電子顕微鏡での観察

　通常の光学顕微鏡（生物顕微鏡）は 1000 倍まで拡大できるが，透過光で観察するので，体の表面の構造などの観察には向かない．これに対し，体表面の微細構造などの観察には，走査型電子顕微鏡（Scanning Electron Microscope, SEM）が適している．SEM で観察するためには，これまでは試料は高真空内での観察のために，試料（ダニ）を完全に脱水しさらに電子線を反射する金属をコーティング（蒸着）するという前処理を行う必要があった．SEM の高真空の鏡塔内に，わずかでも水分をもつ試料を入れると水分が真空内に蒸発するときに表面構造が破壊されるからである．近年，性能のよい低真空 SEM モードといわれる機能をもつ機種が販売され，試料の脱水や，金属蒸着などの前処理なしでそのまま観察できる．ダニの体全体を撮影するなどの簡便な観察にはこの低真空モードでもよい．

　しかしながら，微細な体表構造や毛の構造などを，高い倍率で観察するために

は，やはり脱水などの前処理を経た高真空での観察が必要である．ただし，ダニによっては体の構造が複雑なために，金属蒸着がうまく細部まで届かずどうしても試料が耐電（チャージ：像にノイズが入る）する場合がある．このときはSEM の低真空モードを使うと観察がうまくいく場合がある．

　高真空でも精度の高いハダニの SEM 観察をするための障壁は，この前処理であり，体が柔らかいハダニの体をいかに脱水し，最終的に完全に乾燥させるかということである．ハダニは体が柔らかいため，どうしても最終的な乾燥段階で，体がつぶれる（萎縮する）ことがある．乾燥には以前は臨界点乾燥装置を使用していたが，取り扱いとメンテナンスが煩雑なため，近年は凍結乾燥装置を使用することが多くなった．これらの方法については，齋藤（1996）をご覧頂きたい．

　ここでは，これらの装置を利用しない簡便な乾燥方法を紹介したい（島野，2015）．島野（2015, 2021）では，すべてこの方法を用い，デスクトップ SEM（日本電子，日立ハイテクなど）で撮影を行った．

b.　SEM 試料作製法

　脱水シリーズ（段階的に濃度を変えたエタノールなどの溶液）にダニを浸漬する方法は，以下の 2 つのどちらかで行うが，いずれもバイアル瓶（筆者は蓋のパッキンがしっかりしている 3 mL, IWAKI, 1880 SV3 を使用）の上澄みを交換することで，ダニをそれぞれの濃度のエタノールなどに浸漬する．

　①ハダニの場合はガラスバイアルの中に直接入れて，次々と上清（上澄み）をダニを吸わないように取り替える．②フシダニのようなごく小さいダニは，黒い色の濾紙（黒色濾紙としてアドバンテック社などから販売）を前もって折り曲げてダニが外に漏れ出ないようにした中に包んでクリップなどで閉じ，ガラスバイアルの中に入れる．

　ハダニは 70 ％エタノールで固定する（MA80 を使う方法もある：齋藤，1996）．事前に作成しておいたそれぞれの濃度のアルコールシリーズを用いて，実体顕微鏡の下でバイアルの上澄みを交換することで，ハダニ内部を浸漬した溶液に置換する．

　70％エタノール（たとえば，ダニが保存してあるもの）→75％エタノール（15分）→80％エタノール（15分）→90％エタノール（15分）→95％エタノール（30分）→99％エタノール（30分）→無水エタノール（15分, 3〜4 回）→アセトン（30分，2 回）を 2 回→ペンタン（30分，3 回）→きれいな濾紙の上にピペットで 1 個体ずつ液体ごと滴下する．ハダニが乾く状態を実体顕微鏡でよく観察し，水滴のよ

うなものが表面に長く残るようなら，あるいは，ハダニがつぶれるようなら，ア
セトンからペンタンへのハダニ内部の溶液の置換（あるいは脱水）が十分になさ
れていないので，ペンタンでの処理時間を十分に長くする．

　置換が適切であれば，ペンタンは素早く乾くので，ハダニを細い面相筆で，帯
電防止用の両面テープを貼った試料台の上にのせる．蒸着を行った後，SEM 観
察を行う．蒸着の際のコツは，①コーティングされる金属の厚みがあっても観察
にはほぼ影響はないので十分に行うこと，②蒸着のときはアルミホイルなどで角
度をつけておき，試料を回すなどしてできるだけ全方向からの蒸着を心がけるこ
とである．

（島野智之）

🐛 10.4 ● 画像処理による食害解析 🐛

　ハダニによる食害を受けた葉では，かすり状の斑点（食害痕）が生じる．食害
痕の色や形状は，ハダニ種や植物種によってしばしば異なる．食害痕は，ハダニ
の発生の明瞭な指標であり，薬剤や天敵生物による防除効果の評価や耐虫品種の
選抜をするうえでもその面積の定量は重要である．本節では，Adobe Photoshop
を用いた葉面の画像処理による食害面積の定量方法（Cazaux *et al.*, 2014）につ
いて解説する．

　まず，フラットベッドタイプのスキャナーを用い，ハダニによる食害痕が生じ
た葉の表面画像を取得する．われわれの研究室では，A4 フラットベッドスキャ
ナー（GT-X980：Seiko Epson Corp.）を用いている．多くの植物種では，葉の
背軸面よりも向軸面に形成される食害痕が明瞭である．そのため，向軸面がスキャ
ナーの光源側に位置するように葉をベッドに載置する．この際，スキャナーベッ
ドを透明シートで事前に覆うと，ベッド表面の汚れを防止できる．われわれの
研究室では，ポケットタイプのポリプロピレン製透明シート（AZ-533：Sekisei
Co., Ltd.）を用いている．このシートの場合，葉をポケット内に入れると，スキャ
ナーベッド側に加え，カバー側の汚れも防止できる．そして，1200 dpi の解像度
で葉の向軸面をスキャンし，RGB 像のファイルを取得する．この際，既知のス
ケールバーが画像に入るようにスキャンすると，食害面積の絶対値を算出する際
の情報として利用できる．われわれの場合，事前にマーカーで 10 mm のスケー
ルバーを透明シートの隅に入れる．

　Photoshop のソフトウェアを立ち上げ，取得した RGB 像のファイルを開く．

図 10.4　ナミハダニの食害を受けたインゲンマメ葉片（左）と Photoshop の鉛筆
ツールを用いた食害箇所のラベリング（右）（写真提供：武田直樹）

　まず，スケールをキャリブレーションする．画像内のスケールバーのピクセル長
を計測する（イメージ→解析→ものさしツール）．次に，計測したピクセル長と
既知の長さの論理長（10）と論理単位（mm）を入力し，ピクセルから mm に変
換する（イメージ→解析→計測スケールを設定→カスタム）．次に，新しいレ
イヤーを作成し（レイヤー→新規→レイヤー），グリッドを重ねる（表示→表示・
非表示→グリッド）．グリッドサイズは 0.25×0.25 mm とする（編集→環境設
定→ガイド・グリッド・スライス）．そして，グリッド単位あたり半分以上が食
害面積にあたるマスに，鉛筆ツールでドットを入れる．鉛筆のドットの直径は，
マスのサイズと同等の 12 px とし（1200 dpi の場合，約 12 px/0.25 mm），カラー
は葉とは異なる赤色に設定する（図 10.4）．最後に，クイック選択ツールを用い，
マークされたすべてのドットを選択し，食害面積を算出する（イメージ→解析
→計測値を記録）．
　本手法は，比較的正確な食害面積を算出できる一方，食害領域の判定は評価
者の目視に依存し，さらにドットによるマーキング（手動アノテーション）に
は時間がかかる．この問題を解消するために，最近では，ilastik（interactive
learning and segmentation toolkit；Sommer *et al.*, 2011）と Fiji（Schindelin *et
al.*, 2012）を用いた機械学習による食害領域の自動アノテーション方法の開発も
進められている（Ojeda-Martinez *et al.*, 2020）．　　　　　（武田直樹・鈴木丈詞）

🐜 10.5 ● 画像処理による行動解析 🐜

　行動（移動運動）解析は，走性（taxis），無定位運動性（kinesis），活動量の

周期性および分散能力などを評価するうえで重要である．ハダニの体サイズは
0.5 mm 程度と小さいため，その行動解析には，実体顕微鏡に接続したデジタル
カメラによる動画撮影が便利である．デジタルカメラは産業用でも民生用でも問
題ないが，後者の場合，動画のフレームレートは 29.97 fps であることが多い．
また，PC と接続し，専用ソフトウェアによる操作やデータ保存が可能な機器が
使いやすい．

　まず，ペトリ皿に水で湿らせた綿（ハダニの逃亡防止用）を置き，その上に葉
片やガラス板をのせる．そして，その葉片やガラス板の上に，細筆等を用いてダ
ニをのせる．葉片やガラス板に関して，当研究室ではリーフパンチ（藤原製作所）
を用いて作成した直径 8 mm または 10 mm の葉片や，特注の 9 mm 四方のカバー
ガラス（松浪硝子工業）などを用いている．細筆は，インターロン 1026 短軸（ラ
ウンド）3/0 号（丸善美術商事）が使いやすい．次に，このペトリ皿を顕微鏡の
ステージに設置する．デジタルカメラの撮影画面を確認しながら，光の反射が入
らないように顕微鏡照明の位置や明るさを調整する．最後に，デジタルカメラに
よる動画撮影を実行する．ナミハダニの場合，上述のサイズの葉片やガラス板で
あれば，10 分間程度の撮影で，移動速度や特定の領域への滞在頻度などの解析
が十分なデータを取得できる．

　動画の画像処理には，Python で作成したプログラムを用いている（Hamdi
et al., 2023）．本プログラムでは，動画を構成する各フレームにおいて虫体
の座標を抽出する．コードの内容としては，OpenCV パッケージに含まれる
BackgroundSubtractor 機能を用いて背景を抽出し，動画の各フレーム間の差分
を作成する．この作業でフレーム間で変化のあった領域のみが抽出されるので（ノイ
ズも含む），そのなかで最も差分が大きい領域を選択し（ノイズを除去する），

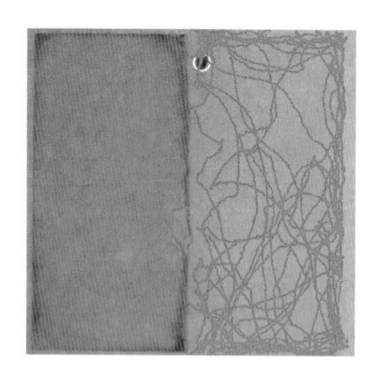

図 10.5　左半面に忌避物質を塗布したガラス板
　　　　　（9×9 mm）上におけるナミハダニ雌成
　　　　　虫（白丸）の移動運動の軌跡（濃いグレー
　　　　　の線）（写真提供：喜多羅大暉）
撮影時間：10 分間（29.97 fps）．

その外接円の中心を虫体の座標とする。この処理を動画の全フレームに対して実行し、虫体の座標データを csv ファイルに書き出す。

化学定位行動の解析では、ガラス板の上面の半分に試料を塗布し、もう半分には溶媒のみを塗布する。このガラス板の上面にハダニを放ち、その移動軌跡や各塗布領域における滞在頻度から、試料に対する誘引／忌避反応を評価する（図10.5）。この系では、葉の影響を除外した化学定位行動の解析が可能である。他方、葉片上での行動解析では、移動速度、移動距離および静止時間など、ハダニの各種運動機能の定量化が可能である。　　　　　（山本雅信・喜多羅大暉・鈴木丈詞）

🐛 10.6 ● 薬剤感受性の検定方法 🐛

検定方法には、ハダニを接種した葉片に薬液を散布する方法（浜村、1996）や薬液に浸漬した葉片にハダニを接種する方法（高梨ほか、2009）、薬液を塗布したガラス管にハダニを入れる方法（Kwon *et al.*, 2010）などがある。検定は手段であり、ハダニの生育ステージ、精度、所要時間、装置の有無等を考慮し、最適な検定方法を選択すればよい。ここでは一般的な浜村（1996）に基づく散布による方法について概説する。

検定は、①供試個体群の採集、②リーフディスクの準備、③供試ハダニの接種、④処理前計数、⑤薬剤散布、⑥処理後計数、⑦評価の順に行われる。

10.6.1 供試個体群の採集

検定対象のハダニが寄生する植物葉ごと大きめのビニル袋に入れて採集する。袋にはあらかじめ丸めた新聞紙などを入れておき、袋内の結露を防ぐ。採集時、寄生葉に生じた吸汁痕だけを頼りに採集すると、ほとんどハダニがいない場合もあるので、必ずハダニの寄生を確認する。「採集する際、圃場全体から遺伝的偏りが生じないように、かつ検定に十分な個体数を採集するように」と書くのは容易であるが、実際には難しい。たとえば、露地のリンゴ園では、風によるハダニの分散によりリンゴ樹間をハダニが往復し、遺伝的交流が進んでいることが知られている（Uesugi *et al.*, 2009a）。これに対し、カンキツ園では同じ樹内の局所個体群間でも遺伝的分化が検出されている（Osakabe *et al.*, 2005）。さらに、施設栽培のバラでは30 m程度の栽培畦内でも遺伝的な分化が生じており、遺伝的に類似しているのは3 m程度の範囲内と報告されている（Uesugi *et al.*, 2009b）。

このように栽培作物ごとに遺伝的交流の程度はさまざまであり，ハダニの分散方法なども考慮してサンプリングする箇所や点数を決める．採集前に圃場管理者に了解を得るのは当然であるが，同時に寄主作物の栽培概要や薬剤散布履歴などを聞き取っておくとよい．

　持ち帰った寄生葉から十分な数の個体が採集できれば，そのまま検定に供試してもよいが，多くの場合は，必要な数まで増やしてから供試することになる．

10.6.2　リーフディスクの準備

　野菜や花に寄生するナミハダニ黄緑型 *Tetranychus urticae* やカンザワハダニ *Tetranychus kanzawai* はインゲンマメ（品種：長鶉菜豆など）で飼育できる．そこで検定にはインゲンマメの初生葉を用いる．ただし，ミカンハダニ *Panonychus citri* やリンゴハダニ *Panonychus ulmi* は寄主植物を用いる．直径 9 cm のシャーレ上に湿らせた濾紙やスポンジを敷き，その上にインゲンマメ葉を置く．濾紙の代わりにクリスタルバイオレットを混ぜた寒天ゲルを用いることもできる（浜村，1997）．カンキツなど葉面の凹凸が大きい葉の場合に重宝する．インゲンマメの場合は葉表を上に置き，湿らせたキッチンペーパーで 2〜3 cm 四方に囲み（図 10.6），逃亡を防止する．栽培時のインゲンマメは周辺からのハダニの侵入がないよう，水盤などで隔離し，検定に用いる葉には水がかからないように栽培する．

10.6.3　供試ハダニの接種

　若虫や成虫を検定する場合は，そのステージのハダニをリーフディスク葉上に

図 10.6　インゲンマメを用いたリーフディスク（写真提供：奈良県病害虫防除所）

接種する．幼虫の接種も可能だが，時期を揃えた卵から孵化させて供試するほう
が効率がよい．採集した寄生葉から直接接種する場合，天敵や対象外の種が混在
している場合もあるので注意する．

　接種には面相筆や小筆を用いる方法と吸虫管を利用する方法がある．

　筆（たとえば，パラリセーブル 350R-00 号，ホルベイン画材株式会社）を用
いる方法は，確実な接種方法であるが，接種作業に慣れを要する．実体顕微鏡下
で，行動に異常のない個体の腹部下に後方から筆の先端を入れ，掬い上げる（図
10.7）．吸汁中の個体は口針が抜けずに掬えない．このようなときは，小筆で腹
部末端に触れると口針を抜くので，それを確認してから掬い上げる．また，葉の
表面に細かい刺毛などがある場合は，必ず，刺毛の根本から先端方向に筆を動か
すようにする．逆方向に動かすと掬い上げようとした個体あるいは筆先が刺毛に
からんでしまい作業効率が悪い．掬い上げた個体はすみやかにリーフディスクに
移す．ハダニが乗った筆先を軽く葉面にあて，手前に引くように動かせばよい．
筆先が乾いているとハダニが筆の柄のほうに移動してくるので筆先は湿らせてお
く．

　検定では 1 シャーレに 20 個体程度を接種するが，（対照＋濃度勾配数あるい
は供試薬剤数）×3 反復×20 個体のハダニが必要になるので，これを踏まえて十
分な数の供試虫を用意する．経験のある者でもリーフディスクの作成から接種
までの準備にはシャーレ 18 枚で 1 時間半～2 時間程度を要する（國本・今村,
2017）．

　そこで，接種作業時間の短縮を目的に考案されたのが，吸虫管を利用する方法

図 10.7　小筆によるハダニの掬い上げ（写真提供：
　　　　　奈良県病害虫防除所）

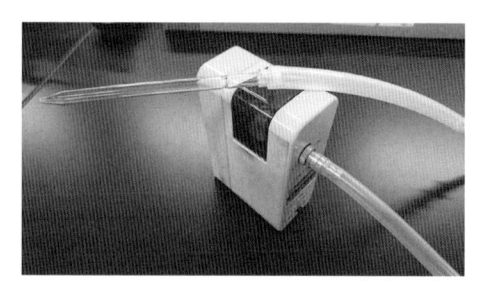

図10.8 パスツールピペットを用いたハダニの吸虫
装置（写真提供：奈良県病害虫防除所）

である（國本・今村，2017）．アザミウマ類を接種する方法（柴尾，2013）やハ
ダニ採集用に開発された方法（刑部，2016）を改良したもので，先端部を加工し
たガラス製のパスツールピペット（Aizawa *et al.*, 2018）の末端部にナイロンゴー
スを挟んでから小型エアーポンプのチューブを接続し，実体顕微鏡下で吸虫す
る（図10.8）．吸虫後にパスツールピペットをエアーポンプのチューブから外し，
ナイロンゴースにたまったハダニをリーフディスク葉上に落とす．経験のない人
でも，熟練者が筆を用いて接種する時間と同等での接種が可能となる．吸虫時に
エアーポンプの流量を調整し，強く吸虫しすぎないようにする．

10.6.4　処理前計数

リーフディスクに接種後，数時間放置してから，実体顕微鏡下で正常に活動し
ている個体を残し，異常個体を除去する．同時にハダニが吐出した糸等も小筆で
除いておく．その後，葉片上の個体数を計数する．卵の検定を行う場合は，この
後24時間程度産卵させてから，雌成虫と糸を除去し，卵を計数する．計数時に
は葉脈で仕切られた部分ごとに計数すると数え間違いが少ない．多くの卵数を必
要とする場合は接種する雌成虫数を増やすことで産卵数を調整する．

10.6.5　薬 剤 散 布

半数致死濃度（LC_{50}）を求める場合は，5段階程度の濃度勾配をつけた薬液を
用意する．薬剤の効果を確認する場合には各薬剤を常用濃度に希釈しておく．薬
液は回転式散布塔（MZ-5，みずほ理化株式会社）を用いて，ハダニの場合は
$2\,mg/cm^2$散布する（浜村，1996）．また，対照として水道水を散布する．

ただ，現在，回転式散布塔は市販されていない．このため，代替散布法とし

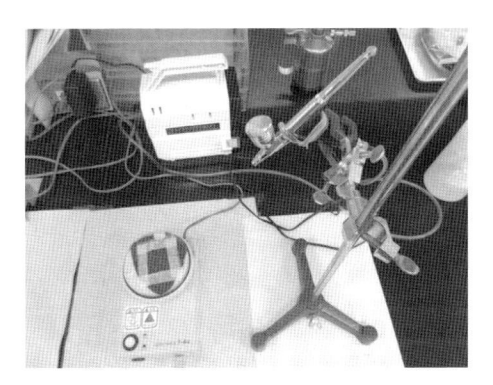

図 10.9 エアブラシとターンテーブルを用いた散布
装置（写真提供：奈良県病害虫防除所）

てエアブラシを用いて散布することができる（図 10.9）．ターンテーブル（T-Au, アズワン株式会社）上にリーフディスクを乗せ，コンプレッサーに接続した模型塗装に用いるエアブラシ（たとえば，HG トリガータイプエアブラシ ITEM74510, 株式会社タミヤ）を一定の距離に設置して一定量を散布することで，回転式散布塔と同等の均一な薬剤散布が可能となる（國本ほか，2017）．使用時には散布薬液が周辺に飛散しないような措置を講じる．

　これらの方法が利用できない場合には，霧吹きやハンドスプレーを用いて散布する．ただ，この方法では散布薬量を一定にできないため，感受性の確認程度の利用にとどめる．散布後は 25℃ 前後の室内に置き，リーフディスクが乾かないよう水を補う．

10.6.6　処理後計数

　活動ステージの場合は散布 48 時間後に実体顕微鏡下で生死を判定する．生死の判定は正常活動個体を生存虫，小筆で触っても動かない死亡個体および異常行動個体を死亡虫とする．異常行動としては，吸汁活動がなく動きがぎこちない，第 I 脚を上下に動かす行動を繰り返す，などがある．このような場合は死亡とみなしている．

　卵の場合は対照区の孵化を確認してから（散布 4〜7 日後），処理区の孵化状況を調べる．殺卵活性があれば孵化しないが，孵化後に幼虫が死亡している場合もある．検定の目的が実用的な効果を調べるものならば，この場合は殺卵活性ありと評価してもよい．

10.6.7 評 価

各濃度別あるいは薬剤別の生存率と対照の生存率を用いて，Abbot（1925）の以下の式により補正死亡率を求める．

$$補正死亡率（\%）= \frac{対照区の生存率 - 処理区の生存率}{対照区の生存率} \times 100$$

10.6.8 簡 易 検 定

生産現場などで生産者が使用している殺ダニ剤の有効性を確認する目的ならば，紙袋を利用する方法（溝部ほか，2015）やインゲンマメにハダニを登らせた後に薬液に浸漬する方法（國本・今村，2016）なども利用できる．　（國本佳範）

🐛 10.7 ● 非破壊・古い標本 DNA 抽出方法，標本の保存 🐛

10.7.1 非破壊による DNA の抽出法

ダニ類の非破壊による DNA の抽出は，たとえば Ota *et al.*（2011）が，ハダニ類と同じ胸板ダニ類 Acariformes のササラダニ類 Oribatida で Johnson *et al.*（2004）を修正した方法を用いた．すなわち DNeasy Blood and Tissue Kit, Mini Spin Columns（Qiagen Inc.)の抽出緩衝液中に，プロテイナーゼ K(Proteinase K) を添加し，55℃，48 時間の恒温処理を行い，外骨格を取り出した後，同キットを用いて得られた DNA を鋳型として PCR を行った．Tixier *et al.*（2010）も同様なキットを用いて56℃ 16時間の非破壊抽出を行った. Castalanelli *et al.*（2010）は，フシダニ類で99℃,2分の条件で非破壊的DNA抽出を経て,PCRが可能であった．筆者たちは乳酸で4時間観察（乳酸中で顕微鏡観察する方法；Krantz and Walter, 2009）した後のトゲダニ類の標本を用いても，得られた DNA で PCR は可能であった．

プロテアーゼ K による 48 時間の恒温処理によって，硬いクチクラ外膜をもたない部分のタンパク質が溶解して，内部の DNA が溶出するものと考えられ，体が柔らかいハダニ類でも外骨格がきれいに残る．筆者達は，Ota *et al.*（2011）とほぼ同じ方法で50℃，48 時間の恒温処理を常法としている．本法で，たとえばハダニ類と同じケダニ亜目 Prostigmata で体全体が柔らかいカベアナタカラダニ *Balaustium murorum*（Hermann, 1804）の遺伝構造解析（Hiruta *et al.*, 2018），硬い外骨格をもつミズダニ類の新種記載（GoldSchmidt *et al.*, 2020）などさまざ

まなダニ種の非破壊によるDNAの抽出を用いた報告を行った．ミズダニ類では，内部構造が溶出するため抽出後の標本のほうが，むしろ形態観察に好適であった．

ハダニ類の交尾器をあわせて観察したいというような場合，プレパラート作成方法によっては生きたダニをそのまま使うため（10.2節参照），ハダニの脚をDNA抽出用にピンセットやタングステンニードル（島野，2015）などで切り取ってから，プレパラートを作成する方法も考えられる．このときに，プロピレングリコール（後述）内で解剖し，ダニに付着したプロピレングリコールを水で洗ってから，ホイヤー氏液で封入するのが容易だろう．

10.7.2　古い標本DNA抽出方法，標本の保存

ハダニのエタノール浸漬標本は，DNAの断片化を避けるためフリーザーで保存するのが好ましい．しかし，昆虫の事例（Nakahama, 2019）で見られるように，常温での液浸標本の保存には，無水エタノールよりも，同様にDNA保存が可能なプロピレングリコール（Castalanelli *et al.*, 2010）のほうが蒸発をしないので扱いやすい．本品は医療品や食品の添加物としても使われており，可燃性がないため郵送や飛行機などでの運搬も基本的には可能である．ネガティブなデータとしては，野外において本品を用いたトラップ捕獲後の昆虫個体における，DNAの品質低下が（乾燥標本と比較して）報告されているが，野外トラップ内で低濃度の本品が昆虫の乾燥を妨げDNAの低分子化が起きたためだと考えられている（Ballare *et al.*, 2019）．

DNAが低分子化した標本からも次世代シーケンサーを利用してDNAbarcoding等が行われている（たとえばMullin *et al.*, 2023）．筆者達も，1980年前後のササラダニ類のエタノール浸漬標本（濃度不明）から，次世代シークエンサーによるショットガンシークエンスで遺伝子配列を読むことに成功している（Pfingstl *et al.*, 2024）．今後，古いエタノール浸漬標本も遺伝的な多様性解析などに活用できると考えられる．　　　　　　　　　　　　　　　　（島野智之）

10.8　ＲＮＡ 抽 出

RNA抽出は分子生物学実験における基礎的な技術の1つである．抽出後のRNAは，相補的DNA(complementary DNA, cDNA)への逆転写，ノーザンブロッティングおよびトランスクリプトーム解析などに用いられる．cDNAは，目的

領域の PCR 増幅や，定量 PCR 法による遺伝子発現解析に利用される.

　近年では RNA 抽出用のさまざまな試薬やキットが販売されている．これら試薬やキットによる RNA 抽出方法は，AGPC（acid guanidinium thiocyanate-phenol-chloroform mixture）などの有機溶媒（Chomczynski and Sacchi, 1987），スピンカラムおよび磁性ビーズを用いた方法に大別される（それぞれ，AGPC 法，スピンカラム法および磁性ビーズ法と呼ぶ）．AGPC 法では，チオシアン酸グアニジニウムがタンパク質（ヌクレアーゼも含む）を変性させ, 細胞を溶解する一方，DNA や RNA の分解を防ぐ．また，DNA やタンパク質はフェノール・クロロホルム等の無極性な有機層に移行する．一方 RNA は, リボースに OH 基があるため，DNA やタンパク質より親水的で，水層に移行しやすい．この性質を利用し，水層に移行した RNA を単離する．スピンカラム法は，カオトロピック塩濃度に応じて核酸がシリカメンブレンに吸着／脱着する原理を利用している．DNase 処理で DNA を除去する工程を入れることにより, RNA のみを抽出できる. 磁性ビーズ法では，シリカ素材のビーズを用い，スピンカラムと同じ原理で RNA 抽出したり，オリゴ（dT）をコーティングしたビーズを用い，polyA とのハイブリダイズする原理で mRNA のみを抽出したりする.

　ハダニからの RNA 抽出には，TRIzol® （Invitrogen）や ISOGEN（Nippon Gene）などを用いた AGPC 法と，スピンカラム法，あるいは両方を組み合わせた手法が用いられることが多い．本節では，TRIzol® を用いた AGPC 法とスピンカラム法の各手順について紹介する．まず，ハダニをマイクロチューブ内に収集し, TRIzol® を加え, ホモジナイザーペッスル等で破砕する．破砕後, フェノール・クロロホルムを加えて遠心分離すると，フェノール・クロロホルムの有機層（下層), 中間層および水層（上層）に分離する．水層を採取し, イソプロピルアルコールの添加後, 遠心操作により RNA を沈殿させる. 沈殿した RNA を RNase フリー水に懸濁させる．スピンカラム法の場合, キット化されていることが多い．まず，キットに含まれる抽出バッファー内でハダニを破砕し，そのライセートから遠心操作により不溶物を除去する．そして，その上清をスピンカラムに注入し，遠心操作により RNA をシリカメンブレンへ吸着させる．メンブレンを洗浄した後, RNase フリー水をカラムに加えて遠心し, RNA を溶出させる. いずれの手法でも，液体窒素で凍結させたサンプルや，液体窒素で凍結後, 超低温フリーザーで保管したサンプルを破砕することも多く，その場合，ペッスルでの破砕時に，凍結したハダニ由来の微粒感が手に伝わる.

ここでは，スピンカラム法の実施例について紹介する．NucleoSpin® RNA Plus XS（Takara Bio）を用いた場合，約 50 個体のナミハダニ雌成虫から約 4000 ng の RNA が得られた．抽出した RNA の濃度やクオリティは分光光度計で確認できる．吸光度で 260 nm 付近に明瞭なピークがあれば，cDNA 合成には十分である．RNA シーケンシング（RNA-Seq）（Wang *et al.*, 2009）などの遺伝子発現解析に用いる場合は，230，260 および 280 nm から得られる吸光度の比（A260/A280 および A260/A230）および RNA の品質（RNA Integrity Number, RIN）が重要である．それぞれ A260/A280＝1.8〜2.0，A260/A230＞2.0 および RIN＞8.0 であれば良好なクオリティである．　（新井優香・武田直樹・鈴木丈詞）

🪲 10.9 ▪ ゲノム DNA 抽出 🪲

抽出した DNA の用途は 2 つに大別される．1 つは，目的 DNA 断片の PCR 増幅である．もう 1 つは，次世代シーケンシング（next-generation sequencing, NGS）によるゲノム全塩基配列の解析である．近年 NGS は，分子生物学以外に生態学や考古学など，幅広い研究分野で導入されている．ハダニ類はゲノムサイズが小さいため(7.2 節参照)，比較的低コストで NGS を実施できる．NGS(ショートリード）では，抽出した DNA の断片化後，各末端にアダプターが追加された DNA 断片群（ライブラリー）を並列にシーケンシングし，各断片配列（リード）をつなげてゲノム配列を構築する．

NGS では，試料中の短鎖 DNA が多いと，配列特異性が低いデータの割合が増えてしまうため，特に抽出工程における DNA 鎖の切断を極力防止することが重要である．たとえば，試料の混和では，チューブの上下を反転させる転倒混和を用い，ピペッティングやボルテックスは避け，DNA 鎖の物理的な切断を防止する．口径の小さいピペットチップの使用を避けることも重要である．また，DNA 鎖は凍結によっても切断されるため，抽出後のゲノム DNA 溶液は冷蔵（4℃）保存する．

本節では，フェノール・クロロホルムを用いたハダニ生体からの NGS グレードの DNA 抽出方法について紹介する．この方法は，市販の DNA 抽出キットを用いるよりも安価であり，また，比較的長鎖 DNA を抽出しやすく，収率も高い．作業内容は，試料の準備，フェノール・クロロホルム抽出，エタノール沈殿および短鎖 DNA の除去の 4 工程から構成される．

　まず，ポリプロピレン製のチューブ（1.5 mL）にハダニ（1〜500 個体）を収集する．多数を収集する際は，エアポンプを用いたサンプリング装置（Cazaux *et al.*, 2014）が便利である．収集したハダニをチューブの底に落とし，チューブ底を液体窒素に浸したままホモジナイザーペッスルで虫体を摩砕する．この摩砕が不十分の場合，収率が低くなるため，試料（チューブ）あたり 2 分間以上の摩砕を推奨する．摩砕後の試料に 495 μL の溶解バッファー（50 mM Tris-HCl（pH 8.0），4 mM NaCl, 20 mM EDTA, 1%SDS）と 5 μL の Proteinase K（最終濃度 0.20 mg/mL）を加えて混和する．高 pH 下では DNA は化学的に安定であるのに対し，RNA は加水分解により不安定となる．Na^+ は DNA 中のリン酸基による負電荷同士の反発を解消することで DNA を安定化させる．EDTA は二価陽イオンとキレート錯体を形成し，サンプル由来のデオキシリボヌクレアーゼが補因子として要求する Mg^{2+} の利用を妨げる．SDS は強力な界面活性剤であり，細胞膜を破壊しタンパク質を変性させる．一方で Proteinase K は SDS の存在下でも失活しない．チューブをスピンダウンし，液体中に大きめの固形物が残存する場合は再度ペッスルで摩砕する．チューブの蓋を閉じ，さらにその周囲にパラフィルムを巻きつけて密閉し，次の撹拌工程における液漏れを防ぐ．チューブローテーターなどを用い，55℃の条件下で一晩撹拌し，タンパク質を分解する．その後，5 μL のリボヌクレアーゼ A を加え，37℃で 30 分間反応させ，RNA を分解する．その後，遠心分離（12000 rpm，3 分）し，上清を新しいチューブに移す．

　上清に，500 μL のフェノール・クロロホルム・イソアミルアルコール溶液（25:24:1）を加え，よく転倒混和する．これを遠心分離（12000 rpm，3 分）すると，水層（上層）と有機層（下層）に分離する．DNA は水層に含まれ，タンパク質はフェノールの変性作用により液界面に沈殿する．水層のみを，液界面や有機層に触れないよう慎重にピペットで吸い上げ，新しいチューブに移す．チューブに残った有機層はクロロホルムを含むためハロゲン系有機廃液として処理する．

　DNA は水中ではリン酸基どうしの負電荷の反発により凝集しにくい．一方，極性の小さいエタノールには溶けにくく，ここに大量の一価陽イオンを加えることで塩として沈殿させることができる（エタノール沈殿）．分取した上清に 100 μL の NaCl（5 M）を加え，転倒混和する．その後，600 μL のエタノール（99.5%）を加えてよく転倒混和し，−30℃の冷凍庫で 30 分以上静置する．チューブの蝶番を外側にして，遠心分離（0〜4℃，12000 rpm，5〜30 分）し，DNA を沈殿させる．このとき DNA はペレット状になり，底面から数 mm ほど上部の

蝶番側に沈着する．しかし，収量が少ない場合は視認できない．上清をデカンテーションで除き，ペレット状のDNAに触れないように注意しながらピペットでチューブ内に残る上清を除去する．1 mLのエタノール（70%）を加えて転倒混和後，遠心分離（0〜4℃，12000 rpm，3分）し，再びデカンテーションとピペットで上清を除去する．チューブの蓋を開け，逆さに静置し，チューブ壁面に液滴が見えなくなるまで乾燥させる（15〜30分）．超純水（長期保存の場合はTE）でペレットを溶解し，冷蔵保存する．

　最後に，市販の長鎖DNA精製キットを用い，400 bp以下の短鎖DNA分子を除去し，NGSに供試可能なゲノムDNAに調製する．　　　　　（大迫朋寛・鈴木丈詞）

10.10 ● タンパク質抽出

　タンパク質（protein）は，生物の機能や構造を担う主要な生体分子である．"protein"は，1838年にオランダの化学者 Gerard Johann Mulder 博士が論文で用いたフランス語の"protéine"に由来する（Hartley, 1951）．さらに，この"protéine"は，「重要なもの／最初のもの」を意味する古代ギリシャ語の"proteios"に由来する（Vickery, 1950）．

　一般的なタンパク質実験では，細胞，組織および生体などの試料からタンパク質を抽出後，可溶化，変性，分離あるいは結晶化などの工程を経て，その機能や構造を解析する．実験内容に応じて，タンパク質の抽出バッファーは異なる．ポリアクリルアミド電気泳動（poly acrylamide gel electrophoresis, PAGE）は，代表的なタンパク質分離法の1つである．昆虫やダニの生体を試料として用いる場合，昆虫用生理食塩水（たとえば，150 mM NaCl：5 mM KCl），還元剤（たとえば，2 mM DDT）およびプロテアーゼ阻害剤（たとえば，pepstatin A, leupeptin, phenylmethylsulfonyl fluoride）をタンパク質の抽出バッファーとして用いる．プロテアーゼ阻害剤については，目的に応じて選択する．また，発現しているタンパク質を同定・定量するショットガンプロテオミクスでは，10 mM Tris-HCl（pH 9.0）で8 M尿素（urea）に調製した抽出バッファーを用いる．高濃度の尿素によりタンパク質が変性し，試料中のプロテアーゼも失活する．

　タンパク質濃度の測定方法は，吸光光度法と蛍光光度法に大別される．吸光光度法には，紫外吸光光度法，Bradford法，水溶性テトラゾリウム塩（WST-8）法，Biuret法，Lowry法およびビシンコニン酸（bicinconic acid, BCA）法など

がある．このうち，Bradford 法は，EDTA（エチレンジアミン四酢酸）などの
キレート剤の影響は少ない一方，タンパク質の可溶化に用いられる SDS（ドデ
シル硫酸ナトリウム）などの界面活性剤の影響を受けやすい．BCA 法は，その
逆で，界面活性剤や尿素の影響が少ない一方，キレート剤の影響を受けやすい．
ここでは，BCA 法の原理（Smith *et al.*, 1985）について紹介する．アルカリ性条
件下にて，タンパク質は二価の銅イオン（Cu^{2+}）と錯体を形成し，タンパク質を
構成しかつ還元作用のあるアミノ酸（システイン，チロシンおよびトリプトファ
ン）によって，Cu^{2+} は一価の銅イオン（Cu^{+}）に還元される．Cu^{+} は BCA と反
応し，562 nm に高い吸光度を示す青紫色の錯体を形成する．この吸光度測定に
より，既知濃度の標準タンパク質から検量線を作成し，試料から抽出したタンパ
ク質の濃度を算定する．

　次に，蛍光光度法について紹介する．蛍光光度法の原理は，タンパク質の第一
級アミンや界面活性剤との反応で生じる蛍光や，タンパク質を染色する色素由来
の蛍光の測定である（鈴木，2018）．たとえば，フルオレサミン（fluorescamine）
は，それ自体は蛍光物質ではないが，タンパク質の第一級アミンと反応して
495 nm の蛍光を生じる誘導体を生成する．この蛍光強度を測定し，既知濃度の
標準タンパク質から作成した検量線との比較より，試料から抽出したタンパク質
の濃度を算定する．

　ここでは，ハダニ類からのタンパク質の抽出プロトコルと蛍光光度法による測
定結果の一例について紹介する．まず，1.5 mL チューブに虫体を採集し，液体
窒素で凍結後，抽出バッファー内で破砕する．破砕にはホモジナイザーペッスル
や超音波破砕機を用い，タンパク質の分解を防ぐために，迅速かつ氷上など低
温条件下にて操作する．最終脱皮後 1 日目のナミハダニ雌成虫 50 個体から抽出
したタンパク質を蛍光光度計（Qubit 4 Fluorometer；ThermoFisher Scientific）
を用いて測定した結果，その含量は約 50 µg（約 1 µg/個体）であった．

（武田直樹・新井優香・鈴木丈詞）

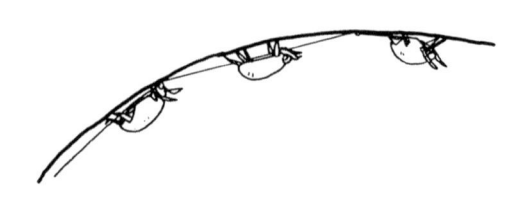

コラム 11　ダニの超拡大撮影方法の一例

　近年，高性能なマクロレンズが次々に発売されているが，ハダニのような体長1 mm 未満のダニを，詳しく同定できる鮮明さで撮影するには不十分だ．

　手頃な価格で揃えられる機材で，電子顕微鏡などを使わずにダニの全身像を鮮明に撮影する方法として，ここでは深度合成を紹介する．これは，同じ角度からピントの位置を変えながら数十〜数百枚連続で撮影した写真をもとに，全体にピントの合った1枚の写真を合成する技術だ．

　深度合成に使う連続した写真を撮るために，カメラの位置を少しずつ動かす微動装置を使う方法や，カメラ側の電子制御でピントの位置を動かすフォーカスブラケット撮影機能を使う方法などが知られている．私は後者の手法を使ってダニの写真を撮影しているので，以降はこの方法をより具体的に説明する．

　まずカメラに望遠レンズを，さらにその先端に対物レンズを装着する．カメラと望遠レンズはフォーカスブラケット撮影に対応した物が必須だ．

　あくまで一例だが，望遠レンズはフルサイズ換算で焦点距離 300 mm，対物レンズは無限遠補正光学系の物を選ぶと，対物レンズの視野が丁度よくカメラ側のイメージセンサーに投影される．対物レンズを選ぶ際は倍率 10 倍（大型のダニを撮影する際は 5 倍），開口数 0.3 以下が扱いやすい．この組み合わせで 160 枚ほど撮影すれば，比較的容易に深度合成ができるだろう．それ以上の倍率や開口数をもつ対物レンズを選ぶと，途端に撮影も深度合成も難易度が高くなる．

　深度合成の処理は ZereneStacker などの有料で高性能なソフトがよい．フリーソフトでは毛や脚の前後関係を正しく合成結果に反映するのが困難だ．

　以上のような機材の構築に加えて，数百枚の写真を撮影する間ずっと動かないダニの標本が必要になる．私の場合，細長く捻ったキムワイプの切れ端に酢酸エチルを染み込ませ，そこから立ち上る蒸気でダニを麻酔する．酢酸エチルは劇物なので引火に注意し，希釈した物や除光液に含まれているものをごく少量使うとよい．そして極細絵筆や眉毛の先端を使ってダニの毛や脚を整えて撮影する．

　ダニの脚が丸まったまま硬直しやすい場合は保温プレートで 55℃付近まで温めた水滴にダニを浮かべたまま脚を広げ，キムワイプで水分を吸い取るとよい．

　以上のように，デジタル・アナログ両面でさまざまな工夫を積み重ねることで，マクロレンズでは到達できないダニの超拡大写真が撮影可能となる．（根本崇正）

分類表　コハリダニ上科 Tydeoidea、ハダニ上科 Tetranychoidea（胸板ダニ類 Acariformes）とカブリダニ科 Phytoseiidae（胸穴ダニ類 Parasitiformes）

学名	和名
Acariformes Zakhvatkin, 1952	胸板ダニ上目
Trombidiformes Reuter, 1909	汎ケダニ目
Prostigmata Kramer, 1877	ケダニ亜目
Eupodina Krantz, 1978 (Infraorder)	ハシリダニ下目
Tydeoidea Kramer, 1877	コハリダニ上科
Tydeidae Kramer, 1877	コハリダニ科
Brachytydeus Thor, 1931	
＊　　　*Brachytydeus formosus*（Cooreman, 1958）	（和名なし）
Tydeus Koch, 1835	コハリダニ属
＊　　　*Tydeus californicus*（Banks, 1904）	（和名なし）
Eleutherengona Oudemans, 1909	ネジレキモンダニ下目
Raphignathina Kethley, 1982	ハリクチダニ小目
Tetranychoidea Donnadieu, 1875	ハダニ上科
Tetranychidae Donnadieu, 1875	ハダニ科
Bryobia Koch, 1836	ビラハダニ属
1　　　*Bryobia eharai* Pritchard & Keifer, 1958	キクビラハダニ
2　　　*Bryobia japonica* Ehara & Yamada, 1968	マルビラハダニ[a]
3　　　*Bryobia praetiosa* Koch, 1836	クローバービラハダニ
4　　　*Bryobia pritchardi* Rimando, 1962	アトヘリビラハダニ
5　　　*Bryobia rubrioculus*（Scheuten, 1857）	ニセクローバービラハダニ
＊　　　*Bryobia sarothamni* Geijskes, 1939	（和名なし）
Tetranycopsis Canestrini, 1889	オニハダニ属
6　　　*Tetranycopsis borealis* Ehara & Mori, 1969	オニハダニ
Petrobia Murray, 1877	ホモノハダニ属
7　　　*Petrobia harti*（Ewing, 1909）	カタバミハダニ[b]
8　　　*Petrobia latens*（Müller, 1776）	ホモノハダニ
Eurytetranychoides Reck, 1950	アラカシハダニ属
9　　　*Eurytetranychoides japonicus*（Ehara, 1980）	アラカシハダニ
Eutetranychus Banks, 1917	トウヨウハダニ属
10　　　*Eutetranychus africanus*（Tucker, 1926）	トウヨウハダニ
＊　　　*Eutetranychus orientalis*（Klein, 1936）	（和名なし）
Aponychus Rimando, 1966	ヒラタハダニ属
11　　　*Aponychus corpuzae* Rimando, 1966	イトマキヒラタハダニ
12　　　*Aponychus firmianae*（Ma & Yuan, 1965）	タイリクヒラタハダニ
Panonychus Yokoyama, 1929	マルハダニ属
13　　　*Panonychus bambusicola* Ehara & Gotoh, 1991	ササマルハダニ
14　　　*Panonychus caglei* Mellot, 1968	キイチゴマルハダニ
15　　　*Panonychus citri*（McGregor, 1916）	ミカンハダニ
16　　　*Panonychus mori* Yokoyama, 1929	クワオオハダニ
17　　　*Panonychus osmanthi* Ehara & Gotoh, 1996	モクセイマルハダニ
18　　　*Panonychus thelytokus* Ehara & Gotoh, 1992	エルムマルハダニ
19　　　*Panonychus ulmi*（Koch, 1836）	リンゴハダニ

分類表　つづき

学名	和名
Sasanychus Ehara, 1978	ミドリハダニ属
20　*Sasanychus akitanus*（Ehara, 1978）	ミドリハダニ
21　*Sasanychus pusillus* Ehara & Gotoh, 1987	ヒメミドリハダニ
Schizotetranychus Trägårdh, 1915	マタハダニ属
22　*Schizotetranychus baltazari* Rimando, 1962	リュウジンマタハダニ
23　*Schizotetranychus bambusae* Reck, 1941	タケトリマタハダニ
24　*Schizotetranychus brevisetosus* Ehara, 1989	カシノキマタハダニ
25　*Schizotetranychus cercidiphylli* Ehara, 1973	カツラマタハダニ
26　*Schizotetranychus gilvus* Ehara & Ohashi, 2005	コトマタハダニ
27　*Schizotetranychus lespedezae* Begljarov & Mitrofanov, 1973	サヤマタハダニ
28　*Schizotetranychus recki* Ehara, 1957	ヒメササマタハダニ
29　*Schizotetranychus schizopus*（Zacher, 1913）	ヤナギマタハダニ
30　*Schizotetranychus shii*（Ehara, 1965）	シイノキマタハダニ
Stigmaeopsis Banks, 1917	スゴモリハダニ属
31　*Stigmaeopsis celarius* Banks, 1917	タケスゴモリハダニ
32　*Stigmaeopsis longus*（Saito, 1990）	ケナガスゴモリハダニ
33　*Stigmaeopsis miscanthi*（Saito, 1990）	ススキスゴモリハダニ
＊　*Stigmaeopsis nanjingensis*（Ma & Yuan, 1980）	ナンキンスゴモリハダニ
34　*Stigmaeopsis sabelisi* Saito & Sato, 2018	トモスゴモリハダニ
35　*Stigmaeopsis saharai* Saito & Mori, 2004	ヒメスゴモリハダニ
36　*Stigmaeopsis takahashii* Saito & Mori, 2004	ササスゴモリハダニ
＊　*Stigmaeopsis tegmentalis* Saito & Lin, 2016	ナラビスゴモリハダニ
37　*Stigmaeopsis temporalis* Saito & Ito, 2016	ネザサスゴモリハダニ
Yezonychus Ehara, 1978	ケウスハダニ属
38　*Yezonychus sapporensis* Ehara, 1978	ケウスハダニ
Eotetranychus Oudemans, 1931	アケハダニ属
39　*Eotetranychus boreus* Ehara, 1969	アンズアケハダニ
40　*Eotetranychus broussonetiae* Wang, 1980	カジノキアケハダニ
41　*Eotetranychus carpinicolus* Gotoh & Arabuli, 2019	シデアケハダニ
42　*Eotetranychus celtis* Ehara, 1965	エノキアケハダニ
43　*Eotetranychus cornicola* Ehara, 1989	ミズキアケハダニ
44　*Eotetranychus dissectus* Ehara, 1987	オオカエデアケハダニ
＊　*Eotetranychus frosti*（McGregor, 1952）	（和名なし）
45　*Eotetranychus geniculatus* Ehara, 1969	ミチノクアケハダニ
46　*Eotetranychus kankitus* Ehara, 1955	ミヤケアケハダニ
47　*Eotetranychus lewisi*（McGregor, 1943）	ルイスアケハダニ
48　*Eotetranychus linderae* Gotoh & Arabuli, 2019	クロモジアケハダニ
49　*Eotetranychus nomurai* Ehara, 1989	ムクノキアケハダニ
50　*Eotetranychus palatiensis* Gotoh & Arabuli, 2019	ユツキョアケハダー
51　*Eotetranychus pruni*（Oudemans, 1931）	クリアケハダニ
52　*Eotetranychus querci* Reeves, 1963	シナノキアケハダニ
53　*Eotetranychus quercifoliae* Ehara & Gotoh, 1997	コナラアケハダニ
54　*Eotetranychus rubricans* Ehara, 1999	イヌシデアケハダニ
55　*Eotetranychus sexmaculatus*（Riley, 1980）	コウノアケハダニ

分類表 つづき

学名	和名
56	*Eotetranychus smithi* Pritchard & Baker, 1955	スミスアケハダニ
57	*Eotetranychus spectabilis* Ehara, 1987	ヒメカエデアケハダニ
58	*Eotetranychus suginamensis* (Yokoyama, 1932)	スギナミハダニ
59	*Eotetranychus tiliaecola* Ehara & Gotoh, 2008	ウシノセアケハダニ
60	*Eotetranychus tiliarium* (Hermann, 1804)	ハンノキアケハダニ
61	*Eotetranychus toyoshimai* Ehara & Gotoh, 2006	ホオノキアケハダニ
62	*Eotetranychus tsugaruensis* Ehara, 1989	ニセカツラアケハダニ
63	*Eotetranychus uchidai* Ehara, 1956	ウチダアケハダニ
64	*Eotetranychus uncatus* Garman, 1952	クルミアケハダニ
	***Oligonychus* Berlese, 1886**	**ツメハダニ属**
65	*Oligonychus amiensis* Ehara & Gotoh, 2007	ニョゴツメハダニ
66	*Oligonychus biharensis* (Hirst, 1925)	シュレイツメハダニ
67	*Oligonychus camelliae* Ehara & Gotoh, 2007	ツバキツメハダニ
68	*Oligonychus castanae* Ehara & Gotoh, 2007	クリノツメハダニ
69	*Oligonychus clavatus* (Ehara, 1959)	マツツメハダニ
70	*Oligonychus coffeae* (Nietner, 1861)	マンゴーツメハダニ
71	*Oligonychus gotohi* Ehara, 1999	ブナカツメハダニ
*	*Oligonychus grewiae* Meyer, 1965	(和名なし)
72	*Oligonychus hondoensis* (Ehara, 1954)	スギノハダニ
73	*Oligonychus ilicis* (McGregor, 1917)	ウスコブツメハダニ
74	*Oligonychus karamatus* (Ehara, 1956)	カラマツツメハダニ
75	*Oligonychus neocastaneae* Arabuli & Gotoh, 2018	ニセクリノツメハダニ
76	*Oligonychus orthius* Rimando, 1962	サトウキビツメハダニ
77	*Oligonychus perditus* Pritchard & Baker, 1955	ビャクシンツメハダニ
*	*Oligonychus pratensis* (Banks, 1912)	(和名なし)
78	*Oligonychus pustulosus* Ehara, 1962	エゾスギツメハダニ
*	*Oligonychus randriamasii* Gutierrez, 1967	(和名なし)
79	*Oligonychus rubicundus* Ehara, 1971	ススキツメハダニ
80	*Oligonychus shinkajii* Ehara, 1963	イネツメハダニ[d]
81	*Oligonychus tsudomei* Ehara, 1966	リュウキュウツメハダニ
82	*Oligonychus ununguis* (Jacobi, 1905)	トドマツノハダニ
83	*Oligonychus uruma* Ehara, 1966	ウルマツメハダニ
	***Amphitetranychus* Oudemans, 1931**	**クダハダニ属**
84	*Amphitetranychus quercivorus* (Ehara & Gotoh, 1990)	ミズナラクダハダニ
85	*Amphitetranychus viennensis* (Zacher, 1920)	オウトウハダニ
	***Tetranychus* Dufour, 1832**	**ナミハダニ属**
86	*Tetranychus evansi* Baker & Pritchard, 1960	ミツユビナミハダニ
87	*Tetranychus ezoensis* Ehara, 1962	アララギナミハダニ
88	*Tetranychus gloveri* Banks, 1900	ナンゴクナミハダニ[e]
89	*Tetranychus kanzawai* Kishida, 1927	カンザワハダニ
*	*Tetranychus lintearius* Dufour, 1832	リンテアリウスハダニ
90	*Tetranychus ludeni* Zacher, 1913	アシノワハダニ
*	*Tetranychus mcdanieli* McGregor, 1931	(和名なし)
91	*Tetranychus mismaiensis* Ehara & Gotoh, 2007	ミスマイナミハダニ
92	*Tetranychus neocaledonicus* André, 1933	ナンセイナミハダニ

分類表　つづき

学名	和名
*	*Tetranychus pacificus* McGregor, 1919	（和名なし）
93	*Tetranychus parakanzawai* Ehara, 1999	ニセカンザワハダニ
94	*Tetranychus phaselus* Ehara, 1960	サガミナミハダニ
95	*Tetranychus piercei* McGregor, 1950	ミヤラナミハダニ
96	*Tetranychus pueraricola* Ehara & Gotoh, 1996	ナミハダニモドキ
97	*Tetranychus truncatus* Ehara, 1956	イシイナミハダニ
*	*Tetranychus tumidus* Banks, 1900	（和名なし）
*	*Tetranychus turkestani* (Ugarov & Nikolskii, 1937)	（和名なし）
98	*Tetranychus urticae* Koch, 1836	ナミハダニ

Mononychellus Wainstein, 1960

| * | *Mononychellus caribbeanae* (McGregor, 1950) | （和名なし） |

Tenuipalpidae Berlese, 1913　　　ヒメハダニ科

Aegyptobia Sayed, 1950　　　スナヒメハダニ属
| 1 | *Aegyptobia arenaria* Ehara, 1982 | スナヒメハダニ |

Pentamerismus McGregor, 1949　　　ハリヒメハダニ属
| 2 | *Pentamerismus oregonensis* McGregor, 1949 | フトゲハリヒメハダニ |
| 3 | *Pentamerismus taxi* (Haller, 1877) | イチイハリヒメハダニ |

Cenopalpus Pritchard & Baker, 1958　　　ケノヒメハダニ属
| 4 | *Cenopalpus lineola* (Canestrini & Fanzago, 1876) | マツヒメハダニ |
| 5 | *Cenopalpus umbellatus* Negm, Ueckermann & Gotoh, 2020 | シャリンバイヒメハダニ |

Brevipalpus Donnadieu, 1875　　　ホンヒメハダニ属
6	*Brevipalpus californicus* (Banks, 1904)	オンシツヒメハダニ
*	*Brevipalpus chilensis* Baker, 1949	（和名なし）
7	*Brevipalpus lewisi* McGregor, 1949	ブドウヒメハダニ
8	*Brevipalpus obovatus* Donnadieu, 1875	チャノヒメハダニ
9	*Brevipalpus phoenicis* (Geijskes, 1939)	ミナミヒメハダニ
10	*Brevipalpus russulus* (Boisduval, 1867)	サボテンヒメハダニ

Dolichotetranychus Sayed, 1938　　　ホソヒメハダニ属
| 11 | *Dolichotetranychus floridanus* (Banks, 1900) | パイナップルヒメハダニ |
| 12 | *Dolichotetranychus zoysiae* Ehara, 2004 | シバホソヒメハダニ |

Raoiellana Baker & Tuttle, 1972
| * | *Raoiellana allium* Baker & Tuttle, 1972 | （和名なし） |

Tenuipalpus Donnadieu, 1875　　　ヒゲヒメハダニ属
13	*Tenuipalpus boninensis* Ehara, 1982	ハナガサヒメハダニ
14	*Tenuipalpus pacificus* Baker, 1945	ランヒメハダニ
15	*Tenuipalpus zhizhilashviliae* Reck, 1953	カキヒメハダニ

Tuckerellidae Baker & Pritchard, 1953　　　ケナガハダニ科

Tuckerella Womersley, 1940　　　ケナガハダニ属
| 1 | *Tuckerella japonica* Ehara, 1975 | アワケナガハダニ |
| 2 | *Tuckerella pavoniformis* (Ewing, 1922) | ナミケナガハダニ |

分類表　つづき

学名	和名
Parasitiformes Reuter, 1909 (sensu Krantz & Walter 2009)	胸穴ダニ上目
Mesostigmata G. Canestrini, 1891	トゲダニ目
Monogynaspida Camin & Gorirossi, 1955	タンバントゲダニ亜目
Gamasina Kramer, 1881 (Infraorder)	ヤドリダニ下目
Dermanyssiae Evans & Till, 1979 (Hyporder)	ワクモ小目
Phytoseioidea Berlese, 1916	カブリダニ上科
Phytoseiidae Berlese, 1916	カブリダニ科
***Amblyseius* Berlese, 1914**	ムチカブリダニ属
Amblyseius eharai Amitai & Swirski, 1981	ニセラーゴカブリダニ
Amblyseius tsugawai Ehara, 1959	ミチノクカブリダニ
*　　*Amblyseius swirskii* Athias-Henriot, 1962	スワルスキーカブリダニ
***Euseius* Wainstein, 1962**	ナラビカブリダニ属
Euseius sojaensis (Ehara, 1964)	コウズケカブリダニ
***Neoseiulus* Hughes, 1948**	ウスカブリダニ属
Neoseiulus womersleyi (Schicha, 1975)	ケナガカブリダニ
Neoseiulus californicus (McGregor, 1954)	ミヤコカブリダニ
***Phytoseiulus* Evans, 1952**	
*　　*Phytoseiulus longipes* Evans, 1958	（和名なし）
*　　*Phytoseiulus persimilis* Athias-Henriot, 1957	チリカブリダニ
***Galendromus* Muma, 1961**	
*　　*Galendromus occidentalis* (Nesbitt, 1951)	オキシデンタリスカブリダニ
***Typhlodromus* Scheuten, 1857**	カタカブリダニ属
Typhlodromus bambusae Ehara, 1964	タケカブリダニ
*　　*Typhlodromus pyri* Scheuten, 1857	パイライカブリダニ
Typhlodromus vulgaris Ehara, 1959	フツウカブリダニ

紙面の都合により，上科より上位の分類群は左揃えで配置した．
コハリダニ類は，本文中に取り上げられている海外産の分類群のみを掲載した．
ハダニ類は，日本産の分類群と本文中に取り上げられている海外産の分類群を掲載した．
カブリダニ類は，本文中に取り上げられている日本産の分類群と海外産の分類群のみを掲載した．
＊ 本文中に取り上げられているが日本に（本来）生息していない分類群にアスタリスクを付した．
属以下の分類階級はアルファベット順に配置した．
科以上の上位分類群は，Zhang *et al.* (2011) に従った．
コハリダニ科の下位分類群の配列は，André (2021) に従った．
ハダニ上科の下位分類群の配列は，*Mononychellus* 属および *Raoiellana* 属を除き，江原・後藤 (2009) および江原 (2009) に従った．
カブリダニ科の下位分類群の配列は，Demite *et al.* (2024) に従った．
[a] 江原・後藤 (2009) では *Pseudobriobia* 属として扱われていた（本文参照）．
[b] 江原・後藤 (2009) では *Tetranychina* 属として扱われていた（本文参照）．
[c] 江原・後藤 (2009) では *Eotetranychus asiaticus* Ehara が用いられていた（本文参照）．
[d] 江原・後藤 (2009) では *Oligonychus modestus* (Banks) が用いられていた．
[e] 江原・後藤 (2009) では *Tetranychus okinawanus* Ehara が用いられていた．

（有本　誠・島野智之）

索　引

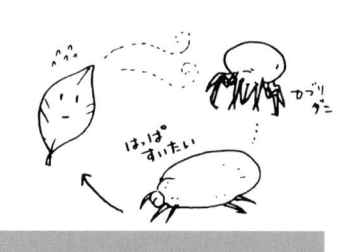

生物名索引（学名）

生物名索引（和名）

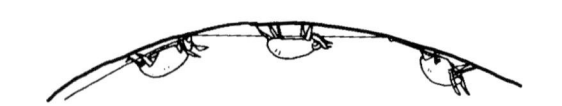

ハダニの科学
—知っておきたい農業害虫の生物学—　　　定価はカバーに表示

2024 年 11 月 1 日　初版第 1 刷

編集者	佐	藤	幸	恵
	鈴	木	丈	詞
	笠	井		敦
	伊	藤		桂
	大	井 田		寛
	日	本	典	秀
	島	野	智	之
発行者	朝	倉	誠	造
発行所	株式会社	朝 倉	書	店

東京都新宿区新小川町 6-29
郵 便 番 号　　162-8707
電　話　03（3260）0141
Ｆ Ａ Ｘ　03（3260）0180
https://www.asakura.co.jp

〈検印省略〉

教文堂・渡辺製本

Printed in Japan

マダニの科学 —知っておきたい感染症媒介者の生物学—

白藤 梨可・八田 岳士・中尾 亮・島野 智之 (編著)

A5 判／228 頁　978-4-254-17194-5 C3045　定価 4,620 円（本体 4,200 円＋税）

マダニの生物学・生理学の側面をしっかり理解したうえで，マダニおよびマダニ媒介感染症対策につなげることができるコンパクトな専門書．初学者にも最適．〔内容〕マダニとは／Q&A／分類／形態と生理・生化学／生活史／マダニによる被害／マダニ・媒介性感染症の対策法／マダニ研究の現状／コラム／分類表

朝倉農学大系 7 農業昆虫学

藤崎 憲治・石川 幸男 (編)／大杉 立・堤 伸浩 (監修)

A5 判／356 頁　978-4-254-40577-4 C3361　定価 7,150 円（本体 6,500 円＋税）

農業に関わる昆虫の生理・生態といった基礎的知識から，害虫としての管理，資源としての利用などの応用までを解説．〔内容〕序論／農業昆虫の形態と分類／害虫の基礎生態／農業昆虫と生態活性物質／農業昆虫の生理／農業昆虫のゲノムと遺伝子／農業害虫の管理／農業昆虫の利用

バイオロジカル・コントロール 第2版

仲井 まどか・日本 典秀 (編)

A5 判／200 頁　978-4-254-42046-3 C3061　定価 3,740 円（本体 3,400 円＋税）

農業・園芸におけるバイオロジカル・コントロールの重要性，その理論と実際を丁寧に説き起こす入門教科書．〔内容〕IPM の現状／土着天敵保護／放飼増強法／天敵病原微生物／寄生蜂／捕食者の生態／昆虫ウイルス／病原糸状菌など

化学生態学 —昆虫のケミカルコミュニケーションを中心に—

中牟田 潔 (編)／井上 貴斗・手林 慎一・野下 浩二・野村 昌史・北條 賢・望月 文昭・森 哲・森 直樹 (著)

A5 判／160 頁　978-4-254-42049-4 C3061　定価 3,300 円（本体 3,000 円＋税）

化学的情報物質，いわゆる「フェロモン」の利用は昆虫で特に発達している．昆虫を中心に動物の様々な化学的コミュニケーションの仕組みを説明するとともに，農学においてそれらをどのように利用できるかを解説するテキスト．

日本の土壌事典 —分布・生成から食料生産・保全管理まで—

日本土壌肥料学会・日本ペドロジー学会 (監修)
波多野 隆介・真常 仁志・高田 裕介 (編)

B5 判／384 頁　978-4-254-43129-2 C3561　定価 22,000 円（本体 20,000 円＋税）

土壌は地球を構成する重要な要素のひとつであり，近年深刻化する気候変動や食糧不足等の問題とも密接に関連する．持続可能な国土をつくる上で，日本の土壌をよく知ることは不可欠である．本書では日本の土壌の構成や成り立ちを体系的に紹介し，地域ごとの土壌の特徴や利用についても詳述する．オールカラー．〔内容〕概要／土壌生成因子／土壌分類と土壌資源／主要な土壌／地域的特徴（北海道／東北／関東甲信越／中部／近畿・中国・四国／九州・沖縄）